全国高职高专工程测量技术专业规划教材

U0269187

工程制图与识图

GONGCHENG ZHITU YU SHITU

第②版

王 侠 主 编

张若琼 潘传姣 副主编

中国电力出版社
CHINA ELECTRIC POWER PRESS

内 容 提 要

本书是全国高职高专工程测量技术专业规划教材，是在第一版的基础上，总结近几年教学改革的经验，按照国家最新发布的有关制图标准、设计规范等修订而成。

本书共分为 10 章，具体内容有正投影法基础、轴测图、立体的表面交线、组合体、工程物体的表达方法、标高投影、制图的基本知识和技能、房屋施工图、路桥工程图和水利工程图。

本书主要作为高职高专及成人高等教育工程测量技术专业的教材，由于本书涉及土建类专业面较广，也可供房屋建筑工程、道路工程、桥梁工程和水利工程等相关专业选用，亦可作为相关专业工程技术人员的参考书。

与本书配套的《工程制图与识图》习题集也同时进行了修订，可供选用。

图书在版编目（CIP）数据

工程制图与识图/王侠主编．—2 版．—北京：中国电力出版社，2014.1
（2020.9重印）
全国高职高专工程测量技术专业规划教材
ISBN 978 - 7 - 5123 - 4785 - 4

Ⅰ.①工… Ⅱ.①王… Ⅲ.①工程制图－高等职业教育－教材 ②工程制图－识别－高等职业教育－教材 Ⅳ.①TB23

中国版本图书馆 CIP 数据核字（2013）第 179456 号

中国电力出版社出版发行
北京市东城区北京站西街 19 号 100005 http://www.cepp.sgcc.com.cn
责任编辑：王晓蕾 电话：010－63412610
责任校对：郝军燕 责任印制：杨晓东
北京天宇星印刷厂印刷·各地新华书店经售
2014 年 1 月第 2 版·2020 年 9 月第 13 次印刷
787mm×1092mm 1/16·15.75 印张·378 千字
定价：36.00 元

前　言

　　本书是在第一版的基础上修订而成的。在修订过程中，以教育部高等学校工程图学教学指导委员会 2010 年制定的《普通高等院校工程图学课程教学基本要求》为依据，严格遵守国家最新颁布的制图标准和设计规范，并吸收了近几年教学改革的实践经验和使用院校的反馈意见。

　　本次修订总的宗旨是：第一版的内容、结构体系基本保留，更新、调整部分章节的内容和插图。具体修订内容如下：

　　(1) 更新标准并修改相关内容。本书第一版于 2009 年出版，书中采用的一些制图标准和设计规范现已经废止。自 2011 年起，有关房屋建筑新的制图标准和设计规范正式实施，与本书相关的主要有《房屋建筑制图统一标准》(GB/T 50001—2010)、《总图制图标准》(GB/T 50103—2010)、《建筑制图标准》(GB/T 50104—2010)、《建筑结构制图标准》(GB/T 50105—2010)、《混凝土结构设计规范》(GB 50010—2010)、《国家建筑标准设计图集》(11G101—1) 等。本书在第 7 章、第 8 章中进行了相应的修改。

　　(2) 调整、修改部分章节的内容和插图。根据高职院校的需要，尽量降低对制图基础部分的要求，加大工程图识读的力度。修订中，删减了部分应用较少和讲述冗赘的内容，如第 1 章中删掉了换面法，第 4 章中删掉了部分过于冗赘的内容和实例，第 7 章中删掉了针管笔和描图方法等；增加了一些内容，如第 7 章中增加了计算机绘图中工具和仪器的使用，第 8 章中增加了针对每种工程图样的识读要点和混凝土结构平法施工图等内容。

　　与本书配套的《工程制图与识图习题集》也同时进行了修订。

　　本书由河北工程技术高等专科学校王侠担任主编。具体编写人员和分工如下：河北工程技术高等专科学校王侠编写了第 1、5、8 章，河南平顶山工学院潘传姣编写了第 2、4、7 章，山西水利职业技术学院张若琼编写了第 3、6、10 章，辽宁交通高等专科学校韩丽馥编写了第 9 章，徐小燕提供了有关房屋工程的施工图纸。全书由王侠负责统稿。

　　本书由河北科技大学崔振勇教授、河北工程技术高等专科学校孙世青教授担任主审，他们仔细审阅全书并提出了许多宝贵意见，在此表示衷心感谢。

　　限于编写时间和编者水平，书中难免存在缺点和不妥之处，恳请使用本书的广大读者给予批评指正。

编　者

第 1 版前言

为了满足教学的需求，培养高职高专应用型和创新型人才，我们在总结多年教学经验的基础上，编写了全国高职高专工程测量技术专业规划教材《工程制图与识图》。本书以"高等学校工程专科建筑工程制图课程教学基本要求"为依据，参照我国现行最新规范和标准编写。

本书主要有以下特点：

（1）专业特色鲜明。本套教材是针对高职高专工程测量技术专业进行编写的。该专业的培养目标是从事各类工程建设一线测量工作的高技能应用型专门人才，其特点是涉及的工程面较广，要求具备识读各种中小型土建工程施工图的能力。因此，本教材的专业图部分包括房屋施工图、路桥工程图和水利工程图。同时，考虑到工程测量技术专业的特点，在专业图中注重与地形图相结合，以满足该专业在地形测量、工程放样等方面的需要。

（2）实用性强。本书在基础理论知识部分，以必需够用为原则，强化应用，着重培养学生的空间想象力和创新能力。在专业图部分，加大工程图的阅读量，真正培养学生实际识读工程图的能力。考虑到学时数的限制，本书对机械制图、计算机绘图等内容未进行编写。

（3）内容新。在第 6 章标高投影中，增加了"常见典型地貌的等高线"内容，以便能够识读较复杂的地形图；在第 9 章的公路路线工程图中增加了平面图的拼接等内容。另外，在第 8 章房屋施工图中将国家科委和住房和城乡建设部指定推广的《房屋建筑结构施工图平面整体表示方法》工程设计新技术编进了本教材，拓宽了涵盖面。

（4）结构体系合理，利于教学。主要有两点：①"轴测图"内容编排在第 2 章，加强轴测构图和草图的训练，充分利用轴测图帮助空间想象和空间构思分析。②"制图的基本知识和技能"内容编排在第 7 章，放在识读专业图之前，增强了知识的连贯性，便于学生学习。

（5）紧密联系工程实际。专业图部分所举实例都来自工程实践，具有时代气息。其结构和复杂程度均以满足教学需要为准。

与教材配套的《工程制图与识图习题集》同时出版。

本书由河北工程技术高等专科学校王侠担任主编。具体编写人员和分工如下：河北工程技术高等专科学校王侠（第 1、5、8 章）、河南平顶山工学院潘传姣（第 2、4、7 章）、山西水利职业技术学院张若琼（第 3、6、10 章）、辽宁交通高等专科学校韩丽馥（第 9 章）。另外，徐小燕也参与了编写工作，提供了有关房屋工程图。全书由王侠负责统稿。

本书由河北科技大学崔振勇教授、河北工程技术高等专科学校孙世青教授担任主审，他们仔细审阅全书并提出了许多宝贵意见，在此表示衷心感谢。

限于编写时间和编者水平，书中难免存在缺点和不妥之处，恳请使用本书的教师和广大读者给予批评指正。

编　者

目　　录

绪　　论

1. 本课程的性质和任务

工程图样是工程设计人员表达设计思想的主要体现，是工程技术人员进行技术交流的重要工具，是工程管理人员进行管理、施工人员进行施工的依据。因此，工程图样被喻为"工程界的技术语言"。熟练读画工程图样是每一个工程技术人员必须具备的职业岗位能力。

本课程是工程测量技术专业及其他土建类相关专业的一门十分重要的专业基础课，主要学习绘制和阅读工程图样的理论和方法，培养图形表达能力和空间想象能力，为学习后续专业课程和完成课程设计打下基础。

本课程的主要任务：

（1）学习投影法（主要是正投影法）的基本理论及应用。

（2）培养学生的空间想象能力、形体表达能力和创新能力。

（3）掌握国家制图标准的有关规定，具有查阅标准和规范的初步能力。

（4）培养绘制和阅读土建工程图的初步能力。

（5）培养严谨细致的工作作风和认真负责的工作态度。

2. 本课程的内容与要求

本课程的内容主要包括投影理论部分和专业制图部分。其具体内容与要求如下：

（1）投影理论部分包括正投影法基础、轴测图、立体的表面交线、组合体、工程物体的表达方法、标高投影等。通过学习，要求掌握用投影法图示空间物体和图解空间几何问题的基本理论和方法，具有绘制和阅读空间物体投影图的能力。

（2）专业制图部分主要包括制图的基本知识和技能、房屋施工图、路桥工程图、水利工程图等。通过学习，要求掌握有关的国家制图标准的基本规定和仪器绘图技能，掌握工程图样的主要内容及图示方法，具有绘制和阅读土建工程图的能力。

3. 本课程的特点和学习方法

了解课程的特点，正确掌握课程的学习方法，是学好一门课程的关键。工程制图课程具有理论和实践相结合、逻辑分析和空间想象相结合的特点，在学习过程中应注意以下几点：

（1）培养空间想象力。空间想象力主要体现在正确图示空间物体和准确解读平面图形两方面。在学习本课程的过程中，对空间想象力的培养贯穿始终。学习时运用投影规律，由图到物，由物到图，由浅入深，循序渐进，反复训练，逐步建立二维投影图和三维空间物体之间的对应关系，从而具备良好的空间想象力。

（2）多动手，勤实践。本课程具有很强的实践性，很多学生都有一听就会、一做就错的体会，所以，要想真正掌握所学内容和提高空间想象力，在学习完每节课后，都应及时地独立完成一定数量的作业和习题，以巩固所学内容，为后面的学习打基础。另外，要善于借助外物进行学习。比如，学习点、直线、平面的投影时，要善于利用身边周围的物体，如教室可看作投影体系，橡皮可看作点，铅笔可看作直线，书本可看作平面等；再如，学习立体被截切时，可利用橡皮泥制作模型，帮助想象各种切割体的造型。

（3）培养自学能力。必须学会通过查阅教材和参考书籍解决学习中和习题中的问题，并以此作为今后查阅有关标准、规范等技术资料来解决工程实际问题能力的起步。

（4）养成认真细致的良好习惯。工程图样是施工的依据，图纸上一条线的疏忽或一个数字的差错，都可能造成返工浪费。因此，学习制图课程，从一开始就要严格要求自己，养成认真负责、一丝不苟的工作态度。

第1章 正投影法基础

工程图样是应用投影的方法绘制的。本章主要讲述正投影法的基本原理和作图方法。点、线、面是组成一切物体的最基本的几何元素，任何复杂物体都可分解为若干基本几何体（简称基本体），因此，掌握点、线、面和基本体的投影规律和作图方法是绘制和阅读工程图样的基础。

1.1 投影法

1.1.1 投影法及其分类

物体在光线照射下，会在地面、墙面或其他物体表面上投落影子，如图1-1（a）所示；当光源移到无限远时，光线互相平行，如图1-1（b）所示。但是影子只能反映出物体的轮廓，而不能确切表达物体的形状和大小。于是人们对这种自然现象进行了科学的抽象，假设光线能够透过物体，在承影面上把物体所有的内外轮廓线全部表示出来，可见的轮廓线画实线，不可见的轮廓线画虚线，就形成了物体的投影，如图1-1（c）所示，此时光源称为投射中心（通常用 S 表示），光线称为投射线，承影面称为投影面。

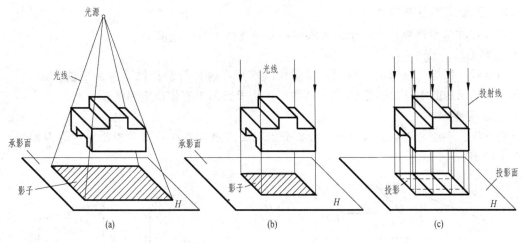

图 1-1 影子和投影

这种令投射线通过物体，向选定的投影面投射，并在该投影面上得到投影的方法称为投影法。由空间的三维物体转变为平面上的二维图形就是通过投影法实现的。

投影法分为两大类：中心投影法和平行投影法。

1. 中心投影法

投射中心距投影面有限远，各投射线汇交于投射中心的投影法称为中心投影法，如图1-2所示。在中心投影法下，通过$\triangle ABC$各顶点的投射线 SA、SB、SC 与投影面 H 的

交点 a、b、c 分别是顶点 A、B、C 在 H 面上的投影，$\triangle abc$ 是 $\triangle ABC$ 在 H 面上的投影。规定空间几何元素用大写字母表示，投影用相应的小写字母表示。

2. 平行投影法

投射中心距投影面无限远，各投射线互相平行的投影法称为平行投影法，如图 1-1（c）和图 1-3 所示。根据投射线与投影面的相对位置，平行投影法又可分为正投影法和斜投影法。当各投射线垂直于投影面时为正投影法，用正投影法得到的投影称为正投影，如图 1-3 （a）所示；当各投射线倾斜于投影面时为斜投影法，用斜投影法得到的投影称为斜投影，如图 1-3（b）所示。

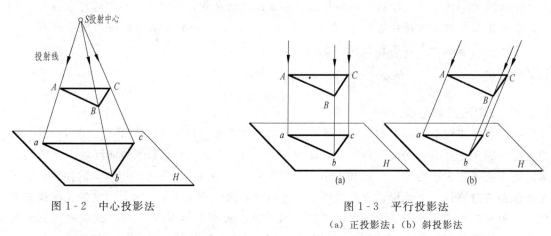

图 1-2　中心投影法

图 1-3　平行投影法

（a）正投影法；（b）斜投影法

正投影在工程图样中应用最广泛，本书主要讲述正投影，以下简称投影。

1.1.2　正投影的基本性质

正投影的基本性质是今后作图的依据，主要有以下几种。

1. 实形性

当直线、平面与投影面平行时，投影反映实形，这种投影特性称为实形性。如图 1-4 所示，直线 AB 的实长和平面 $CDEF$ 的实形可从投影图中直接确定和度量。

2. 积聚性

当直线、平面与投影面垂直时，投影分别积聚成点和直线，这种投影特性称为积聚性，如图 1-5 所示。

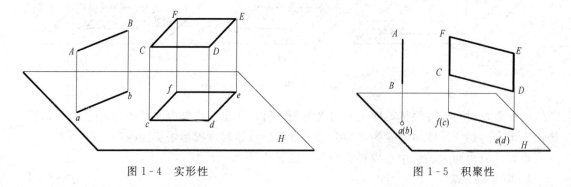

图 1-4　实形性

图 1-5　积聚性

3. 类似性

当直线、平面与投影面倾斜时，其投影是实形的类似形，这种投影特性称为类似性。如

图 1-6 所示，直线 AB 的投影仍为直线，但是长度缩短；三角形 DEF 的投影仍是三角形，但是面积缩小。

4. 平行性

两平行直线的同面投影（同一投影面上的投影）仍互相平行，这种投影特性称为平行性，如图 1-7 所示。

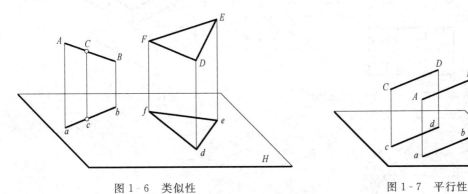

图 1-6　类似性　　　　　　　　　　　　图 1-7　平行性

5. 从属性

点在直线上，则点的投影必定在直线的同面投影上，这种性质称为从属性。如图 1-6 所示，点 C 属于直线 AB，则 C 点的投影 c 必在直线 AB 的同面投影 ab 上。

1.1.3　工程上常用的投影图

工程上常用的投影图主要有多面正投影图、轴测投影图、标高投影图和透视投影图。

1. 多面正投影图

将空间物体用正投影法投射到互相垂直的两个或两个以上投影面上，然后把投影面连同其上的正投影按一定方法展开在同一平面上，从而得到多面正投影图。图 1-8 是物体的三面正投影图。多面正投影图能够正确表达空间物体的真实形状和大小，度量性好，作图简便，所以在工程上应用最广。本书主要讲述多面正投影图。

2. 轴测投影图

用平行投影法将空间物体向单一投影面投射得到的具有立体感的图形称为轴测投影图，简称轴测图。图 1-9 是物体的轴测图，可以看出物体上互相平行的线段，在轴测图上仍平行。轴测图直观性强，但度量性差，工程上常用作辅助图样。在本课程的学习过程中，常借助轴测图进行空间想象。本书第 2 章将详细讲述轴测图的作图原理和方法。

3. 标高投影图

用正投影法将物体向水平的投影面上投射，并在投影中用数字标记物体各部分的高度，所得到的单面正投影图就是标高投影图。标高投影图多用于表达起伏不平的地面，常用来绘制地形图。如图 1-10（a）所示，用一系列平行等距的水平面截切一座小山，将得到的各条等高线向水平的投影面投射，并标注其高度数值，就是小山的标高投影图，工程上称之为地形图，如图 1-10（b）所示。本书第 6 章将详细讲述标高投影图的作图原理和方法。

4. 透视投影图

用中心投影法将空间物体向单一投影面投射得到的图形称为透视投影图，简称透视图。图 1-11 为物体的透视图，透视图符合人们的视觉习惯，近大远小，近高远低，形象逼真，但作图复杂且度量性差，不能表达物体的尺寸大小，工程上常用于绘制效果图。关于透视图的画法本教材不作介绍，读者可参阅其他有关书籍。

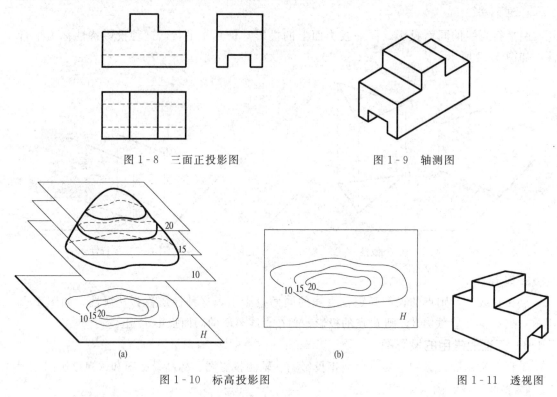

图 1 - 8　三面正投影图　　　　　　　图 1 - 9　轴测图

图 1 - 10　标高投影图　　　　　　　图 1 - 11　透视图

1.1.4　三面投影图的形成及投影规律

为了准确表达物体的空间形状，最基本的方法是用三面投影图。

1. 三投影面体系的建立

建立符合国家标准规定的三投影面体系，如图 1 - 12 所示。三个投影面互相垂直，两两相交，分别称为正立投影面（用 V 表示，简称 V 面）、水平投影面（用 H 表示，简称 H 面）、侧立投影面（用 W 表示，简称 W 面）。两投影面交线称为投影轴，分别用 OX、OY、OZ 表示。三轴的交点 O 称为原点。

2. 三面投影图的形成

将物体置于三投影面体系中，使物体的各表面尽可能多的平行于投影面，摆放端正后，分别向三个投影面投射，得到物体的三个投影图，如图 1 - 13（a）所示。从上向下投射在 H 面上得到水平投影图，简称水平投影或 H 面投影；从前向后投射在 V 面上得到正立面投影图，简称正面投影或 V 面投影；从左向右投射在 W 面上得到侧立面投影图，简称侧面投影或 W 面投影。

为了得到工程上使用的三面投影图，需将投影体系展开，将处于空间位置的三个投影图

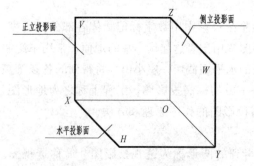

图 1 - 12　三投影面体系

摊平在同一平面上。规定 V 面不动，H 面绕 OX 轴向下旋转 90°，W 面绕 OZ 轴向右旋转 90°，使它们展开在同一平面上，如图 1-13（b）所示。在展开的过程中，OY 轴被"一分为二"，随 H 面旋转的标记为 OY_H，随 W 面旋转的标记为 OY_W，摊平后的三个投影图如图 1-13（c）所示。实际作图时，不需绘注投影面的名称和边框，在表示物体的三面投影图中，三条投影轴省略不画，如图 1-13（d）所示，这种图称为无轴投影图。

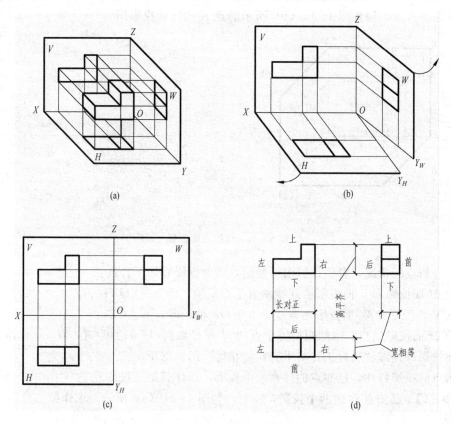

图 1-13　三面投影图的形成及投影规律

3. 三面投影图的投影规律

在三投影面体系中，规定 OX 轴方向为物体的长度方向，表示左、右方位；OY 轴方向为物体的宽度方向，表示前、后方位；OZ 轴方向为物体的高度方向，表示上、下方位。因此，H 投影反映物体的长度、宽度和前后、左右方位；V 投影反映物体的长度、高度和上下、左右方位；W 投影反映物体的宽度、高度和上下、前后方位。并且 V、H 投影之间长对正，V、W 投影之间高平齐，H、W 之间宽相等，如图 1-13（d）所示。

"长对正，高平齐，宽相等"是三面投影图的投影规律，称作三等规律。三等规律是今后画图和读图的基本规律，对于物体无论是整体还是局部，都必须符合这一规律。

1.2　点、直线和平面的投影

点、直线和平面是构成空间物体的基本几何要素，熟练掌握它们的投影特性和作图方法是对各种立体进行投影分析的基础。

1.2.1 点的投影

1. 点的三面投影和投影特性

将空间点 A 置于三投影面体系中，如图 1-14（a）所示。过点 A 作垂直于 H 面的投射线，得到 A 点的 H 面投影，用相应的小写字母 a 表示；过点 A 向 V 面作投射线，得到 A 点的 V 面投影，用 a' 表示；过点 A 向 W 面作投射线，得到 A 点的 W 面投影，用 a'' 表示。将投影体系展开后，得到图 1-14（b）所示的点 A 的三面投影图。

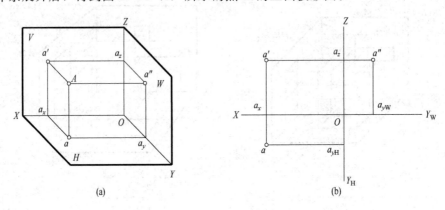

图 1-14　点的三面投影

通过分析空间情况，对照投影图可看出，点的投影有如下特性：

点的 H 面投影和 V 面投影的连线垂直于 OX 轴，即 $aa' \perp OX$；

点的 V 面投影和 W 面投影的连线垂直于 OZ 轴，即 $a'a'' \perp OZ$；

点的 H 面投影到 OX 轴的距离等于点的 W 面投影到 OZ 轴的距离，即 $aa_x = a''a_z$。

上述投影特性即"长对正，高平齐，宽相等"的根据所在。

根据点的投影特性，已知点的任意两个投影，可作其第三投影。

【例 1-1】 已知点 B 的两个投影 b 和 b'，如图 1-15（a）所示，求作第三投影 b''。

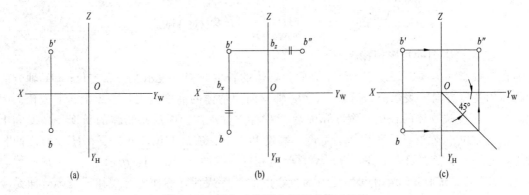

图 1-15　已知点的两个投影求第三投影

　　分析： 根据点的投影特性可知，$b'b'' \perp OZ$，过 b' 作 OZ 轴的垂线，b'' 必在此垂线上，又 $bb_x = b''b_z$，可确定 b''。

　　作图：

　　方法一：过 b' 作 $b'b_z \perp OZ$，并延长；量取 $bb_x = b''b_z$，求得 b''，如图 1-15（b）所示。

方法二：过 b' 作 $b'b_z \perp OZ$，并延长；过原点 O 向右下方作 $45°$ 辅助线，过 b 向右作水平线与 $45°$ 线相交，由交点向上作铅垂线，即可交得 b''，如图 1 - 15（c）所示。

2. 点的投影与直角坐标

如果把三投影面体系看作为空间直角坐标系，则 H、V、W 投影面即为坐标面，OX、OY、OZ 投影轴即为坐标轴，O 点即为坐标原点。空间点的位置可由其三维坐标决定，标记为 A（X_A、Y_A、Z_A），点的 X、Y、Z 坐标反映空间点到投影面的距离，如图 1 - 16 所示。

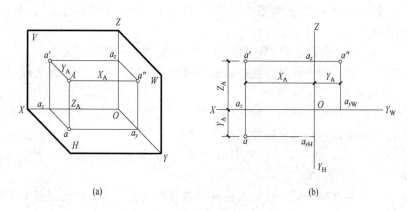

图 1 - 16 点的投影与坐标关系

点 A 的 X 坐标，等于点 A 到 W 面的距离，即 $X_A = Oa_x = aa_y = a'a_z = Aa''$。

点 A 的 Y 坐标，等于点 A 到 V 面的距离，即 $Y_A = Oa_y = aa_x = a''a_z = Aa'$。

点 A 的 Z 坐标，等于点 A 到 H 面的距离，即 $Z_A = Oa_z = a'a_x = a''a_y = Aa$。

则点 A 三个投影的坐标分别为 a（X_A，Y_A），a'（X_A，Z_A），a''（Y_A，Z_A）。

【例 1 - 2】 求作图 1 - 17 所示点 A（15，10，20）（长度单位为 mm）的三面投影和立体图。

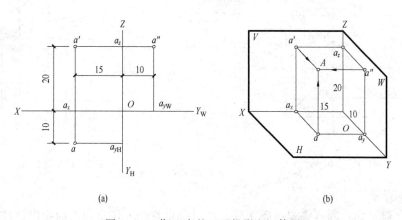

图 1 - 17 作 A 点的三面投影和立体图

分析：根据点的投影特性和点的投影与坐标的关系，即可作出该点的三面投影。作立体图时，OX 轴水平向左，OZ 轴竖直向上，OY 轴与水平方向成 $45°$ 向右下倾斜，空间与投影轴平行的直线在立体图上仍平行，且长度按 $1:1$ 量取。

作图：

作点 A 的三面投影，如图 1-17（a）所示：

1）在投影轴 OX、OY_H、OY_W 和 OZ 上，分别从原点 O 量取 15mm、10mm、10mm、20mm。

2）自所量各点分别作各自所在轴的垂线，这些垂线的交点，即为 A 点的三面投影 a、a'、a''。

作 A 点的立体图，如图 1-17（b）所示：

1）作出三投影面体系的立体图，自 O 点在 OX、OY、OZ 轴上，分别量取 15mm、10mm、20mm，得点 a_x、a_y、a_z。

2）由点 a_x、a_y、a_z 在 H、V、W 面内分别作相应轴的平行线，交得 a、a'、a''。

3）过点 a、a'、a'' 分别作各自所在投影面的垂线，三线交于一点，即为点 A 的立体图。

3. 两点的相对位置

（1）空间两点相对位置的判断。两点的相对位置是指空间两点之间上下、左右、前后的位置关系，在投影图中以它们的坐标差来确定。如图 1-18 所示，比较 A、B 两点的坐标可看出，点 B 位于点 A 右、前、下方，点 B 在点 A 之右 $X_A - X_B$、在点 A 之前 $Y_B - Y_A$、在点 A 之下 $Z_A - Z_B$。

（2）重影点。若两点位于某一投影面的同一条投射线上，则在该投影面上它们的投影便相互重合，这两点就称为对该投影面的重影点。重影点有两个坐标值相同，一个坐标值不同。在投影图中判断重影点可见性的方法是坐标值大的点为可见点，坐标值小的点为不可见点。对于不可见点的投影，在其投影标记上加括号表示。

如图 1-19 所示，A、B 两点为对 H 面的重影点，水平投影重合，由于 $Z_A > Z_B$，所以点 A 在点 B 的正上方，点 A 的水平投影可见，点 B 的水平投影不可见，用（b）表示。C、D 两点为对 W 投影面的重影点，请读者自行分析。

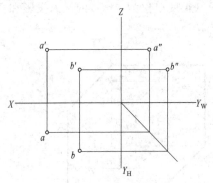

图 1-18　两点的相对位置

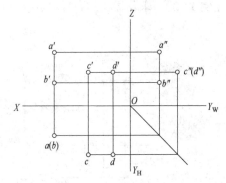

图 1-19　重影点

1.2.2　直线的投影

由初等几何可知，两点确定一条直线，所以画出直线上任意两点的投影，连接其同面投影，即可得直线的投影。直线的投影一般仍为直线，如图 1-20（a）、（b）所示。

1. 各种位置直线的投影特性

直线按其与投影面的相对位置分为三类：投影面垂直线、投影面平行线和一般位置直线。前两种称为特殊位置直线。直线与投影面 H、V、W 的倾角分别用 α、β、γ 标记。

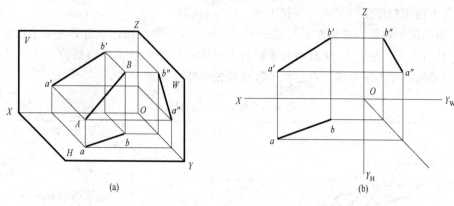

图 1-20　直线的投影

（a）立体图；（b）投影图

（1）投影面垂直线。投影面垂直线是指垂直于一个投影面，同时平行于另外两个投影面的直线。共有三种：垂直于 H 面的直线，称为铅垂线；垂直于 V 面的直线，称为正垂线；垂直于 W 面的直线，称为侧垂线。投影面垂直线的投影特性见表 1-1。

表 1-1　　　投影面垂直线的投影特性

名称	立 体 图	投 影 图	投影特性
铅垂线			1. ab 积聚为一点 2. $a'b'$ ∥ OZ，$a''b''$ ∥ OZ 3. $a'b'=a''b''=AB$
正垂线			1. $a'b'$ 积聚为一点 2. ab ∥ OY_H，$a''b''$ ∥ OY_W 3. $ab=a''b''=AB$
侧垂线			1. $a''b''$ 积聚为一点 2. ab ∥ OX，$a'b'$ ∥ OX 3. $ab=a'b'=AB$

由表 1-1 可以概括出投影面垂直线的投影特性：

1）在垂直的投影面上的投影，积聚为一点。

2）另外两个投影平行于同一条投影轴，且反映实长。

（2）投影面平行线。投影面平行线是指只平行于一个投影面，而对另外两个投影面倾斜的直线。共有三种：平行于 H 面的直线称为水平线；平行于 V 面的直线称为正平线；平行于 W 面的直线，称为侧平线。投影面平行线的投影特性见表 1-2。

表 1-2　　　　　　　　　　　　　投影面平行线的投影特性

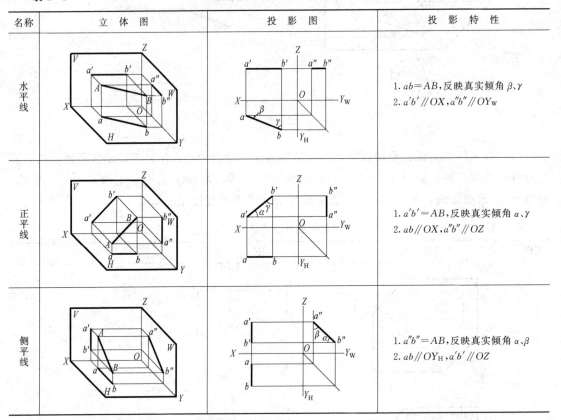

名称	立 体 图	投 影 图	投 影 特 性
水平线			1. $ab=AB$，反映真实倾角 β、γ 2. $a'b' /\!/ OX$，$a''b'' /\!/ OY_W$
正平线			1. $a'b'=AB$，反映真实倾角 α、γ 2. $ab /\!/ OX$，$a''b'' /\!/ OZ$
侧平线			1. $a''b''=AB$，反映真实倾角 α、β 2. $ab /\!/ OY_H$，$a'b' /\!/ OZ$

由表 1-2 可以概括出投影面平行线的投影特性：

1）在所平行的投影面上的投影，反映线段的实长；该投影与相应投影轴的夹角反映直线与另两个投影面的真实倾角。

2）另两个投影平行于相应的投影轴，其长度小于实长。

（3）一般位置直线。与三个投影面都倾斜的直线称为一般位置直线。由图 1-20（b）可知一般位置直线的投影特性：

1）直线的三个投影都倾斜于投影轴。投影与投影轴的夹角，均不反映直线与投影面的真实倾角。

2）直线的三个投影长度均小于实长。

2. 直线上的点

如图 1-21 所示，点 K 在线段 AB 上，K 点的水平投影 k 在线段 AB 的同面投影 ab 上，由初等几何定理可知，$AK:KB=ak:kb$；同样，正面投影 k' 在 $a'b'$ 上，侧面投影 k'' 在 $a''b''$ 上，且 $AK:KB=ak:kb=a'k':k'b'=a''k'':k''b''$。

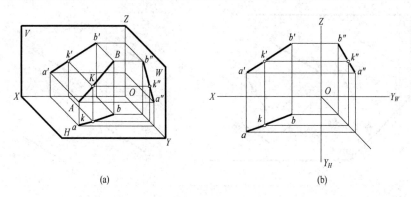

图 1-21 直线上的点的投影特性

（a）立体图；（b）投影图

由此可得出直线上的点的投影特性：

1）从属性。直线上点的投影，必在直线的同面投影上，且符合点的投影规律。

2）定比性。直线上的点分割直线的长度比，投影后保持不变。

【例 1-3】 如图 1-22（a）所示，已知直线 AB 的两面投影，试在 AB 上求一点 K，使 $AK:KB=2:3$。

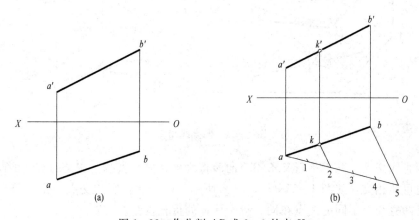

图 1-22 作分割 AB 成 2：3 的点 K

分析：所求点 K 的投影必在线段 AB 的同面投影上，且 $ak:kb=a'k':k'b'=2:3$。

作图：如图 1-22（b）所示。

1）自 a 任作一辅助线，选适当的长度为单位长度，从 a 顺次量取五个单位长度，得点 1、2、3、4、5。

2）连接 5 和 b，过 2 点作 5b 的平行线，与 ab 交于 k。

3）过 k 作 OX 轴的垂线，与 a'b' 交于 k'，k、k' 即为所求 K 点的两面投影。

3. 两直线的相对位置

空间两直线的相对位置有四种情况：平行、相交、交叉和垂直。

（1）两直线平行。若空间两直线平行，则它们的同面投影必相互平行。如图 1-23 所示，已知 AB∥CD，则 ab∥cd，a'b'∥c'd'。反之，若两直线的各同面投影均平行，即可判断空间二直线平行。

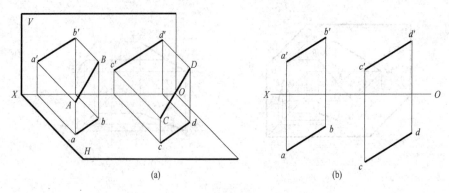

图 1-23　两直线平行

（2）两直线相交。空间两直线相交，则它们的同面投影必相交，交点符合点的投影特性。

如图 1-24 所示，相交两直线 AB 和 CD，它们的交点为 K。在投影图中，k 为 ab、cd 的交点，k' 为 a'b'、c'd' 的交点，k 与 k' 的连线垂直于投影轴。

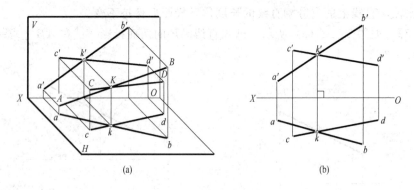

图 1-24　两直线相交

（3）两直线交叉。既不平行又不相交的两直线称为交叉直线。交叉两直线的同面投影可能平行，也可能相交，如图 1-25（a）、（b）所示。但同面投影的交点一定不符合点的投影特性，而是两直线上不同的两点在同一投影面上的重合投影。

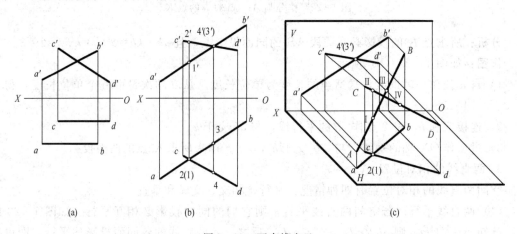

图 1-25　两直线交叉

如图 1-25（b）所示，直线 AB、CD 为两交叉直线，ab 和 cd 的交点实际上是 AB 上的Ⅰ点和 CD 上的Ⅱ点的重合投影，因为Ⅰ、Ⅱ两点位于同一条投射线上，故Ⅰ、Ⅱ两点是对 H 面的一对重影点。Ⅰ点在下，Ⅱ点在上，在 H 面投影中，1 不可见，2 可见。同理，$a'b'$ 和 $c'd'$ 的交点是 AB 上的Ⅲ点与 CD 上的Ⅳ点的重合投影，Ⅲ、Ⅳ点是对 V 面的一对重影点，由 H 面投影可见，Ⅲ点在后，Ⅳ点在前，则 3′ 不可见，4′ 可见。立体图如图 1-25（c）所示。

（4）两直线垂直。互相垂直的两直线，一般情况下投影均不反映直角。当互相垂直的两直线中有一条平行于某投影面时，则两直线在该投影面上的投影反映直角，这就是直角投影定理。如图 1-26（a）所示，空间两直线 $AB \perp BC$，其中 $AB /\!/ H$ 面，则它们在 H 面上的投影 $ab \perp bc$，证明如下：因为 $AB \perp BC$，且 $AB /\!/ H$，则 $AB \perp Bb$，所以 $AB \perp BCcb$；由于 $ab /\!/ AB$，因而 $ab \perp BCcb$，所以 $ab \perp bc$。其投影图如图 1-26（b）所示。

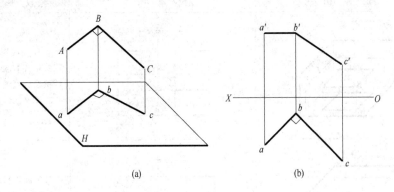

(a)　　　　　　　　　　　(b)

图 1-26　两直线垂直，其中一条平行于投影面

【例 1-4】　过点 C 作直线 CD 与正平线 AB 垂直相交，如图 1-27（a）所示。

分析： 因为 $AB /\!/ V$ 面，根据直角投影定理可知 $c'd' \perp a'b'$。

作图： 如图 1-27（b）所示。

1）过 c' 作 $a'b'$ 的垂线，与 $a'b'$ 交于 d'。

2）由 d' 作投影连线，与 ab 交于 d，连接 cd，cd、$c'd'$ 即 CD 的两面投影。

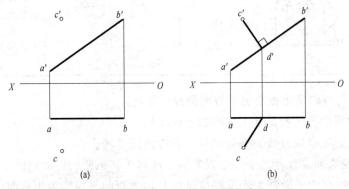

(a)　　　　　　　　　　　(b)

图 1-27　过 C 点作 AB 的垂线

1.2.3　平面的投影

由初等几何可知，不在同一直线上的三点可以确定空间一平面。平面物体由若干个平面

多边形组合而成，因此，平面的投影常用多边形图形表示，如图1-28所示。

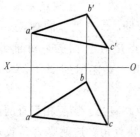

图1-28 平面的表示方法

1. 各种位置平面的投影特性

平面与投影面的相对位置可以分为三种情况：投影面平行面、投影面垂直面和一般位置平面，前面两种称为特殊位置平面。平面与投影面 H、V、W 的倾角，分别用 α、β、γ 表示。

（1）投影面平行面。平行于一个投影面的平面，称为投影面平行面。平行于 H 面的称为水平面；平行于 V 面的称为正平面；平行于 W 面的称为侧平面。它们的空间位置、投影图和投影特性见表1-3。

表1-3 投影面平行面的投影特性

名称	立 体 图	投 影 图	投 影 特 性
水平面			1. H 面投影 p 反映实形 2. V 面投影 p'、W 面投影 p'' 积聚成直线 3. $p' /\!/ OX, p'' /\!/ OY_W$
正平面			1. V 面投影 q' 反映实形 2. H 面投影 q、W 面投影 q'' 积聚成直线 3. $q /\!/ OX, q'' /\!/ OZ$
侧平面			1. W 面投影 s'' 反映实形 2. H 面投影 s、V 面投影 s' 积聚成直线 3. $s /\!/ OY_H, s' /\!/ OZ$

从表1-3中可以归纳出投影面平行面的投影特性：

1）平面在它所平行的投影面上的投影反映实形。

2）另两个投影积聚成直线，并且平行于相应的投影轴。

（2）投影面垂直面。仅垂直于一个投影面（倾斜于其他两投影面）的平面称为投影面垂直面。仅与 H 面垂直的平面称为铅垂面；仅与 V 面垂直的平面称为正垂面；仅与 W 面垂直的平面称为侧垂面。它们的空间位置，投影图和投影特性见表1-4。

从表1-4中可以归纳出投影面垂直面的投影特性：

1）平面在它垂直的投影面上的投影积聚成直线，该直线与投影轴的夹角反映平面与其他两个投影面的真实倾角。

2) 另两个投影为实形的类似形。

表 1 - 4   投影面垂直面的投影特性

名称	立 体 图	投 影 图	投 影 特 性
铅垂面			1. H 面投影 p 积聚为一斜线,且反映真实倾角 β、γ 2. V 面投影 p′、W 面投影 p″ 为类似形
正垂面			1. V 面投影 q′ 积聚为一斜线,且反映真实倾角 α、γ 2. H 面投影 q、W 面投影 q″ 为类似形
侧垂面			1. W 面投影 s″ 积聚为一斜线,且反映真实倾角 α、β 2. H 面投影 s、V 面投影 s′ 为类似形

(3) 一般位置平面。与三个投影面都倾斜的平面,称为一般位置平面,如图 1-29 所示。一般位置平面的投影特性是:其三个投影既没有积聚性,也不反映实形,均为空间平面图形的类似形。

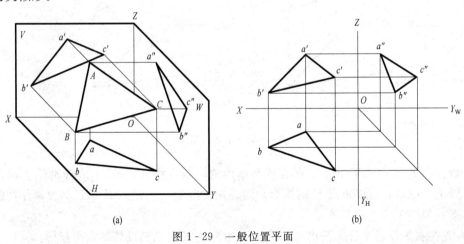

(a)   (b)

图 1-29 一般位置平面

2. 平面内的点和直线

(1) 平面内取点和直线。点在平面内的几何条件是:如果点位于平面内的任一直线上,则此点在该平面内。这是平面内取点的作图依据。

直线在平面内的几何条件必须满足下列两条件之一：

1）通过平面内的两个已知点。如图 1 - 30（a）所示，M、N 分别为 △ABC 平面两个边上的点，连接这两点，所得直线 MN 在 △ABC 平面内。

2）通过平面内的一个已知点，且平行于该平面内一已知直线。如图 1 - 30（b）所示，点 K 是 △ABC 平面内 AB 边上的点，通过 K 点且平行于 △ABC 平面内 AC 边的直线 KM 必在 △ABC 平面内。

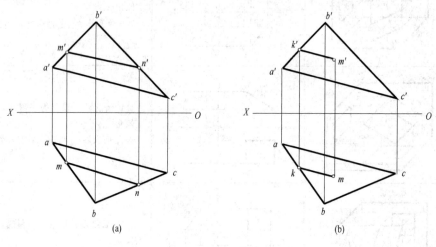

图 1 - 30　平面内的直线

【例 1 - 5】　如图 1 - 31（a）所示，已知 △ABC 内点 K 的水平投影 k，求其正面投影 k'。

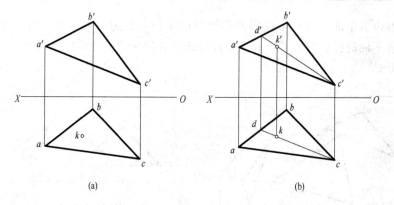

图 1 - 31　平面内取点

分析：点 K 在 △ABC 内，它必在该平面内的一条直线上。k'、k 应分别位于该直线的同面投影上。所以，若要求点 K 的投影，则必先在 △ABC 内过点 K 的已知投影作辅助线。

作图：如图 1 - 31（b）所示。

1）先在水平投影上过 k 任作一直线 cd，作为过 K 点的辅助线的水平投影。

2）求出辅助线 CD 的正面投影 $c'd'$。

3）过点 k 作投影连线与 $c'd'$ 相交即得 k'。

注意：作辅助线时，也可以过点 K 作与△ABC 内的一条已知直线平行的辅助线。请读者自行分析。

（2）平面内的投影面平行线。平面内的投影面平行线既应满足直线在平面内的几何条件，又应符合投影面平行线的投影特性。

【例 1-6】 已知△ABC，如图 1-32（a）所示，在△ABC 内作一条距 H 面为 20mm 的水平线 DE。

分析：水平线的 V 面投影平行 OX 轴，与 OX 轴的距离反映水平线到 H 面的距离。

作图：如图 1-32（b）所示。

1）在 V 面投影中，作一距 OX 轴为 20 的直线，与 $a'b'$、$b'c'$ 分别交于 d'、e'，$d'e'$ 即为所求水平线 DE 的正面投影。

2）由 d'、e' 作投影连线，与 ab、bc 交得 d、e，连接 de，即为所求水平线 DE 的水平投影。

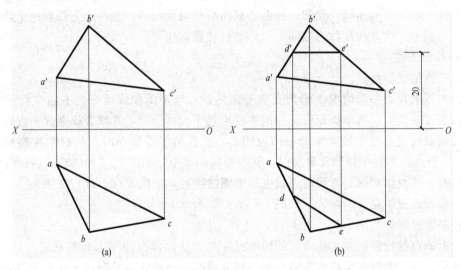

图 1-32　作△ABC 内的水平线

（3）平面内的最大斜度线。平面内垂直于该平面的某一投影面平行线的直线，是平面内对这个投影面的最大斜度线。垂直于平面内水平线的直线，称为对 H 面的最大斜度线；垂直于平面内正平线的直线，称为对 V 面的最大斜度线；垂直于平面内侧平线的直线，称为对 W 面的最大斜度线。

最大斜度线的几何意义是：平面对某一投影面的倾角就是平面内对该投影面的最大斜度线的倾角。在土建工程图中，应用最多的是对 H 面的最大斜度线，又称为坡度线。常应用坡度线表示斜面的坡度。

图 1-33 为作平面△ABC 内对 H 面的最大斜度线的过程：

1）先在平面内作任一条水平线，如 AD

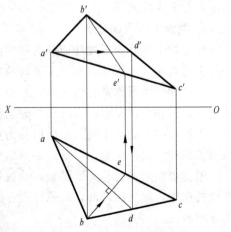

图 1-33　作平面△ABC 内对
H 面的最大斜度线

（$a'd'$、ad）。

2）在△ABC内适当位置作一条该水平线的垂线，根据直角投影定理，作 $be \perp ad$，由 be 向上作出 $b'e'$，be、$b'e'$ 即为对 H 面的最大斜度线 BE 的两面投影。

1.3 曲线和曲面的投影

工程结构物的表面常见一些曲线和曲面。本节主要介绍这些常用曲线、曲面的形成、投影特征和作图方法。

1.3.1 曲线的投影

1. 曲线的形成和分类

曲线可以看作是不断改变方向的点的连续运动的轨迹。根据点的运动有无规律，曲线可以分为规则曲线和不规则曲线。曲线又可分为平面曲线和空间曲线。所有的点都位于同一平面上的曲线，称为平面曲线，如圆、椭圆、双曲线和抛物线等。若曲线上任意四个连续的点不在同一平面上，则此曲线称为空间曲线，如圆柱螺旋线等。

2. 曲线的投影

（1）曲线的投影特性。

平面曲线的投影一般情况下仍为类似平面曲线；当平面曲线所在的平面平行于投影面时，其投影反映实形；当平面曲线所在的平面垂直于投影面时，其投影积聚成一直线。例如圆曲线，圆曲线是工程中最常见的平面曲线，当圆倾斜于投影面时，其投影为椭圆，如图 1-34（a）所示；当圆平行于投影面时，其投影反映实形，如图 1-34（b）所示；当圆垂直于投影面时，其投影积聚为直线段，长度等于圆的直径，如图 1-34（c）所示。

空间曲线的投影是平面曲线，如图 1-34（d）所示。

（2）曲线投影的画法。

曲线上的点的投影，一定在曲线的同面投影上。所以作出曲线上一系列点的同面投影，并连成光滑曲线，即得该曲线的投影。为了较准确的画出曲线的投影，通常先作出曲线上特殊点（如对称轴上的点、极限位置点等）的投影，以便控制曲线的形状，然后在各特殊点间再选取适当数量的一般点，光滑连线即可，如图 1-34（a）、（d）所示。

1.3.2 曲面的投影

1. 曲面的形成和分类

曲面按形成是否有规律而分为规则曲面和不规则曲面两大类。不规则曲面（如地形面）的投影将在第 6 章讲述，本节主要讨论规则曲面。

规则曲面可看作是直线或曲线运动的轨迹，这条运动的线称为母线，母线的任一位置称为素线，控制母线运动的线或面，分别称为导线或导面。

根据母线形状的不同，曲面可分为直纹面和曲线面。由直母线运动所形成的曲面称为直纹面；只能由曲母线运动所形成的曲面称为曲线面。

根据母线运动时有无回转轴，曲面可分为回转面和非回转面。凡可由母线绕轴线旋转而形成的曲面，称为回转面，如圆柱面、圆锥面、球面等；不能由母线旋转而形成的曲面，称为非回转面。

本节主要讲述回转面及其投影。

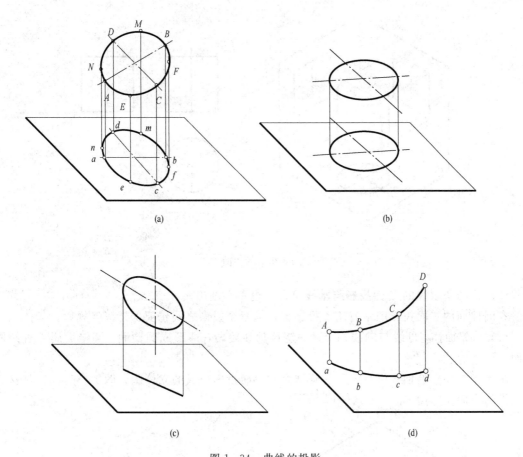

图 1 - 34　曲线的投影

（a）倾斜于投影的圆；（b）平行于投影面的圆；（c）垂直于投影面的圆；（d）空间曲线

2. 回转面

回转面的特点是，母线上任一点的运动轨迹为垂直于轴线的圆周，称为纬圆。

（1）圆柱面。直母线绕与其平行的轴线旋转，形成圆柱面。圆柱面属于直纹回转面。

图 1 - 35（a）是轴线铅垂位置的圆柱面的三面投影形成的立体图，图 1 - 35（b）是这个圆柱面的三面投影图。

作回转面的投影时，一般先作出轴线的投影。由于轴线为铅垂线，所以其 V、W 面投影为用细点画线画出的铅垂线段，H 面投影就是两条中心线的交点。

该圆柱面的 H 面投影是一个圆：该圆反映上下底圆的实形，也是整个圆柱面的积聚投影，其上所有素线的 H 投影都积聚为圆周上一点。

该圆柱面的 V 面投影是一个矩形：上下两条边是上下底圆的积聚投影；左右两条边是圆柱面上最左素线和最右素线的投影，形成回转面投影轮廓的素线称为轮廓素线，这两条素线是前、后两个半圆柱面可见与不可见的分界线，由于圆柱面是光滑曲面，所以这两条素线的 W 面投影不必画出。

该圆柱面的 W 面投影也是一个矩形：上下两条边是上下底圆的积聚投影；左右两条边是圆柱面上最前素线和最后素线的投影，这两条素线是左、右两个半圆柱面可见与不可见的

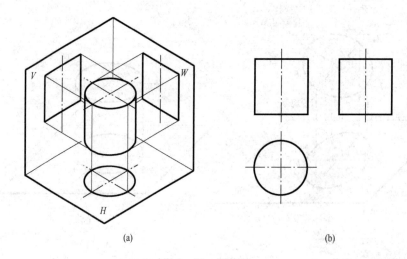

(a)

(b)

图 1-35　圆柱面

分界线。这两条素线的 V 面投影与轴线重合，也不必画出。

在圆柱面的三面投影图中省略了投影轴，但三个投影之间仍要保持三等规律。

（2）圆锥面。直母线与轴线相交，并绕该轴线旋转，即形成圆锥面。圆锥面属于直纹回转面。

图 1-36（a）是轴线铅垂位置的圆锥面的三面投影形成的立体图，图 1-36（b）是这个圆锥面的三面投影图。

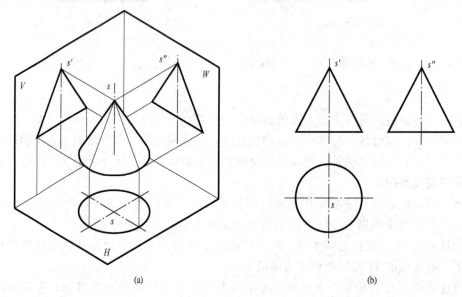

(a)

(b)

图 1-36　圆锥面

该圆锥面的 H 面投影是一个圆周：该圆周反映底圆的实形，圆周以内为圆锥面的投影，锥顶 s 与圆周上任一点连线即为素线的投影。

该圆锥面的 V 面投影是一个等腰三角形：底边是底圆的积聚投影；两腰是圆锥面上最左素线和最右素线的投影，这两条素线是前、后两个半圆锥面可见与不可见的分界线。

该圆锥面的 W 面投影也是一个等腰三角形：底边是底圆的积聚投影；两腰是圆锥面上最前素线和最后素线的投影，这两条素线是左、右两个半圆锥面可见与不可见的分界线。

同圆柱面一样，除轮廓素线外，其他素线的投影均不画出。

（3）球面。母线为圆周，以其任一直径为轴旋转而成的曲面称为球面。球面属于非直纹回转面。

图 1-37（a）是球面的三面投影的形成，图 1-37（b）是这个球面的三面投影图。

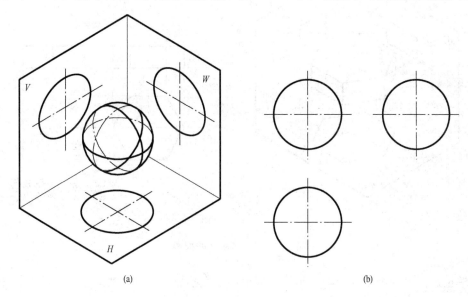

(a)   (b)

图 1-37 球面

球面的三面投影是大小相同的三个圆周，其直径就是球面的直径。它们分别是球面在三个投影面上的投影轮廓线，也是前后、上下、左右各半球面可见与不可见的分界线。V 面投影是平行于 V 面的最大的圆（位于前后对称面上）的投影，H 面投影是平行于 H 面的最大的圆（位于上下对称面上）的投影，W 面投影是平行于 W 面的最大的圆（位于左右对称面上）的投影。三个投影均需用细点画线画出圆的中心线。

1.4 基本体的投影

土建工程中的立体，常可分解为若干基本几何体（简称基本体）。基本体按其表面性质的不同，可分为平面立体和曲面立体两大类。由若干个平面围成的物体称为平面立体，如棱柱、棱锥、棱台等；由曲面或曲面和平面围成的物体称为曲面立体，如圆柱、圆锥、球等。

本节主要讲述各种基本体的投影特征和体表面取点的作图方法。

1.4.1 平面立体的投影

作平面立体的投影就是作围成它的各表面平面的投影。平面立体表面取点的方法就是平面内取点的方法。

1. 棱柱

棱柱分为直棱柱（侧棱与底面垂直）和斜棱柱（侧棱与底面倾斜）两种，本节只介绍直棱柱。直棱柱的形体特征是：两底面是互相平行且全等的多边形，是直棱柱的特征面，各棱线相互平行且垂直于底面，棱面均为矩形。

（1）棱柱的投影。作棱柱的投影时，通常将棱柱的底面和主要棱面平行于投影面放置。图 1 - 38（a）所示为铅垂放置的正六棱柱，其上下底面为水平面，前后两个棱面为正平面，其余四个棱面为铅垂面，各条棱线为铅垂线。图 1 - 38（b）为正六棱柱的三面投影图。

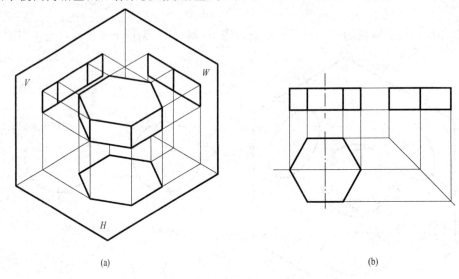

（a）　　　　　　　　　　　　　　　　　　（b）

图 1 - 38　正六棱柱的投影

水平投影：为一个正六边形，是上下底面的重合投影，反映实形，上底面可见，下底面不可见。正六边形的六条边为六个棱面的积聚投影。

正面投影：为三个矩形线框。中间线框是前、后两正平棱面的重合投影，反映实形，前棱面可见，后棱面不可见；左右两矩形线框为四个铅垂棱面的重合投影，是类似形；正面投影中上下边线是两个底面的积聚投影。

侧面投影：为两个矩形线框，是四个铅垂棱面的重合投影，是类似形，左侧的棱面可见，右侧的棱面不可见；侧面投影中上下边线和左右边线分别是两底面和两正平棱面的积聚投影。

画棱柱的投影图时，一般先画出反映棱柱底面实形的特征投影，然后再根据投影关系画出其他投影。在无轴投影图中，三面投影之间仍要符合三等规律，为了确保"宽相等"的关系，作图时仍可利用 45°辅助线作图，体表面上任一几何元素（包括点、直线和平面）的 H 面投影和 W 面投影之间的投影连线的交点必在同一条 45°直线上，如图 1 - 38（b）所示。

图 1 - 39 所示为各直棱柱的三面投影图。

由此可归纳出直棱柱的投影特征：一个投影是多边形线框（反映底面实形），另两个投影是矩形线框。

（2）棱柱表面取点。由于直棱柱的表面都处于特殊位置，其投影都有积聚性，所以以棱柱表面取点可利用积聚投影直接作图。

【例 1 - 7】已知正六棱柱表面上点 A、B 的正面投影 a'、(b')，点 C 的水平投影 c，求各点的其余两面投影，如图 1 - 40（a）所示。

分析：首先判断点的位置。点 A 的正面投影 a' 可见，则点 A 在六棱柱左前方的铅垂棱

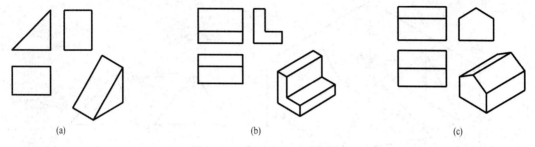

图 1 - 39　直棱柱的三面投影图

（a）三棱柱；（b）"L"形棱柱；（c）五棱柱

面上；点 B 的正面投影 b' 不可见，则点 B 在六棱柱后面的正平棱面上；点 C 的水平投影 c 可见，则点 C 在六棱柱的顶面上。然后利用点所在的平面的积聚投影直接作图。注意判别点的投影的可见性，如果点所在的表面的投影可见，则点的投影可见，反之为不可见。

作图：如图 1 - 40（b）所示。

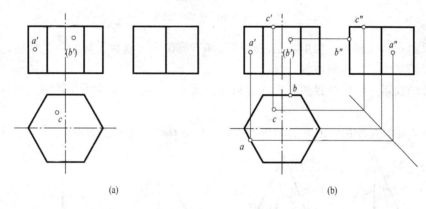

图 1 - 40　六棱柱表面取点

1）求点 A 的投影。A 点所在棱面的 H 面投影积聚成一斜线，a 在此斜线上。所以先由 a' 向下作投影连线，与棱面的积聚投影交于 a，再根据投影规律，求出 a''，a'' 为可见。

2）同理，求点 B、C 的投影，并判别其投影的可见性。注意：在判别可见性时，若点所在平面的投影有积聚性，则不可见点的同面投影可省略括号。

2. 棱锥

棱锥的形体特征是：底面为多边形，棱面均为三角形，各条棱线汇交于一点即锥顶。

（1）棱锥的投影。作棱锥的投影时，通常将棱锥的底面平行于投影面放置。图 1 - 41（a）所示为底面水平放置的正三棱锥，三个棱面中，后棱面为侧垂面，左前棱面和右前棱面为一般位置平面。图 1 - 41（b）为正三棱锥的三面投影图。

水平投影：外线框为三角形，反映底面实形。外线框内的三个小三角形是三个棱面的水平投影，为类似形，与底面投影重合。

正面投影：外线框为三角形，是后棱面的投影，为类似形。里面的两个小三角形是左前棱面和右前棱面的投影，为类似形，与后棱面的投影重合。底面的投影积聚成外线框的底边。

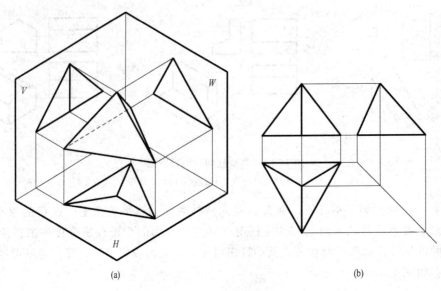

（a）   （b）

图 1-41　正三棱锥的投影

侧面投影：外线框为三角形，是左前棱面和右前棱面的重合投影，为类似形。后棱面和底面的投影积聚成三角形的边线。

画棱锥的投影一般先画锥顶和底面多边形的投影，连接锥顶和底面各顶点即得各棱线的投影。

图 1-42 所示为各直棱锥的三面投影图。图中虚线表示不可见棱线。

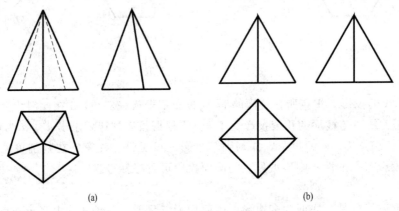

（a）   （b）

图 1-42　棱锥的投影图
（a）五棱锥；（b）四棱锥

由此可归纳出棱锥的投影特征：一个投影是多边形外框（反映底面实形），另两个投影是三角形外框。

（2）棱锥表面取点。当棱锥表面的投影没有积聚性时，表面取点需作辅助线。

【例 1-8】　已知三棱锥表面上点 M 的水平投影 m 和点 N 的正面投影 n'，求其他两面投影，如图 1-43（a）所示。

分析：M 点水平投影 m 可见，可判断 M 点在三棱锥的后棱面上，该棱面为侧垂面，所以可利用积聚性直接求作。N 点的正面投影 n' 可见，可判断 N 点在左前棱面上，该棱面为一般位置平面，求 N 点的投影需作辅助线。

作图：如图 1-43（b）所示。

1）求点 M 的投影。由 m 利用 45°线作出 m''，再由 m、m'' 作出 m'，m' 不可见，标记为 (m')。

2）求点 N 的投影。选择作图方便的辅助线，在左前棱面内过点 N 作一条平行于底边的水平线ⅠⅡ。于是先在 V 面投影中过 n' 作水平线 $1'2'$，作出其水平投影 12，由 n' 向下作投影连线，与 12 交得 n，再根据投影规律作出 n''，n、n'' 均可见。

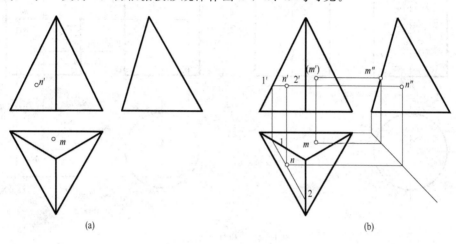

图 1-43　三棱锥表面取点

图 1-44 为棱台的投影图，棱台的投影特征和表面取点的方法读者可自行分析。

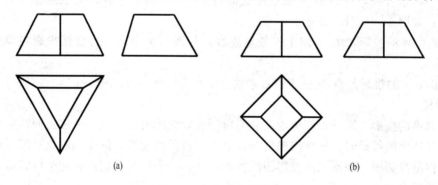

图 1-44　棱台的投影图
（a）三棱台；（b）四棱台

1.4.2　曲面立体的投影

本节主要讲述工程中常用的回转体。回转体是由回转面或回转面和平面围成的立体，常见的有圆柱、圆锥、球等。

1. 圆柱

（1）圆柱的投影。圆柱由圆柱面和顶面、底面所围成，它的投影图就由圆柱面、顶面和底面的投影所组成。作圆柱的投影时，常将圆柱的轴线垂直于投影面放置，图 1-45（a）所示是轴线铅垂位置圆柱的投影图。圆柱三面投影图的投影特征：一个投影是圆，另两个投影是大小相同的矩形线框。

（2）圆柱表面取点。由于圆柱各表面的投影都有积聚性，其面上的点可以利用积聚投影作出，不必作辅助线。

【例 1 - 9】 已知圆柱体表面上点 M 的正面投影 m' 和点 N 的侧面投影（n''），求其他两面投影，如图 1 - 45（a）所示。

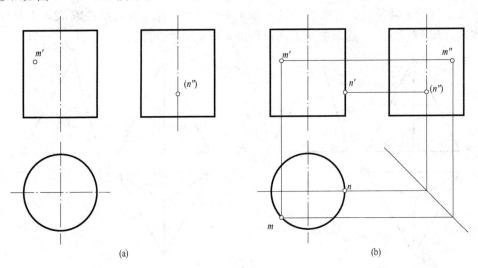

图 1 - 45　圆柱表面取点

分析：由 m' 可判断点 M 在左前方 1/4 圆柱面上，其 H 面投影在圆柱面的积聚投影圆周上；由（n''）可判断点 N 位于圆柱面的最右素线上，可利用直线上取点作图。

作图：如图 1 - 45（b）所示。

1）作点 M 的投影。由 m' 向下作投影连线，与圆周交得 m，再根据投影规律作出 m''，m'' 为可见。

2）作点 N 的投影。点 N 位于最右素线上，可直接作出 n、n'。

2. 圆锥

（1）圆锥的投影。圆锥由圆锥面和底面所围成，它的投影图就是由圆锥面和底面的投影所组成。作圆锥的投影时，常将圆锥的轴线垂直于投影面放置，图 1 - 46（a）所示是轴线铅垂位置圆锥的投影图。圆锥三面投影图的投影特征：一个投影是圆，另两个投影是大小相同的三角形线框。

（2）圆锥表面取点。由于圆锥面的三面投影都没有积聚性，所以圆锥面上取点需要作辅助线，常应用素线法和纬圆法。

【例 1 - 10】 已知圆锥表面上点 M 的正面投影 m'，求另两个投影，如图 1 - 46（a）所示。

分析：由 m' 可判断点 M 位于右前 1/4 圆锥面上，可应用圆锥面上的素线或纬圆作辅助线求解。

作图：

方法一：素线法。圆锥面上任一点和锥顶相连即为一条素线。连接 $s'm'$ 延长后交底圆于 $1'$，点 M 位于素线 $S\,I$ 上，作出 $s1$、$s''1''$，然后由 m' 求出 m、m''，m'' 不可见，标记为

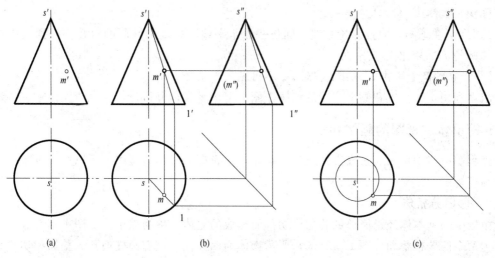

图 1-46　圆锥表面取点

（m''），如图1-46（b）所示。

　　方法二：纬圆法。圆锥面上任一点都在和轴线垂直的纬圆上。本例中纬圆都是水平圆，纬圆的水平投影是圆锥底圆的同心圆，正面投影和侧面投影积聚成水平线。在正面投影中过 m' 在圆锥面的轮廓线之间作一段水平线，长度即为纬圆的直径。然后作出该纬圆的 H 面投影，m 在此圆周上，再由 m 求出 m''，如图 1-46（c）所示。

　　3. 球

　　（1）球的投影。球是球面围成的回转体，它的投影图就是球面的投影图，三个投影均无积聚性。球三面投影图的投影特征：三个投影是大小相同的圆，如图 1-47（a）所示。

　　（2）球表面取点。球面取点用纬圆法。通过球心的直线都可看作球的轴线，为了作图方便，通常选用投影面垂直线作为轴线，使纬圆都能平行于投影面。

　　【例 1-11】　已知球面上点 A 的正面投影 a'，求另两个投影，如图 1-47（a）所示。

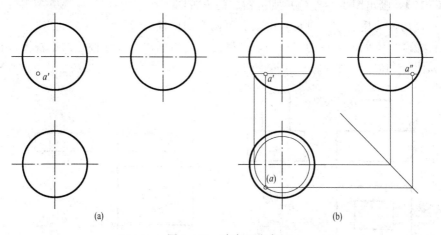

图 1-47　球表面取点

　　分析：由 a' 可判断点 A 在左、前、下 1/4 球面上。本例选用铅垂轴线作图，则纬圆都是水平圆。

作图：如图 1-47（b）所示。

1）过 a' 在球的正面投影轮廓线之间作一段水平线，长度为纬圆的直径。根据投影规律作出纬圆的 H、W 投影。

2）点在纬圆上，由 a' 求出 a、a''，a 不可见，加括号表示。

也可利用正平位置和侧平位置的纬圆作图，请读者自行分析。

1.5 简单体三视图的画法和识读

工程图中多采用三面正投影图来表达物体，正投影图又称为视图，所以三面投影图通常又称为三视图。

1.5.1 形体分析法

由较少的基本体经过简单的叠加或切割而形成的立体，称为简单体。图 1-48（a）所示物体为两个四棱柱叠加，图 1-48（b）所示物体为四棱柱上挖切圆柱通孔。叠加和切割是构型的两种基本方式。

这种将物体看作由基本体通过叠加或切割所形成的分析方法，称为形体分析法。形体分析法是观察物体、认识物体的一种思维方法，是为了理解物体的形状而采用的一种分析手段，形体分析法是今后画图、读图和尺寸标注的基本方法。

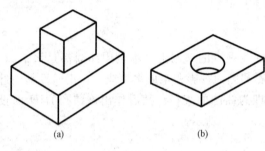

图 1-48 简单体的构型

1.5.2 简单体三视图的画法

画图时，首先先运用形体分析法分析该物体的构型，如果是叠加而成，先看基本体的个数，再看各基本体的形状及相对位置；如果是切割而成，先看原体形状，再看其上的孔或槽是切掉怎样的基本体而得。然后根据三等规律和基本体的投影特征逐个画出各基本体的视图，进而完成简单体的三视图。

【例 1-12】 画出图 1-48（a）所示物体的三视图。

分析：该物体前后、左右对称，由上、下两个四棱柱组成。

作图：先画出下面四棱柱的三视图，准确定位，再画出上面四棱柱的三视图，检查加深后，结果如图 1-49（a）所示。

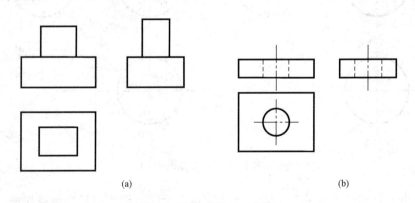

（a）   （b）

图 1-49 简单体的三视图

【例 1 - 13】　画出图 1 - 48 （b）所示物体的三视图。

分析：该物体原体（没切割的基本体称原体）是四棱柱，在其上正中挖了一个圆柱通孔。

作图：先画出四棱柱的三视图，准确定位，再画出挖掉的圆柱的三视图，检查加深后，结果如图 1 - 49 （b）所示。

在简单体中，有一类物体叫做组合柱，在工程中应用较多。如图 1 - 50 所示，组合柱也具有两个全等且平行的底面，有与柱体类同的投影特征：一个视图为组合线框（反映底面实形），另两个视图为矩形线框。画图时，先画反映底面实形的特征视图，再按照投影规律完成其他视图。

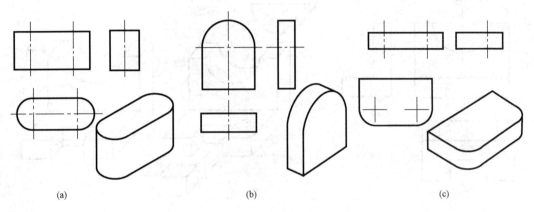

图 1 - 50　组合柱

1.5.3　简单体三视图的识读

读图是根据物体的视图想象其空间形状的思维过程。读图是画图的逆过程。读图时，首先从特征视图入手，运用形体分析法分析该物体的空间构型，根据三等规律和基本体的投影特征确定各部分的形状，分析各部分之间的相对位置，从而想象出整体形状。

【例 1 - 14】　识读图 1 - 51 （a）所示三视图，想象物体的空间形状。

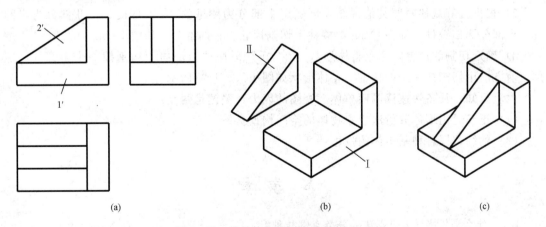

图 1 - 51　简单体三视图识读示例（一）

分析：

1）三视图中正面投影特征明显，由一个"L"形线框和一个三角形线框组成，结合其他视图，可确定该物体由Ⅰ、Ⅱ两部分叠加而成。

2）根据三等规律对照其他视图可知，Ⅰ、Ⅱ两部分的另两个投影都是矩形线框，由基本体的投影特征可确定，Ⅰ部分是正垂的"L"形棱柱，Ⅱ部分是正垂的三棱柱，如图 1-51（b）所示。

3）确定各部分间的相对位置，整体想象。三棱柱位于"L"形棱柱之上，前后居中，整体形状如图 1-51（c）所示。

【例 1-15】 识读图 1-52（a）所示三视图，想象物体的空间形状。

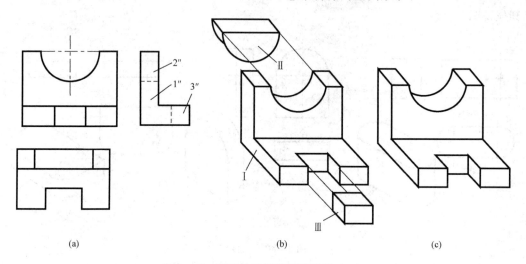

(a)　　　　　　　　　　(b)　　　　　　　　　　(c)

图 1-52　简单体三视图识读示例（二）

分析：

1）三视图中侧面投影特征较明显，为切割而成，能够反映原体形状及切割次数。侧面投影由一个"L"形大线框 $1''$ 和两个矩形小线框 $2''$、$3''$组成，可确定该物体的Ⅰ部分为原体，Ⅱ、Ⅲ部分为切割处。

2）根据三等规律对照其他视图，可确定Ⅰ部分为侧垂的"L"形棱柱，Ⅱ部分为半圆柱，Ⅲ部分为四棱柱，即在"L"形棱柱上切割掉Ⅱ、Ⅲ两部分，如图 1-52（b）所示。

3）确定切割的位置，想象整体形状。在"L"形棱柱上部居中切割掉一个半圆柱，底部正前方居中切割掉一个四棱柱，整体形状如图 1-52（c）所示。

由上可知，具备快速读画简单体三视图的能力，关键是两点：

（1）正确运用形体分析法想象物体的空间构型；

（2）熟练掌握各种基本体的投影特征。

思　考　题

1.1　什么是投影法？投影法的分类有哪几种？

1.2　正投影有哪些基本特性？

1.3　试述三面投影图的形成、展开及投影规律。

1.4　试述点的三面投影图的投影特性。

1.5　试述各种位置直线和平面的投影特性。

1.6　直线上的点有哪些投影特性？

1.7　两直线垂直有什么样的投影特性？

1.8　如何在平面内取点和直线？

1.9　平面内的最大斜度线是什么样的直线？

1.10　试述平面曲线的投影特性及画法。

1.11　试述圆柱面、圆锥面和球面的形成及画法。

1.12　平面立体的投影特征是什么？在平面立体表面上怎样取点？

1.13　回转体的投影特征是什么？在回转体表面上怎样取点？

1.14　什么是简单体？如何读画简单体的三视图？

第 2 章 轴　测　图

　　轴测图是应用轴测投影的方法画出来的富有立体感的图样，在工程上常作为辅助图样帮助空间想象、构思分析和辅助读图。尽快掌握轴测图的画法并充分应用它，是学习工程制图的有效途径。本章主要介绍工程中常用的正等测、斜二测和轴测草图的画法。

2.1　轴测图概述

　　用多面正投影图表达空间物体具有画图简单、投影形状真实、度量方便等优点，因此多面正投影图在工程实际中被广泛应用。但多面正投影图的投射方向总与物体的某一主要方向一致，使得每一个投影只能反映物体上两个方向的尺寸，如图 2-1（a）所示，所以多面正投影图缺乏立体感，不够直观，读懂它需要具有专业的读图知识。图 2-1（b）是该物体的轴测图，轴测图能在单面投影中同时反映物体的长、宽、高，富于立体感，容易看懂，因而在工程中亦有较多应用，如辅助读图、外观设计等。但轴测图度量性差，不能完全反映物体的真实形状和大小，所以工程中常用作辅助图样。

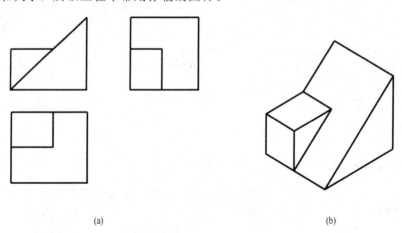

(a)　　　　　　　　　　　　　　　　(b)

图 2-1　物体的多面正投影图与轴测图

2.1.1　轴测图的形成与分类

　　如图 2-2 所示，将物体连同其参考直角坐标系，沿不平行于任一坐标面的方向，用平行投影法将其投射在单一投影面上所得到的图形，称为轴测投影或轴测图。其中，P 平面称为轴测投影面，OX、OY、OZ 分别为直角坐标轴 O_1X_1、O_1Y_1、O_1Z_1 的轴测投影，称为轴测轴。

　　随着投射方向、空间物体和轴测投影面三者相对位置的变化，可得到无数种轴测图。根据投射方向与轴测投影面的相互关系，轴测图分为以下两类：

（1）正轴测图。投射方向垂直于轴测投影面所得到的轴测图称为正轴测图。如图 2 - 2（a）所示，使确定物体位置的三个坐标轴 O_1X_1、O_1Y_1、O_1Z_1 都与投影面 P 倾斜，然后用正投影法将物体连同坐标系一起投射到 P 投影面上，即得到此物体的正轴测图。

（2）斜轴测图。投射方向倾斜于轴测投影面所得到的轴测图称为斜轴测图。为了作图方便，通常使物体上两个主要方向的坐标轴平行于轴测投影面。如图 2 - 2（b）所示，使反映物体长和高的一面（即坐标面 $X_1O_1Z_1$）平行于投影面 P，然后用斜投影法将物体连同坐标系一起投射到 P 投影面上，即得到此物体的斜轴测图。根据需要，在斜轴测投影中也可以使反映物体长和宽的一面（即坐标面 $X_1O_1Y_1$）或宽和高的一面（即坐标面 $Y_1O_1Z_1$）平行于投影面 P。

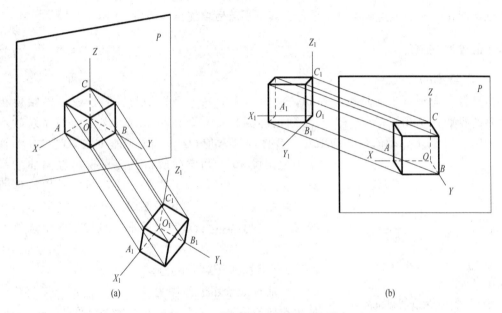

图 2 - 2　正轴测图与斜轴测图的形成

2.1.2　轴间角与轴向伸缩系数

1．轴间角

两根轴测轴之间的夹角称为轴间角，见图 2 - 2 中的 $\angle XOY$、$\angle XOZ$、$\angle YOZ$。

2．轴向伸缩系数

轴测轴上的线段长度与坐标轴上对应线段长度的比值，称为轴向伸缩系数。OX、OY、OZ 轴的轴向伸缩系数分别用 p_1、q_1、r_1 表示，如图 2 - 2 所示。即

$$p_1 = \frac{OA}{O_1A_1}；\quad q_1 = \frac{OB}{O_1B_1}；\quad r_1 = \frac{OC}{O_1C_1}$$

按三个轴向伸缩系数是否相等，轴测图可分为以下三种：三个轴向伸缩系数都相等，称为"等测"；其中两个轴向伸缩系数相等，称为"二测"；三个轴向伸缩系数都不相等，称为"三测"。由此，正轴测图分为正等轴测图（正等测）、正二轴测图（正二测）和正三轴测图（正三测）。同样，斜轴测图也分为斜等轴测图（斜等测）、斜二轴测图（斜二测）和斜三轴测图（斜三测）。本章主要介绍常用的正等测和斜二测的画法。

轴间角和轴向伸缩系数是绘制轴测图的两个重要参数，种类不同的轴测图其轴间角和轴

向伸缩系数各不相同。

2.1.3 轴测投影的性质

轴测投影属于平行投影，它具有平行投影的性质，即类似性、实形性、积聚性、平行性等。其中平行性是轴测投影最主要的特性，也是画轴测图的主要依据，具体表现为：

（1）空间相平行的直线，其轴测投影仍相互平行。

（2）物体上与坐标轴平行的线段，其轴测投影仍平行于相应的轴测轴，且具有和轴相同的轴向伸缩系数。这就是"轴测"二字的由来，即沿轴方向的尺寸可以测量。

由此，由多面正投影图画轴测图时，物体上与轴向平行的线段，在多面正投影图中量取实际尺寸后，乘以相应的轴向伸缩系数即得其轴测投影长度；而与轴向不平行的线段，其投影长度不能在轴测图中直接作出，需定出其两端点后再连出该线段。

2.2 正等轴测图

2.2.1 正等测的形成

当投射方向垂直于轴测投影面时，使物体上的三个坐标轴与轴测投影面的倾角相等所得到的投影，称为正等轴测图，简称正等测。其三个轴间角和三个轴向伸缩系数均相等。如图 2-3 所示，轴间角均为 $120°$，作图时通常使 OZ 轴画成铅垂方向，OX、OY 轴与水平方向成 $30°$。由空间解析几何可得出轴向伸缩系数 $p_1=q_1=r_1≈0.82$，为了作图方便，通常采用简化的轴向伸缩系数 $p=q=r=1$，画图时，凡平行于各坐标轴的线段，可按其实际长度直接量取，虽然作图结果放大了约 1.22 倍，但形状没有改变。

图 2-3 正等测的轴间角和
轴向伸缩系数

2.2.2 平面体正等测的画法

画轴测图常用的作图方法有坐标法、特征面法、叠加法和切割法等。其中坐标法是最基本的方法，其他方法都是根据物体的形体特点对坐标法的灵活运用。作复杂物体的轴测图时，还可将几种作图方法综合起来运用。

根据物体的正投影图画轴测图的基本步骤为：

（1）识读多面正投影图，通过形体分析看懂物体，确定物体的形状尺寸和空间方位，并确定原点和参考直角坐系的位置。

（2）确定轴测图种类，作出轴测轴，根据物体的形体特点，选取适当的方法完成轴测图。轴测图上只画可见部分的轮廓线，不可见部分的虚线一般不画。因此，作图时经常先从物体上的某一可见表面开始，在完成每一个表面时，先画和轴平行的线段，再画和轴倾斜的线段。

（3）检查加深。确定作图结果后，擦去作图线，加深物体上所有可见轮廓线。

下面举例说明各种作图方法的运用。

1. 坐标法

作图时，首先对物体引入参考直角坐标系并确定原点，这样就确定了物体上各点在坐标系中的坐标；然后画出相应的轴测轴，根据物体上各特征点的坐标，沿轴测轴方向进行度量，画出各点的轴测投影，最后依次连接各点，得到该物体的轴测图。这种方法称为坐标法。

【**例 2 - 1**】 图 2 - 4 （a） 所示为三棱锥的两面投影，作其正等测。

分析： 设定三棱锥的坐标系 $O_1X_1Y_1Z_1$，从而可确定三棱锥上各点 S、A、B、C 的坐标值。为方便作图，使 $X_1O_1Y_1$ 坐标面与锥底面重合，O_1X_1 轴通过 B 点，O_1Y_1 轴通过 C 点，如图 2 - 4 （a） 所示。

作图： 如图 2 - 4 （b） 所示，画出正等测的轴测轴，按照坐标值沿轴向量取尺寸，由此确定各点的位置。连接点 S、A、B、C，并描深可见的棱线和底边，结果如图 2 - 4 （c） 所示。

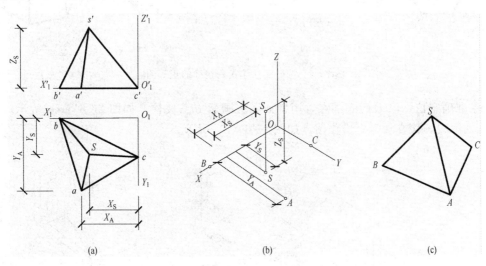

图 2 - 4 坐标法绘制三棱锥的正等测

2. 特征面法

特征面法适用于绘制柱类物体的轴测图。通常是先画出反映柱体特征的一个可见端面，再画出可见的棱线和另一端面的可见边线，完成物体的轴测图。这种方法称为特征面法。

【**例 2 - 2**】 图 2 - 5 （a） 所示为铅垂正六棱柱的两面投影，作其正等测。

分析： 该正六棱柱前后、左右对称，为了便于作图，选取顶面中心点为坐标原点，以顶面六边形的中心线为 O_1X_1 轴和 O_1Y_1 轴，如图 2 - 5 （a） 所示。从可见的顶面开始作图。

作图： 画出正等测的轴测轴，作正六棱柱的顶面，顶点 1、3 在 OX 轴上，点 2、4 在 OY 轴上，直接量取可得，分别过点 2、4 作 OX 轴的平行线，量取顶面上前后两个边的长度，可得 5、6、7、8 四个顶点，依次连线画出顶面的正等测，如图 2 - 5 （b） 所示；过顶面各顶点沿 OZ 轴方向画出相平行的可见棱线，在棱线上截取棱柱的高度，得底面各点，如图 2 - 5 （c） 所示；擦去作图线，描深可见图线，结果如图 2 - 5 （d） 所示。

3. 叠加法

画由几部分叠加而成的物体时，应该从主到次逐个画出各部分的轴测图，这种完成物体轴测图的方法称为叠加法。作图时确定各部分之间的相对位置是关键。

【**例 2 - 3**】 图 2 - 6 （a） 所示为挡土墙的两面投影，完成其正等测。

分析： 该挡土墙可看成由一个正垂"⊥"形棱柱和前后对称的两个三棱柱叠加而成。先画主体"⊥"形棱柱，再逐一将两个三棱柱画出，完成作图。

作图： 画出正等测的轴测轴，用特征面法画"⊥"形棱柱，如图 2 - 6 （b） 所示；根据尺寸 Y_1 准确定位，以 A 为起画点，用特征面法画前方三棱柱，如图 2 - 6 （c） 所示；根据

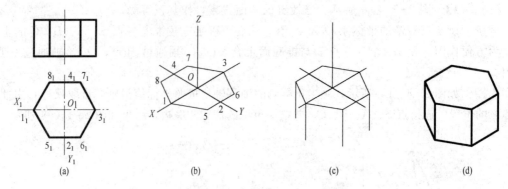

图 2 - 5 特征面法作正六棱柱的正等测

尺寸 Y_2 准确定位，以 B 为起画点，用特征面法画后方三棱柱，如图 2 - 6（d）所示；擦去被遮挡的图线，检查加深完成作图，如图 2 - 6（e）所示。

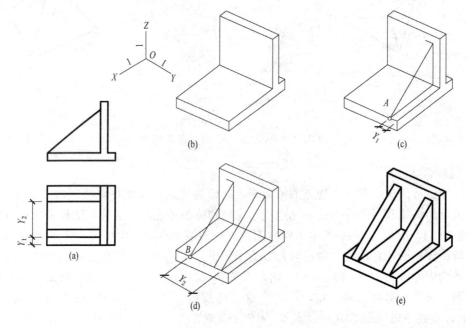

图 2 - 6 叠加法作挡土墙的正等测

4. 切割法

对于由基本体切割而成的物体，可先画出原体的轴测图，然后分步进行切割，这种完成物体轴测图的方法称为切割法。切割时一定要注意切割位置的确定。

【例 2 - 4】 图 2 - 7（a）所示为物体的三面投影，作其正等测。

分析：该物体可以看成是"L"形棱柱被切割两次，右前上方切掉一个四棱柱，左前方切掉一个三棱柱。画轴测图时，可先画出完整的"L"形棱柱，再逐次进行切割。

作图：画出正等测的轴测轴，用特征面法作出"L"形棱柱，如图 2 - 7（b）所示；由投影图量取准确位置，切掉右前上方的小四棱柱，如图 2 - 7（c）所示；量取准确位置，切去左前方三棱柱，如图 2 - 7（d）所示；最后擦去作图线，描深可见的图线，结果如图 2 - 7（e）

所示。

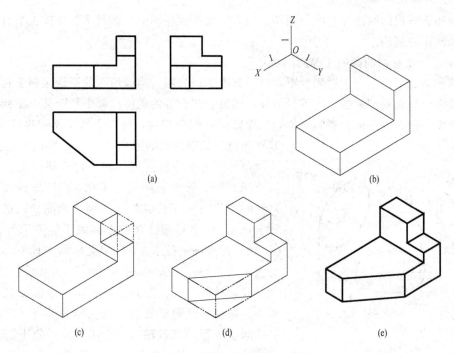

图 2-7 切割法作物体的正等测

5. 观看方向的选择

对同一种轴测图，为了把物体表达得更清楚，可根据物体的形状特征选择适当的观看方向，如俯视、仰视、从左看、从右看。图 2-8 所示为物体从不同方向观看得到的正等测的不同效果，其中图 2-8（a）为从左侧观看的俯视图，图 2-8（b）为从右侧观看的俯视图，图 2-8（c）为从左侧观看的仰视图，图 2-8（d）为从右侧观看的仰视图。对于本例，图 2-8（c）最能表现物体各部分的形状，效果最好。

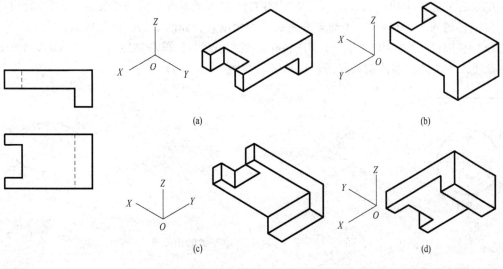

图 2-8 选择观看方向

2.2.3 曲面体正等测的画法

曲面体正等测的画法与平面体相同。曲面体正等测作图的关键是掌握物体上平行于坐标面的圆和圆弧的画法。

1. 平行于坐标面的圆的正等测画法

当圆所在的平面平行于轴测投影面时，其投影仍为圆；当圆所在的平面倾斜于轴测投影面时，其投影为椭圆。一般情况下，圆柱、圆锥和圆台等的端面圆都平行于某个坐标面，在正等轴测投影中，各坐标面都倾斜于轴测投影面且倾角相同，所以平行于不同坐标面的圆，

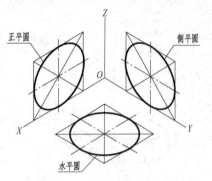

图 2-9 平行于坐标面的圆的正等测

其正等测都是椭圆，如图 2-9 所示，可以看出：

（1）圆的中心线的正等测平行于相应坐标面上的两个轴测轴。如水平圆平行于 $X_1O_1Y_1$ 坐标面，其中心线的正等测平行于 OX、OY 两个轴测轴；正平圆平行于 $X_1O_1Z_1$ 坐标面，其中心线的正等测平行于 OX、OZ 轴；侧平圆平行于 $Y_1O_1Z_1$ 坐标面，其中心线的正等测平行于 OY、OZ 轴。

（2）椭圆的长轴方向垂直于相应坐标面之外的轴测轴。如水平圆的正等测，其长轴垂直于 OZ 轴；正平圆的正等测，其长轴垂直于 OY 轴；侧平圆的正等测，其长轴垂直于 OX 轴。

平行于坐标面的圆的正等测，常用菱形四心法绘制，即用四段圆弧光滑连接，近似画出椭圆，这种方法仅适用于正等测。下面以作水平圆的正等测为例，具体画法如图 2-10 所示，其步骤为：

（1）定原点和坐标轴，作圆的外切正方形，得四个切点 a、b、c、d，如图 2-10（a）所示。

（2）作轴测轴和四个切点 A、B、C、D，过四点分别作 OX、OY 轴的平行线，得圆的外切正方形的正等测菱形，如图 2-10（b）所示。

（3）分别过四个切点 A、B、C、D 作各自所在边的垂线，得四个交点 1、2、3、4，即为四段圆弧的圆心，其中 3、4 为菱形短对角线的端点，如图 2-10（c）所示。

（4）分别以 1、2 为圆心，$1B$ 为半径作圆弧 $\overset{\frown}{AB}$ 和 $\overset{\frown}{CD}$，再分别以 3、4 为圆心，$4B$ 为半径作圆弧 $\overset{\frown}{AD}$ 和 $\overset{\frown}{BC}$，四段圆弧光滑连成椭圆，如图 2-10（d）所示。

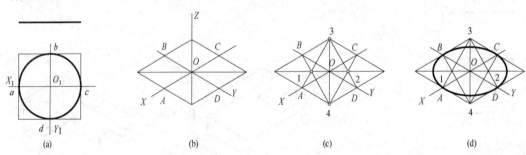

图 2-10 菱形四心法作水平圆的正等测

正平圆和侧平圆的正等测请读者自行分析。

2. 曲面体正等测画法

主要介绍圆柱以及带有圆柱曲面的物体的正等测画法。下面举例说明其画法。

【**例 2 - 5**】 图 2 - 11（a）所示为铅垂圆柱的两面投影，作其正等测图。

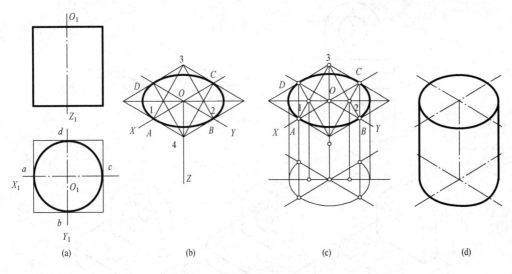

图 2 - 11 作铅垂圆柱的正等测

分析： 该圆柱轴线为铅垂线，顶面圆和底面圆分别位于 $X_1O_1Y_1$ 坐标面及其平行面上，其正等测为形状、大小相同的两个椭圆，以菱形四心法作图，然后作两椭圆的公切线即可。

作图： 以顶面圆心为坐标原点，设定坐标轴，并作顶面圆的外切正方形，切点为 a、b、c、d，如图 2 - 11（a）所示；按照图 2 - 10 的步骤用菱形四心法作出顶面圆的正等测，如图 2 - 11（b）所示；为了减少作图，底面圆的正等测只需作三段可见的圆弧，为此，用移心法将顶圆圆心 O、圆弧圆心 1、2、3 和四个切点 A、B、C、D 均沿 OZ 轴下移圆柱的高度，然后用相应的半径画出底圆圆弧，得底圆的正等测，如图 2 - 11（c）所示；作两椭圆的公切线，擦去作图线，描深可见轮廓线，完成作图，结果如图 2 - 11（d）所示。

正垂圆柱和侧垂圆柱的正等测画法与铅垂圆柱相同。画圆锥的正等测时，先画底面圆的正等测，再定锥顶，最后由锥顶向底面圆作公切线。圆台的正等测与圆柱基本相同，分别画出两端面圆的正等测，再作它们的公切线，如图 2 - 12 所示。

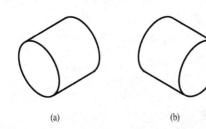

图 2 - 12 曲面体的正等测实例

（a）侧垂圆柱；（b）正垂圆柱；（c）圆锥；（d）圆台

【例 2 - 6】 图 2 - 13（a）所示为曲面体的两面投影，作其正等测。

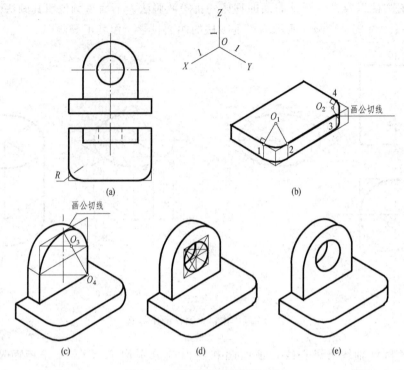

图 2 - 13　曲面体正等测的画法

分析：该曲面体由底板和立板两部分组成。底板前方左右两角为 1/4 圆角，需要作 1/4 圆的正等测。带有圆柱通孔的立板上部为半圆柱体，需要作 1/2 圆的正等测。画图时综合运用前述方法。

作图：

1）作底板的正等测。画底板的圆角时，从底板顶面左右两角点沿顶面的两边量取圆角半径，得切点 1、2、3、4，过切点作边线的垂线，交得圆心 O_1、O_2，以圆心到切点的距离为半径画弧，即为圆角正等测，用移心法画底面圆角，注意作出右前角处的公切线，如图 2 - 13（b）所示。

2）作立板的正等测。立板由四棱柱和半圆柱组成，画半圆柱的正等测时，作出前端面上 1/2 圆的外切正方形的正等测，过切点作边线的垂线，交得圆心 O_3、O_4，以圆心到切点的距离为半径画弧，用移心法画后端面上的半圆，注意作出公切线，如图 2 - 13（c）所示。

3）作立板上圆柱孔的正等测。圆柱通孔后孔口的轮廓线是否可见取决于板厚，如图 2 - 13（d）所示。

4）擦去作图线，描深可见轮廓线，完成作图，如图 2 - 13（e）所示。

2.3　斜二轴测图

2.3.1　正面斜二轴测图

使空间物体的 $X_1O_1Z_1$ 坐标面（即物体上的正立面）平行于轴测投影面，所得到的斜轴测图称为正面斜轴测图。

由于坐标面 $X_1O_1Z_1$ 平行于投影面，故 OZ 轴竖直，OX 轴水平，轴间角 $\angle XOZ = 90°$，轴向伸缩系数 $p_1 = r_1 = 1$。OY 轴及其轴向伸缩系数随着投射线方向的改变而变化，各自相对独立，为作图方便，取 $q_1 = 0.5$，OY 轴与水平成 $45°$（也可取 $30°$ 或 $60°$），方向可选向右下 [图 2-14（a）]、左下 [图 2-14（b）]、右上、左上，这样得到的正面斜轴测图称为正面斜二轴测图，简称正面斜二测。

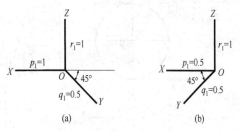

图 2-14　正面斜二测的轴间角和轴向伸缩系数

由于物体上的正立面反映实形，所以这种图适用于画正面形状复杂、曲线多的物体。

1. 平面体的正面斜二测

平面体的正面斜二测的画法与正等测画法基本相同，区别只是两者的轴间角和轴向伸缩系数不同。

【例 2-7】 作图 2-15（a）所示物体的正面斜二测。

分析： 该物体由台阶和栏板前后叠加而成，用叠加法完成作图。台阶和栏板前端面的正面斜二测均反映实形，各自用特征面法作图。

作图： 画正面斜二测的轴测轴，画出台阶前端面的实形，从前端面的各顶点向后拉伸出 OY 方向的平行线，按 $q_1 = 0.5$ 确定台阶宽度，如图 2-15（b）所示；确定位置，同样的方法画出栏板，如图 2-15（c）所示；擦去作图线，加深可见轮廓线，完成全图，如图 2-15（d）所示。

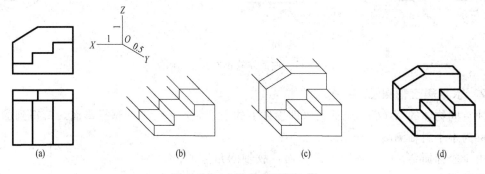

图 2-15　台阶的正面斜二测

2. 曲面体的正面斜二测

曲面体的正面斜二测的画法与正等测画法基本相同，只是物体上平行于坐标面的圆的画法不同。

正面斜二测中，平行于坐标面 $X_1O_1Z_1$ 的圆（正平圆）其正面斜二测反映实形，可直接画出，如图 2-16 所示；平行于坐标面 $X_1O_1Y_1$ 和 $Y_1O_1Z_1$ 的圆（水平圆和侧平圆）其正面斜二测是椭圆，常用八点法或描点法作图。

八点法作图，以水平圆为例，具体画法如图 2-16 所示，作出圆的外切正方形的正面斜二测，得一平行四边形，然后以轴向伸缩系数为 1 的半条边为斜边作等腰直角三角形，将作得的直角边的长度量在这条边中点的两侧，由量得的点作 OY 轴的平行线，与平行四边形的对角线交得四个点，再连同平行四边形的四个中点一起，由八个点连成椭圆。

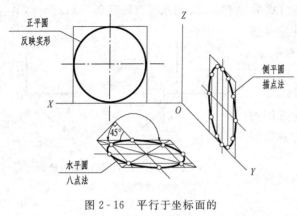

图 2-16 平行于坐标面的
圆的正面斜二测

描点法是通过平行于坐标轴的弦，作出圆周上若干点的轴测图，再光滑连成椭圆，如图 2-16 中侧平圆的正面斜二测所示。

【例 2-8】 作图 2-17（a）所示物体的正面斜二测。

分析： 该物体由同轴的大、小两个圆柱叠加而成，用叠加法完成作图。由于大、小两圆柱的前后端面都是正平圆，其正面斜二测反映实形。

作图： 作出轴测轴，先作小圆柱的轴测图，注意作前后端面圆的公切线，如图 2-17（b）所示；准确定位，作大圆柱的轴测图，如图 2-17（c）所示；擦去作图线，加深可见轮廓线，完成全图，如图 2-17（d）所示。

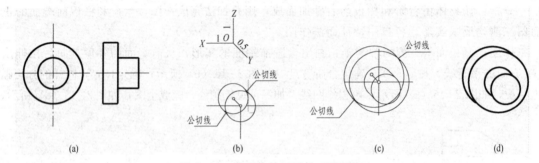

图 2-17 曲面体的正面斜二测画法

2.3.2 水平斜二轴测图

使空间物体的 $X_1O_1Y_1$ 坐标面（即物体上的水平面）平行于轴测投影面，所得到的斜轴测图称为水平斜轴测图。

由于坐标面 $X_1O_1Y_1$ 平行于投影面，故轴间角 $\angle XOY = 90°$，轴向伸缩系数 $p_1 = q_1 = 1$。OZ 轴及其轴向伸缩系数随着投射线方向的改变而变化，可任意选择，为作图方便，OZ 轴画成竖直方向，取 $r_1 = 0.5$，OX 和 OY 分别与水平线成 $30°$ 和 $60°$，这样得到的水平斜轴测图称为水平斜二轴测图，简称水平斜二测，如图 2-18 所示。工程上常用于绘制建筑群的鸟瞰图。

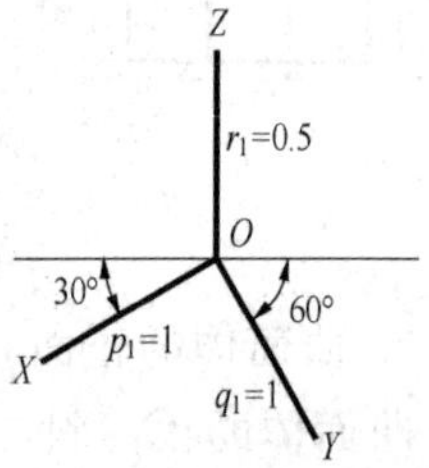

图 2-18 水平斜二测的轴
间角和轴向伸缩系数

【例 2-9】 画出图 2-19（a）所示建筑物体的水平斜二测。

作图： 作出轴测轴，将图 2-19（a）中的水平投影逆时针旋转 $30°$ 后画出，如图 2-19（b）所示；再在各转角处沿 OZ 轴方向画线，按照 $r_1 = 0.5$ 量取高度，最后画出各部分的顶面，完成其水平斜二测，如图 2-19（c）所示。

图 2-20（a）为表达某小区总平面布置的平面图（即水平投影），其鸟瞰图如图 2-20（b）所示。

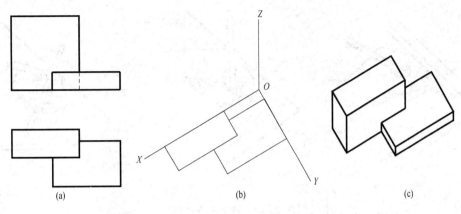

图 2-19 建筑物体的水平斜二测

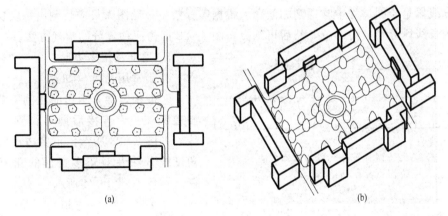

图 2-20 某小区的总平面布置

（a）平面图；（b）鸟瞰图

2.4 轴测草图

2.4.1 草图画法

用绘图仪器画出的图，称为仪器图。不用仪器，徒手作出的图称为草图。徒手画草图也是一种技能，基本要求是快、准、好。快是指画图速度要快；准是指目测比例要准；好是指图形正确，字体工整，图面质量要好。工程技术人员应具备一定的徒手作图技能，以便能迅速表达构思、测绘记录、进行技术交流等。

虽然是徒手绘制，但不能潦草，应尽量使线条光滑、平直、线型分明，同时还应尽可能地保持物体上各部分间的比例关系。画好徒手草图，必须先掌握各种线条的画法。

1. 画直线

画水平线应自左向右画出，笔杆要放平些，如图 2-21 （a）所示；画竖直线应自上而下画出，笔杆要立直些，如图 2-21 （b）所示；画斜线时应从上左端开始，如图 2-21 （c）所示，也可将纸转动，按水平线画出。

画较长直线时，眼睛不要看笔尖，要盯住终点，用较快的速度画出；加深或加粗时，眼睛则要盯着笔尖，用较慢的速度画。

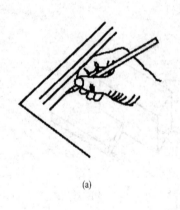 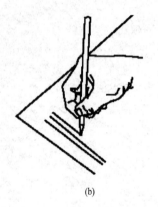 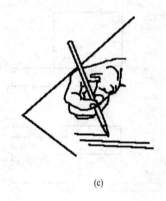

(a) (b) (c)

图 2-21 徒手画直线段

2. 等分线段

等分线段是绘图过程中常遇到的问题。根据等分数目，绘图人员应目测出每段长度，一般先将较长线段分为较短部分，然后再细分。图 2-22 即为两种等分的常规方法。

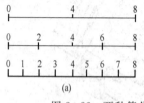 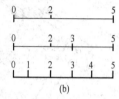

3. 角度及正多边形

绘制常用角度（如 30°、45°、60°等）时，一般根据两直角边的比例关系，定出斜边两端点，连接后即可得到所需角度线，如图 2-23 所示；正多边形可利用画角度线方法及对正多边形的几何理解绘制，示例如图 2-24 所示。

图 2-22 两种等分线段的常规方法

（a）八等分；（b）五等分

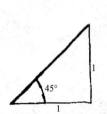 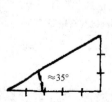 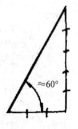 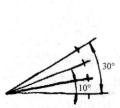

图 2-23 常用角度的徒手画法

4. 圆

画大圆时，可先画垂直相交的中心线及过圆心的两条 45°直线，并在这些直线上目测确定半径点，然后将各点连成光滑曲线即可，如图 2-25（a）所示；画小圆或圆弧时，可先按直径画其外切正方形，然后将各边中点连成光滑曲线即可，如图 2-25（b）所示。

5. 椭圆

画较小椭圆时，先画出中心线，根据长

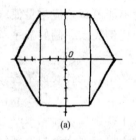 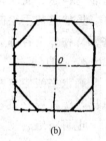

(a) (b)

图 2-24 正多边形的徒手画法

（a）正六边形画法；（b）正八边形画法

短轴确定四个端点，连成光滑曲线即可，如图 2-26（a）所示；画较大椭圆时，先画出中心线，目测确定长、短轴端点 1、3、5、7，然后作出外切矩形及其对角线，将任一对角线的一半三等分，在 2/3 多一点处定出椭圆上的点 2、4、6、8，最后将八个点描成光滑曲线，如图 2-26（b）所示。

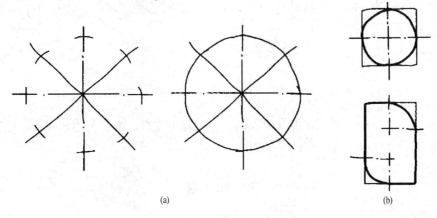

(a)　　　　　　　　　　　　　　　(b)

图 2-25　徒手画大圆、小圆及小圆弧

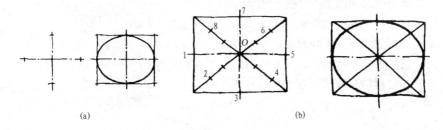

(a)　　　　　　　　(b)

图 2-26　徒手画椭圆

（a）四点描椭圆；（b）八点描椭圆

2.4.2　轴测草图

　　轴测草图是不借助绘图仪器和工具，用目测、徒手绘制的轴测图。轴测草图的作图方法与本章前面几节所讲述的轴测图的作图方法基本相同。绘制轴测草图除了要符合草图画法之外，还应注意：

　　（1）使用徒手绘制角度的方法绘制轴测轴，使轴间角尽量准确。

　　（2）物体上同方向的图线要平行。

　　（3）在绘制轴测草图时，常常采用"方箱法"，先画出物体的包容长方体，再绘出其准确形状，即在长方体的基础上进行切割或叠加。如图 2-27 所示，画圆柱时可先画出圆柱前端面圆的投影椭圆的外切菱形；再按圆柱长度 S 画出其包容长方体；最后画出相应椭圆，从而完成圆柱的轴测草图。图 2-28 为绘制物体轴测草图的作图过程。

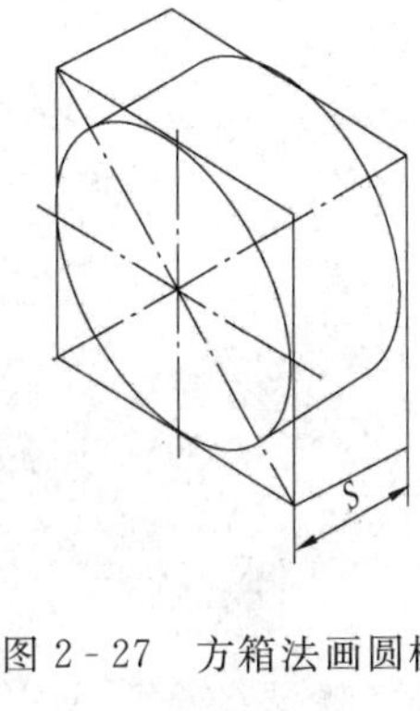

　　在今后学习形状更为复杂物体的三视图时，绘制轴测草图是帮助我们进行空间想象从而快速识图的一个有效手段。读图时，要习

图 2-27　方箱法画圆柱

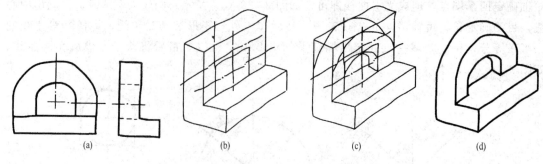

图 2-28　轴测草图实例

惯把所思所想用笔描绘出来，在推敲中勾画，在勾画中成形。久而久之，既很好地锻炼了徒手草图的技能，又大大提高了空间想象能力。

思 考 题

2.1　轴测图是怎样形成的？它与多面正投影图的区别是什么？它有哪些特点？

2.2　正轴测图与斜轴测图有什么区别？

2.3　正等测和斜二测的轴间角、轴向伸缩系数各是多少？

2.4　试述轴测图的作图步骤和常用作图方法。

2.5　圆的轴测投影是椭圆时，其常用作图方法有哪几种？

2.6　绘制草图和轴测草图的基本要求是什么？

第3章 立体的表面交线

前面学习了基本体和简单体投影图的绘制与阅读。在生产实际中工程建筑物的形状更为复杂，表面常会产生一些交线，这些交线按其形成分为截交线和相贯线两种，平面截切立体所产生的表面交线称为截交线，两立体相交所产生的表面交线称为相贯线。本章主要介绍这些交线的画法和识读。

3.1 截交线

如图3-1（a）所示，用来截切立体的平面称截平面，截平面与立体表面产生的交线称为截交线，截交线的顶点称为截交点，由截交线围成的平面图形称为断面，立体被平面截切后的剩余部分称为截断体。图3-1（b）所示为用多个平面截切立体产生的截交线。

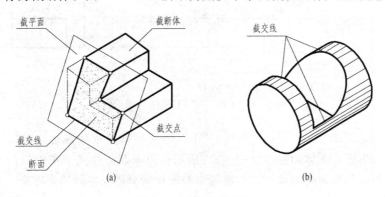

图3-1　截交线的概念

截平面截切不同的立体或截平面与立体的相对位置不同，所产生的截交线形状也不相同。但无论是什么形状，截交线都具有以下性质：

（1）表面性。截交线都位于立体的表面上。

（2）共有性。截交线是截平面与立体表面的共有线。截交线上的每一点都是截平面与立体表面的共有点，这些共有点的连线就是截交线。

（3）封闭性。因为立体是由它的各表面围合而成的封闭空间，所以截交线是封闭的平面图形。

截交线的性质是其作图的重要依据，掌握截交线的画法是解决截切问题的关键。

3.1.1 平面截切平面体

1. 平面体截交线的形状

平面体表面都是平面，被截平面所截而形成的截交线都是直线段，断面应是平面多边形。截交线上的截交点是平面体上参与截交的棱线（或底面边线）与截平面的交点，对单一截平面而言，有几个截交点断面即为几边形，如图3-1（a）所示。

2. 平面体截交线的画法

平面体截交线的作图方法：先作出截交点，然后依次连成截交线。

求平面体截交线的一般步骤为：

（1）空间及投影分析。通过投影图，确定平面体的形状和截平面的数量，分析各截平面与投影面的相对位置，确定各截交线的空间位置；分析各截平面与平面体的相对位置，确定截交点的数量，从而判断出各断面的边数，想象其空间形状。

（2）求作截交线。按照平面体截交线的作图方法，用平面体表面取点的方法求出各截交点，依次连出截交线。连线时应注意判断其可见性。

（3）补全截断体的投影。

【例 3 - 1】 图 3 - 2（a）所示为"L"形棱柱被正垂面截切，求作截交线的投影。

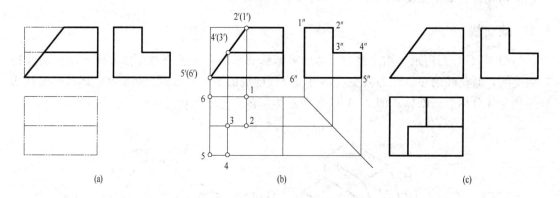

图 3 - 2 求作"L"形棱柱的截交线

分析：本例为用单一平面截切平面体。"L"形棱柱被正垂面截切，截切了体上六条棱线，截交线为六边形，立体图如图 3 - 1（a）所示。由于截交线属于正垂的截平面，所以其正面投影与截平面的积聚投影重合，侧面投影与棱柱的侧面投影六边形重合，均为已知。水平投影应为类似六边形，需要求作。

作图：

1）求作截交点。首先利用积聚性在正面投影上标出各截交点（1′）、2′、（3′）、4′、5′、（6′），再在侧面投影中对应标出 1″、2″、3″、4″、5″、6″，然后根据投影规律，求出截交点的水平投影 1、2、3、4、5、6，如图 3 - 2（b）所示。

2）判别可见性并连线。依次连接各点，即得截交线水平投影。

3）检查加深。擦去棱柱上被切掉的线条，加深截断体的投影，如图 3 - 2（c）所示。

【例 3 - 2】 图 3 - 3（a）所示为一个正四棱锥被截切，已知它的正面投影，试完成其水平和侧面投影。

分析：本例为用多个平面截切平面体，需注意求作相邻截平面之间产生的交线。通过投影分析可知，正四棱锥被一个水平面和一个侧平面同时截切，两截平面的交线为正垂线ⅣⅤ。正四棱锥与水平面产生的截交线与底边平行，为五边形ⅠⅡⅣⅤⅢ，水平投影反映实形，正面投影和侧面投影均积聚为水平线段。正四棱锥与侧平面产生的截交线为三角形ⅣⅤⅥ，正面投影和水平投影积聚为直线段，侧面投影反映实形。

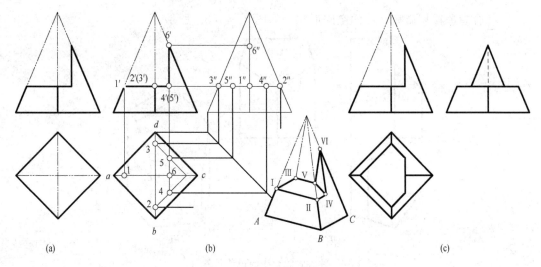

图 3-3　求作正四棱锥的截交线

作图:

1) 求作水平面与正四棱锥的截交线五边形。利用积聚性在正面投影中标出截交线五个顶点Ⅰ、Ⅱ、Ⅲ、Ⅳ、Ⅴ的正面投影 $1'$、$2'$、$(3')$、$4'$、$(5')$,由正面投影求其水平投影和侧面投影。顶点Ⅰ、Ⅱ、Ⅲ分别位于棱线上,可直接求作;顶点Ⅳ、Ⅴ用作平行于底面边线的辅助线的方法作出其水平投影后,再作出其侧面投影,如图 3-3(b)所示。

2) 求作侧平面与正四棱锥的截交线三角形。该三角形的顶点为Ⅳ、Ⅴ、Ⅵ,只需求作Ⅵ点。Ⅵ点位于棱线上,利用积聚性在正面投影中标出顶点Ⅵ的投影 $6'$,作图求得其水平投影和正面投影,如图 3-3(b)所示。

3) 判别可见性连出截交线。注意连接截平面交线ⅣⅤ的投影。如图 3-3(c)所示。

4) 补全截断体的投影。擦去被切掉的线条,加深截断体的投影,将不可见的棱线以虚线画出,如图 3-3(c)所示。

3. 平面体截交线的识读

读图步骤:

(1) 确定被截切前原体的形状。

(2) 判断截平面的数量及其空间位置。

(3) 想象断面。分析截交点的个数,确定截交线的边数。再根据截平面的空间位置,确定截交线各投影面的投影情况。

(4) 综合想象截断体的空间形状。

【例 3-3】　识读图 3-4(a)所示物体的三视图,想象其空间形状。

读图步骤:

1) 根据棱柱的投影特征可知,原体是一个铅垂放置的五棱柱。

2) 由正面投影可判断五棱柱顶部被截切,截平面为一个正垂面。

3) 从正面投影看出,正垂面切到了三条棱线和顶面上的两条边线,确定截交线的形状为五边形。因为截平面为正垂面,所以断面五边形的三面投影符合正垂面的投影特征,为一倾斜线段和两类似的五边形。

4）综合想象截切后截断体的空间形状，如图 3-4（b）所示。

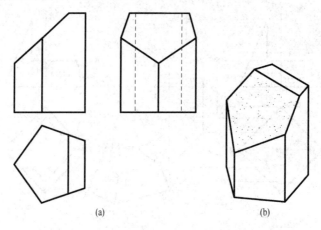

图 3-4 平面体截交线的识读示例（一）

【例 3-4】 识读图 3-5（a）所示物体的三视图，想象其空间形状。

读图步骤：

1）从正面投影看出物体上有一缺口，补全缺口，不难看出原体为铅垂三棱柱。

2）缺口处由两条线段组成，即一条斜线段和一条铅垂线段，由此可判断该缺口是由两个平面截切而成，一个正垂面和一个侧平面。

3）从正面投影看出，正垂面截切的棱数有一条，侧平面截切的顶面边数有两条，两个截平面产生一条正垂位置的交线，从而确定正垂面截切产生的截交线形状为三角形，侧平面截切产生的截交线形状为四边形。三角形断面的三面投影为一斜线段及两类似三角形；四边形断面的三面投影为两直线段及一个实形四边形。

4）综合想象截切后截断体的空间形状，如图 3-5（b）所示。

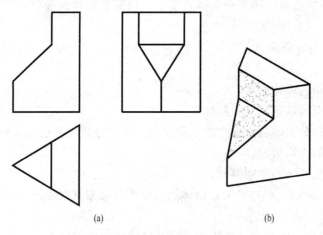

图 3-5 平面体截交线的识读示例（二）

3.1.2 平面截切曲面体

1. 曲面体截交线的形状

曲面体被平面截切，截交线由平面曲线或直线组成。曲面体截交线的形状取决于曲面体的形状及截平面与曲面体的相对位置。

（1）圆柱。圆柱被平面截切有三种情况，对应截交线有三种不同的形状，见表 3-1。

表 3-1　　　　　　　　　　　　　　　圆 柱 的 截 交 线

截平面位置	垂直于轴线	平行于轴线	倾斜于轴线
截交线的空间形状	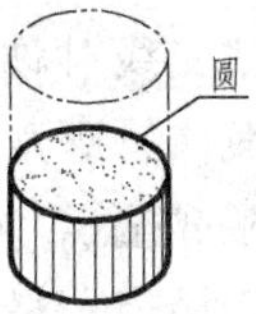 圆	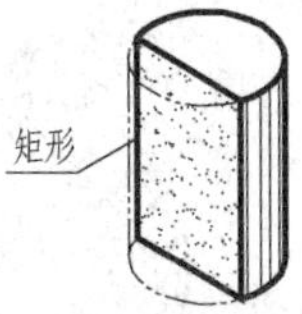 矩形	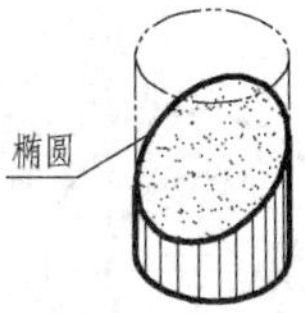 椭圆
投影图	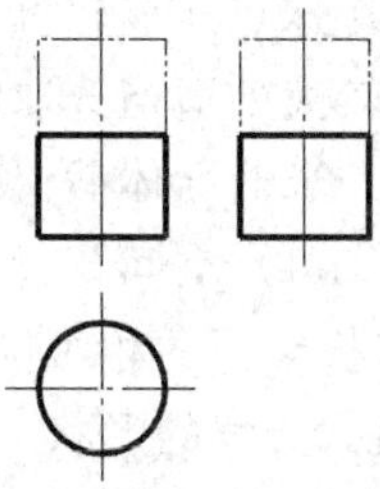	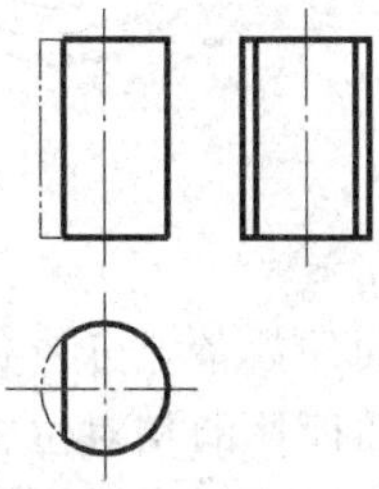	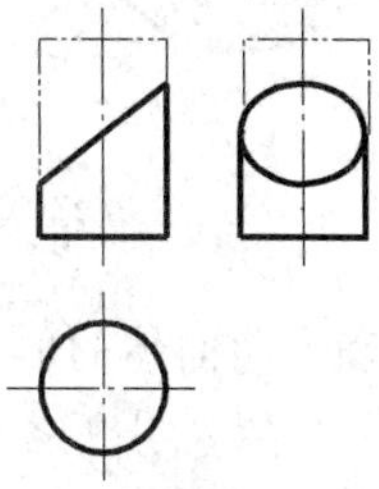

（2）圆锥。圆锥被平面截切有五种情况，对应截交线有五种不同形状，见表 3-2。

表 3-2　　　　　　　　　　　　　　　圆 锥 的 截 交 线

截平面位置	垂直于轴线	倾斜于轴线并与所有素线相交	平行于圆锥面上一条素线	平行于圆锥面上两条素线	截平面通过锥顶
截交线的空间形状	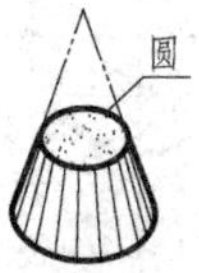 圆	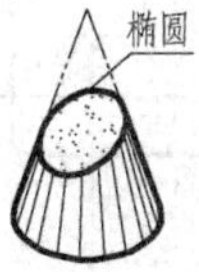 椭圆	 抛物线	 双曲线	 三角形
投影图	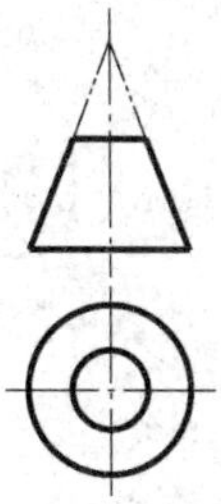	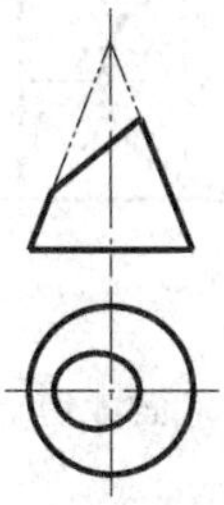	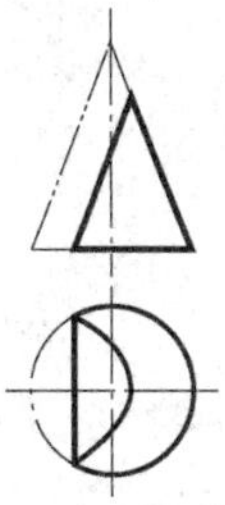	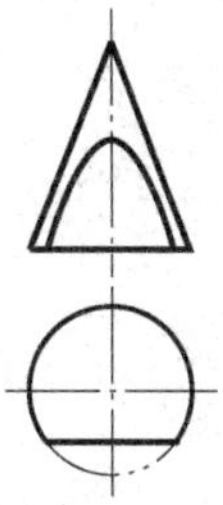	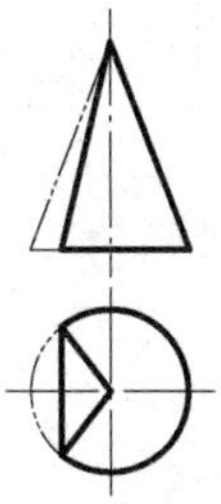

（3）圆球。圆球被任意方向的平面截切，截交线都是圆。当截平面与投影面平行时，截交线圆也平行于相应的投影面。截平面与球心的距离不同时，截交线圆的直径大小也不同。图 3-6 是截平面为水平面时圆球的截交线。

2. 曲面体截交线的画法

求作曲面体截交线投影，分为以下两种情况：

（1）截交线为直线或平行于投影面的圆时，可由已知条件根据投影规律直接作图。

（2）截交线为椭圆、抛物线、双曲线等非圆曲线或不平行于投影面的圆时，需求出截交

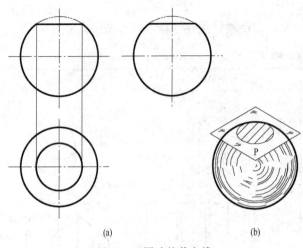

图 3-6 圆球的截交线

线上一系列的点，然后连成光滑曲线。为了使所求的截交线形状准确，在求作非圆曲线截交线的投影时，应首先求出截交线上的特殊点，再求作若干一般点（也称中间点）。特殊点包括截交线对称轴上的顶点、截交线与曲面体轮廓素线的交点、截交线上的极限位置点（最高、最低、最左、最右、最前、最后点）等。一般点是在特殊点连点较稀疏处或曲线曲率变化较大处适当选取的点。

求曲面体截交线的一般步骤为：

（1）空间及投影分析。通过投影图，确定曲面体的形状和截平面的数量，分析各截平面与投影面的相对位置，确定各截交线的空间位置；分析各截平面与曲面体的相对位置，判断出截交线的形状。

（2）求作截交线。按照曲面体截交线的求作方法，用曲面体表面取点的方法求出各点，依次连出截交线，连线时应注意判断其可见性。

（3）补全截断体的投影。

【例 3-5】 图 3-7（a）所示圆柱被正垂面截切，求作截交线的投影。

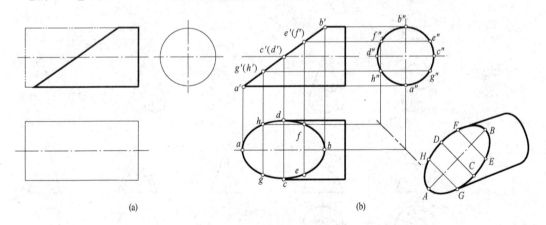

图 3-7 圆柱被正垂面截切

分析：圆柱被倾斜于轴线的正垂面截切，截交线为椭圆。截交线的正面投影与截平面的积聚投影重合，又圆柱面的侧面投影积聚成圆周，所以截交线的侧面投影与圆周重合。截交线的水平投影仍是椭圆，作图时需求作椭圆上一系列的点后连线。

作图：如图 3-7（b）所示。

1）求特殊点。该椭圆截交线上有四个特殊点 A、B、C、D，这四个特殊点是椭圆长短轴端点（长轴 AB 为正平线，短轴 CD 为过 AB 中点的正垂线），也是截平面与圆柱前后左右四条轮廓素线的交点，同时又是截交线上极限位置的点。在正面投影上标出 a'、b'、c'、(d')，再对应在侧面投影上标出 a''、b''、c''、d''，然后根据投影规律求出水平投影 a、b、 *c*、*d*。

2）求一般点。一般点可适当选取，为了作图方便，本题选取对称点 *E*、*F* 和 *G*、*H*。首先在正面投影上标出 *e'*、(*f'*)、*g'*、(*h'*)，然后根据圆柱面上取点的方法，先求出侧面投影 *e"*、*f"*、*g"*、*h"*，再求出水平投影 *e*、*f*、*g*、*h*。

3）依次光滑连接各点，得截交线的水平投影。

4）擦去被切掉的线条，加深截断体的轮廓线。由正面投影可知，圆柱的最前、最后素线在 *C*、*D* 点之左的部分被切掉，所以在水平投影中该两条素线只加深 *C*、*D* 点之右的部分。

注意：当正垂面与水平投影面的倾角为 45°时，截交线椭圆的水平投影为一圆，直径和圆柱直径相等。

【例 3 - 6】　求作如图 3 - 8（a）所示切槽圆柱截交线的投影。

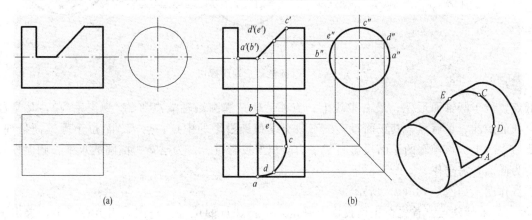

图 3 - 8　切槽圆柱截交线的画法

分析：本例为用多个平面截切圆柱。由已知的正面投影可看出，圆柱被三个面截切，分别为侧平面，水平面和正垂面，三个截平面间交出两条正垂线。侧平面垂直轴线截切，截交线为半圆，水平面平行轴线截切，截交线为矩形，均可直接作出；正垂面倾斜于轴线截切，截交线为半个椭圆，需作出其上的特殊点和一般点后连线。三条截交线的正面投影均与截平面的积聚投影重合，为已知。

作图：如图 3 - 8（b）所示。

1）求作水平面截交线矩形的投影。由其正面投影作出侧面投影，为一条虚线（虚线与中心线重合，应留虚线），然后根据投影规律作出水平投影矩形。

2）求作侧平面截交线半圆的投影。其水平投影为一直线，与矩形截交线的左边线重合，侧面投影与虚线之上的半个圆周重合。

3）求作正垂面截交线椭圆的投影。其侧面投影与虚线之上的半个圆周重合，水平投影为半个椭圆，先求特殊点 *A*、*B*、*C* 的水平投影 *a*、*b*、*c*，然后再求作一般点 *D*、*E* 的水平投影 *d*、*e*，光滑连接即得椭圆的水平投影。

4）加深切槽圆柱的水平和侧面投影，完成全图。

【例 3 - 7】　图 3 - 9（a）所示圆锥被正垂面截切，求作截交线的投影。

分析：圆锥被正垂面切断所有素线，截交线为椭圆。该椭圆截交线上有六个特殊点 *A*、*B*、*C*、*D*、*E*、*F*，其中点 *A*、*B* 是椭圆长轴端点（*AB* 为正平线），又是截交线的最高、最

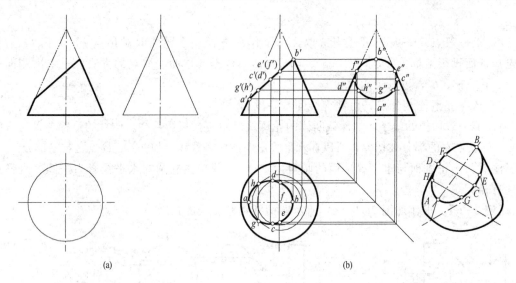

图 3-9　圆锥被正垂面截切

低点，位于圆锥面最左、最右素线上；点 C、D 是椭圆短轴端点（CD 为正垂线），又是截交线的最前、最后点，其正面投影位于截交线积聚投影的中点；点 E、F 位于圆锥面最前、最后素线上。该椭圆的正面投影与截平面的积聚投影重合，为已知；椭圆的水平、侧面投影均为椭圆，需求作。

　　作图：如图 3-9（b）所示。

　　1）求特殊点。首先在正面投影上确定六个特殊点的位置，直接利用点在线上，求出圆锥四条轮廓素线与截平面的交点 A、B、E、F 的水平投影和侧面投影；用纬圆法求出点 C、D 的水平投影和侧面投影。

　　2）求一般点。选取一般点 G、H，用纬圆法求出其水平投影及侧面投影。

　　3）依次光滑连接各点，作出截交线的水平投影和侧面投影。

　　4）加深截断体图线，完成作图。注意在侧面投影中圆锥的最前、最后素线只保留 E、F 点以下的部分。

　　【例 3-8】　图 3-10（a）所示圆球被截切，求作截交线的投影。

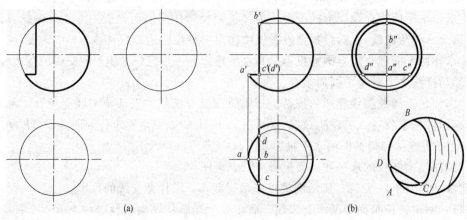

图 3-10　平面截切圆球

分析： 圆球被水平面和侧平面截切，截交线均为圆曲线，两截平面交线为正垂线 CD。水平面产生的截交线，其正面投影积聚为一水平线段，为已知；水平投影反映圆弧实形，侧面投影为一直线段，需求作。侧平面产生的截交线，其正面投影积聚为一铅垂线段，为已知；水平投影为一直线段，侧面投影反映圆弧实形，需求作。

作图： 如图 3-10（b）所示。

1）求水平面产生的截交线。由正面投影确定截交线圆弧的半径，以 a' 到圆球的竖直中心线的距离为半径在水平投影中作圆，与过 $c'd'$ 的竖直线交于 c、d，即得该水平圆弧和交线 CD 的水平投影，按投影关系作出其侧面投影 $c''a''d''$，为一水平线段。

2）求侧平面产生的截交线。以正面投影中 b' 到圆球水平中心线的距离为半径，在侧面投影中作圆，与过 $c'd'$ 的水平线交于 c''、d''，即得该侧平圆弧的侧面投影，按投影关系作出其水平投影 cbd，为一竖直线段。

3）判别可见性，加深各截交线的水平投影和侧面投影。

4）加深截断体的轮廓线。由正面投影可知，圆球的水平投影轮廓线在侧平面之左被切掉，所以在水平投影中只加深侧平面之右的部分，圆球的侧面投影轮廓线完整存在，全部加深。

3. 曲面体截交线的识读

曲面体截交线的识读步骤与平面体截交线的识读步骤类似。首先确定被截切前原体的形状；然后判断截平面的空间位置；再根据截平面与原体的相对位置确定截交线的形状；最后综合想象截切后截断体的空间形状。

【例 3-9】 识读图 3-11（a）所示物体的三视图，想象其空间形状。

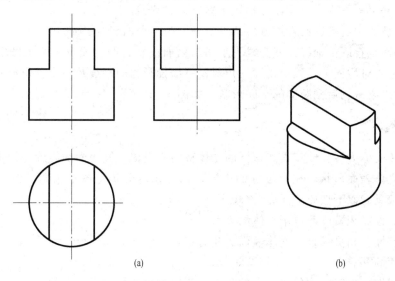

（a）　　　　　　　　　　　　　　（b）

图 3-11　曲面体截交线的识读示例（一）

读图步骤：

1）根据三视图可知，原体是一铅垂圆柱，水平投影为圆，其他两投影为矩形。

2）由正面投影看出，圆柱顶部被左右对称地切掉两部分，截平面分别为水平面和侧平面，截平面间交线为正垂线。

3）水平面垂直圆柱轴线，截交线为左右对称的两段水平圆弧，正面投影和侧面投影积聚为直线，水平投影反映实形。侧平面平行圆柱轴线，截交线为矩形，正面投影和水平投影积聚为直线，侧面投影反映实形。

4）综合想象截切后截断体的空间形状，如图3-11（b）所示。

【例3-10】 识读图3-12（a）所示物体的三视图，想象其空间形状。

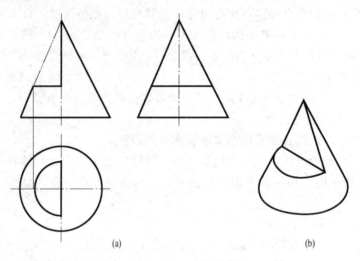

(a)   (b)

图3-12 曲面体截交线的识读示例（二）

读图步骤：

1）补全缺口，不难看出原体为轴线铅垂位置的圆锥。

2）根据被截切后的正面投影看出截平面分别为水平面和侧平面。

3）水平面垂直圆锥轴线，截交线为半圆，三面投影为两直线及一个半圆实形。侧平的截平面位于左右对称面上，截交线为三角形，三面投影为两直线及一个三角形实形。

4）综合想象截切后截断体的空间形状，如图3-12（b）所示。

3.2 相贯线

两立体相交称为两立体相贯，这样的立体称为相贯体，其表面交线称为相贯线。

根据两立体表面形状、相对位置的不同，相贯线的形状也各不相同。但无论是什么形状，相贯线都具有以下性质：

（1）表面性。相贯线都位于立体的表面上。

（2）共有性。相贯线是两立体表面的共有线，也是两立体的分界线，相贯线上的每一点是两立体表面的共有点。

（3）封闭性。由于立体都有一定的范围，所以相贯线一般是封闭的。

相贯线的性质是其作图的重要依据，掌握相贯线的画法是解决相贯问题的关键。

3.2.1 两平面体相交

1. 相贯线的形状

平面体与平面体相交所产生的相贯线一般为封闭的空间折线，如图3-13（a）所示。特殊情况下可以不封闭，如图3-13（b）所示，两个五棱柱底部棱面共面，则这两个棱面之间没有交线，因此相贯线不封闭。

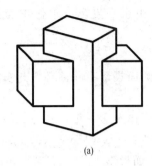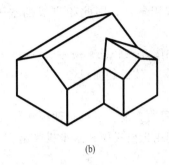

(a)　　　　　　　　　　　　　(b)

图 3 - 13　两平面体相贯

2. 相贯线的画法

两平面立体相贯，每段相贯线均为直线段，相贯线的转折点均为一个平面体上的棱线与另一个平面体表面的交点。因此，求两平面立体相贯线的方法，可以归结为求参与相交的棱线与另一立体表面的交点，然后依次连接各点即得相贯线。

具体作图步骤如下：

（1）空间及投影分析。读懂投影图，分析两立体的相对位置，确定共产生几组相贯线和每组相贯线上转折点的个数。

（2）求相贯线。先利用平面体表面取点的方法，求两立体上参与相交的棱线与另一立体表面的交点，再连接各点即得相贯线。注意判别可见性。

（3）补全相贯体的投影。相贯体是一个整体，对每一个参与相贯的立体轮廓线只应画到相贯线为止。

【例 3 - 11】　图 3 - 14（a）所示为两个四棱柱相贯，补画相贯线的正面投影并作出相贯体的侧面投影。

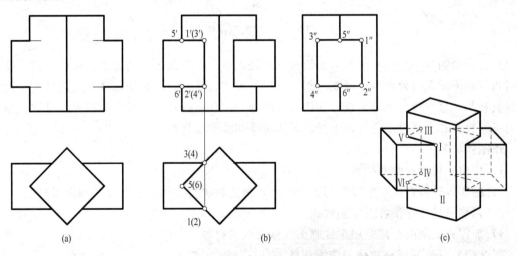

(a)　　　　　　　　　(b)　　　　　　　　　(c)

图 3 - 14　两四棱柱相贯

分析：由图 3 - 14（a）可知，一个侧垂四棱柱从左向右贯穿铅垂四棱柱，整个相贯体前后、左右对称。相贯线分为左右对称的两组，每一组上的转折点为六个，分别是两个四棱柱上参与相交的棱线与另一立体表面的交点，立体图如图 3 - 14（c）所示。铅垂四棱柱各棱面的水平投影有积聚性，因此相贯线的水平投影已知，由水平投影可求作正面投影和侧面投影。

作图： 如图 3 - 14（b）所示。

1）补画相贯体的侧面投影。侧垂四棱柱各棱面的侧面投影有积聚性，相贯线的侧面投影与之重合。

2）求相贯线上的转折点。两组相贯线左右对称，求作左边一组，右边一组根据对称性作图即可。利用积聚投影在水平投影上标注各转折点 1（2）、3（4）、5（6），在侧面投影上标注 $1''$、$2''$、$3''$、$4''$、$5''$、$6''$，由投影关系作出各点的正面投影 $1'$、$2'$、$(3')$、$(4')$、$5'$、$6'$。

3）连出相贯线。正面投影中前半组相贯线与后半组相贯线投影重合。连线时只有位于同一表面的两点才能相连，只有两个可见表面交得的相贯线才可见。

4）补全相贯体的投影。凡参与相交的棱线只画到与另一立体的交点为止。

【例 3 - 12】 图 3 - 15（a）所示为穿孔三棱柱的两面投影，完成其侧面投影。

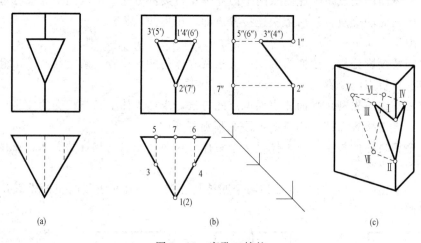

图 3 - 15　穿孔三棱柱

分析： 由图 3 - 15（a）可看出，铅垂三棱柱上有一个从前向后的正垂三棱柱通孔。前后两组相贯线形成孔口轮廓线。前面一组相贯线上有 Ⅰ、Ⅱ、Ⅲ、Ⅳ 四个转折点，后面一组相贯线上有 Ⅴ、Ⅵ、Ⅶ 三个转折点，立体图如图 3 - 15（c）所示。由投影的积聚性可知，相贯线的正面投影和水平投影已知，由投影规律可求作其侧面投影。

作图： 如图 3 - 15（b）所示。

1）作出三棱柱的侧面投影。

2）标出各转折点的水平投影与正面投影，然后根据投影规律求出各点的侧面投影。

3）判别可见性连接各点得相贯线。

4）加深完成全图。注意用虚线画出孔壁交线的投影。

图 3 - 13（b）所示相贯体的作图请读者自行分析。

3.2.2　平面体与曲面体相交

1. 相贯线的形状

平面体与曲面体相交所产生的相贯线是由若干段平面曲线或平面曲线和直线组成。

2. 相贯线的画法

每段相贯线是平面体上某表面平面与曲面体的截交线，相贯线上的转折点是平面体上参与相交的棱线与曲面体表面的交点。因此，求作平面体与曲面体相贯线的方法是先求出各转折点，再按照平面截切曲面体求截交线的方法求出相贯线。

【例 3 - 13】 如图 3 - 16（a）所示四棱柱与圆柱相贯，求作相贯线。

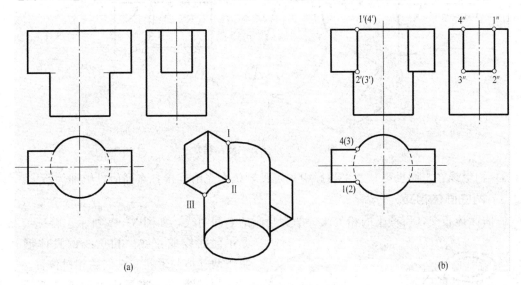

图 3 - 16 四棱柱与圆柱相贯

分析： 由已知投影可看出，四棱柱从左向右贯穿圆柱，表面产生两组相贯线。相贯体前后、左右对称，相贯线也前后、左右对称。每组相贯线上有四个转折点，由于四棱柱与圆柱顶面共面，所以每组相贯线均不封闭，均由前后对称的两段直线段和一段圆弧组成。由圆柱的水平投影和四棱柱的侧面投影的积聚性可知，相贯线的水平投影和侧面投影已知，只需求作其正面投影。

作图： 如图 3 - 16（b）所示。

1）求作转折点。在水平投影和侧面投影中标记Ⅰ、Ⅱ、Ⅲ、Ⅳ四个转折点的投影，利用投影关系求出正面投影。

2）求作相贯线。ⅠⅡ段和ⅢⅣ段为直线段，投影重合。ⅡⅢ段为水平圆弧，其正面投影为一水平线段。根据对称性作出右边一组相贯线。

3）补全相贯体的投影。相贯体是一个实心的整体，每一立体的轮廓线都只画到相贯线为止。

【例 3 - 14】 图 3 - 17（a）所示圆台与三棱柱相贯，求作相贯线的投影。

分析： 由图 3 - 17（a）可知，三棱柱与 1/4 圆台相贯后，两立体的底面和后端面共面，只需求三棱柱侧垂棱面与圆台面产生的一段相贯线，该段相贯线是一段椭圆弧，作图时需求其上若干点后连线。相贯线的侧面投影已知，水平投影和正面投影需求作。

作图： 如图 3 - 17（b）所示。

1）求特殊点。求作该段相贯线的两个端点 A、B。在侧面积聚投影中标出 a''、b''，根据投影规律可求出正面投影 a'、b' 和水平投影 a、b。

2）求一般点。在 AB 间取一般点 M。先在侧面投影中确定 m''，利用纬圆法求出 m 和 m'。

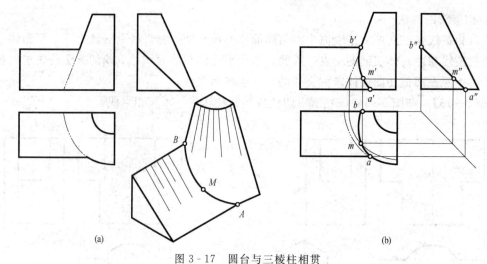

图 3-17　圆台与三棱柱相贯

3）相贯线在正面投影和水平投影中均可见，依次光滑连接各点同面投影即为所求。

3.2.3　两曲面体相交

两曲面体相交，所产生的相贯线一般为封闭的空间曲线，如图 3-18 所示。特殊情况下

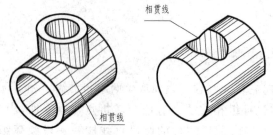

图 3-18　两曲面体相交

是平面曲线或直线。相贯线的具体形状取决于两立体的形状和它们的相对位置。

相贯线是两曲面体表面的共有线，线上的点为两曲面体表面的共有点，因此，求作相贯线时，通常先求出一系列的共有点，然后依次光滑连接相邻各点。

本节主要介绍两正交圆柱（即轴线垂直相交）相贯线的画法与识读。

1. 两正交圆柱相贯

求两正交圆柱相贯线常用的方法是曲面体表面定点法，即当相交两曲面体表面的某一投影有积聚性时，相贯线的同面投影与其重合为已知，其余投影可利用面上取点的方法求出。取点时应先取特殊点再取一般点。

【例 3-15】　图 3-19（a）所示为两直径不等的圆柱正交，求作相贯线的投影。

分析： 侧垂大圆柱与铅垂小圆柱正交，相贯线是一条前后、左右对称的空间曲线。由于相贯线的共有性，由图 3-19（a）可看出，相贯线的水平投影与小圆柱表面的积聚投影重合，侧面投影与大圆柱表面的积聚投影的上部（大、小圆柱的公共部分）重合，均为已知，只有相贯线的正面投影需求作。

作图：

1）求特殊点。相贯线上有四个特殊点 A、B、C、D，均位于两圆柱面的轮廓素线上，如图 3-19（b）所示。在水平投影和侧面投影中标出 a、b、c、d 及 a''、(b'')、c''、d''，然后根据投影规律求出 a'、b'、c'、(d')，如图 3-19（c）所示。

2）求一般点。取左右对称点 E、F，如图 3-19（b）所示。在水平投影中标出 e、f，由"宽相等"标出侧面投影 e''、(f'')，再根据投影规律求出正面投影 e'、f'，如图 3-19（d）所示。

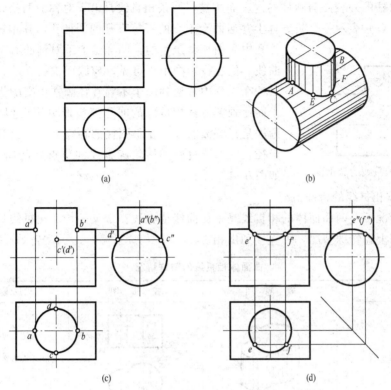

图 3 - 19　两不等直径圆柱正交

3）依次光滑连接各点，相贯线正面投影的前半部分与后半部分投影重合，前半部为可见，后半部为不可见。加深图线，完成作图，如图 3 - 19（d）所示。

两不等直径圆柱正交，相交的两圆柱面无论是外表面还是内表面（孔），它们的相贯线形状和作图方法均相同，如图 3 - 20 所示。图 3 - 20（a）表示一个小圆柱贯穿一个大圆柱，为两圆柱外表面相贯，相贯线是上下对称的两条封闭的空间曲线。图 3 - 20（b）表示一个通

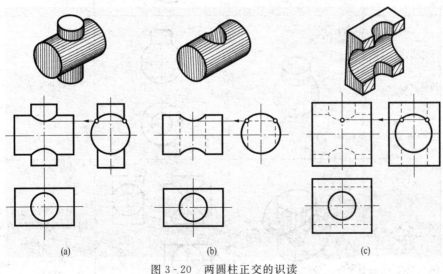

图 3 - 20　两圆柱正交的识读

（a）两外表面相交；（b）外表面与内表面相交；（c）两内表面相交

孔圆柱，为圆柱的外表面与圆柱的内表面相贯，两条相贯线是上下对称的两条封闭的空间曲线。图3-20（c）表示一个长方体上穿通两个正交的不等直径的圆柱孔，其相贯线是两个圆柱孔内表面相交产生的，同样是上下对称的两条封闭的空间曲线，但在投影图中不可见，应画成虚线。

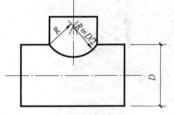

图3-21 相贯线的简化画法

在工程中常遇到两个不等直径圆柱正交的作图问题，为了简化画图，其相贯线的非积聚投影可用近似的圆弧代替，画法是：圆弧的圆心在小圆柱的轴线上，半径等于大圆柱的半径，圆弧通过两圆柱轮廓素线的交点并凸向大圆柱轴线，如图3-21所示。

2. 曲面体相贯线的特殊情况

在特殊情况下，两曲面体的相贯线是平面曲线或直线。常见的特殊相贯线见表3-3。作图时，如遇到上述特殊情况，可直接画出相贯线。

表 3-3　　　　　　　　　　曲面体相贯线的特殊情况

相 贯 情 况	轴 测 图	投 影 图	相贯线及其投影
两圆柱轴线平行			相贯线为圆柱素线
两圆锥共锥顶			相贯线为圆锥素线
两回转体共轴			相贯线为垂直于轴线的圆
两等径圆柱正交			相贯线为两个相等的椭圆，在与轴线平行的投影面上，投影为直线

【例 3 - 16】　图 3 - 22（a）所示为具有正交圆柱孔的铅垂圆柱的两面投影，作出其 W 投影。

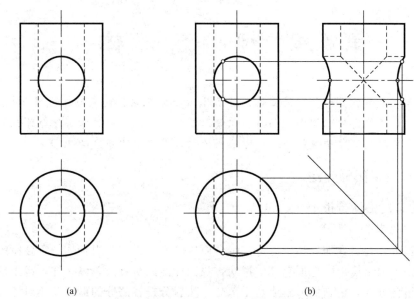

(a)　　　　　　　　　　　　　　　(b)

图 3 - 22　具有正交圆柱孔的铅垂圆柱

分析：

由图 3 - 22（a）可知，铅垂圆柱上有一个从上向下的圆柱通孔和一个从前向后的圆柱通孔，两个圆柱孔内壁等径正交，产生两条相同的椭圆形相贯线，相贯线的 W 投影为两条直线；从前向后的圆柱孔与铅垂圆柱表面正交产生两组相贯线，形成孔口轮廓线。

作图： 如图 3 - 22（b）所示。

1）作出铅垂圆柱的 W 投影。

2）作出从上向下的圆柱孔的 W 投影。

3）作出从前向后的圆柱孔的 W 投影，考虑两个圆柱孔等径正交，按照相贯线的性质，作出相贯线的 W 投影，为两段直线；考虑该圆柱孔与铅垂圆柱表面正交，按照［例 3 - 15］的作图方法作出相贯线的 W 投影。

4）整理加深，完成全图。

思　考　题

3.1　立体表面的交线分哪两大类？各是怎样产生的？

3.2　截交线和相贯线上的点都具有什么特性？

3.3　简述平面体截交线的作图方法和步骤。

3.4　简述曲面体截交线的作图方法和步骤。

3.5　两平面体相交产生的相贯线是空间折线，转折点是如何产生的？

3.6　平面体与曲面体相交产生的相贯线如何求作？

3.7　怎样求作两不等径圆柱轴线正交所产生的相贯线？

3.8　常见的特殊相贯线有哪些情况？相贯线的形状如何？如何在投影图中求作？

第4章 组 合 体

组合体是形状更为复杂的立体，是立体由抽象几何体向实际工程物体的过渡。本章主要讲述组合体三视图的画法、识读以及尺寸标注。通过掌握组合体三视图的读画方法来提高形象构成能力，为专业图的识读奠定空间想象的基础。

4.1 组合体三视图的画法

4.1.1 组合体的形体分析

1. 组合体及其组合方式

由多个基本体经过叠加、切割等方式组合而成的物体，称为组合体。组合体的形状一般较为复杂，为了便于认识、把握它们的形状，我们像前面学习简单体一样，运用形体分析法分析它们的组合方式，把它们分解成若干部分，然后分析各部分的形状及相对位置。形体分析法依然是组合体画图、读图和尺寸标注的基本方法。

根据组合方式的不同，组合体可分为叠加型、切割型和综合型三种类型，如图 4-1 所示。

图 4-1（a）所示叠加型组合体，由三部分组成，主体是一个五棱柱，前方有一组合柱与之相贯，顶部有一四棱柱与之相贯。

图 4-1（b）所示切割型组合体，可看成由一个长方体经过三次切割而成，先后切掉了两个梯形四棱柱和一个圆柱。

图 4-1（c）所示组合体为综合型。综合型是指既有叠加又有切割的组合形式，该物体底部为一切槽四棱柱，上部居中为一切半圆槽的四棱柱，两侧各叠加一个三棱柱。

对于组合体，正确理解其构型是画图和读图的关键所在。在许多情况下，叠加型和切割型并无严格的界限，同一组合体既可按叠加方式分析，也可按切割方式去理解。如图 4-2（a）所示物体，该物体可理解为叠加型，由一个梯形四棱柱和一个小三棱柱叠加而成，如图 4-2（b）所示；也可理解为切割型，由一个长方体在左端前后对称地各切掉一个三棱柱，如图 4-2（c）所示。因此，组合体的组合方式应根据具体情况而定，以便于作图和理解为原则。

2. 组合体相邻表面的连接关系

对组合体的分解是为分析物体结构而假设的。在实际中，组合体是整体，要还原组合体的完整性，就要特别注意各基本体叠加后相邻表面的连接关系。组合体中各基本体表面之间按位置关系可分为相交、相切和共面三种。

（1）相交。两基本体的相邻表面相交时，在相交处产生交线（相贯线）。画图时应正确地画出两表面的交线，如图 4-3 所示。

（2）相切。当两基本体表面相切时，在相切处的特点是由一个物体的表面光滑地过渡到另一物体的表面，过渡处不存在界线。因此在投影图上相切处不画线，切点的位置由投影关系确定，如图 4-4 所示。

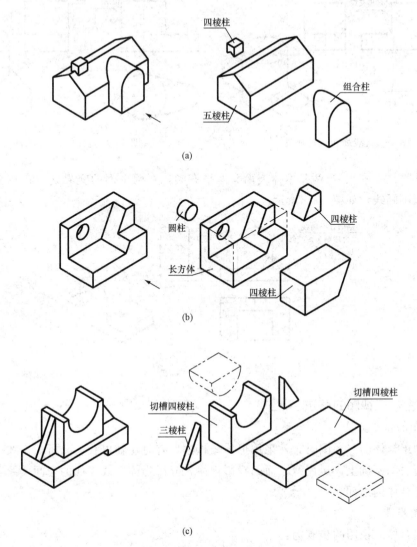

图 4-1 组合体的组合方式

(a) 叠加型；(b) 切割型；(c) 综合型

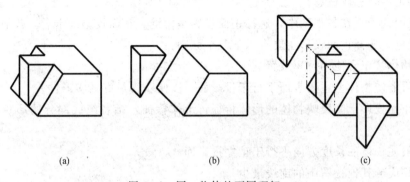

图 4-2 同一物体的不同理解

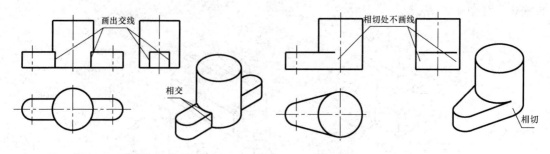

图 4 - 3　表面相交的画法　　　　　　图 4 - 4　表面相切的画法

（3）共面（平齐）。当两基本体表面共面平齐时，在两个面的交界处不存在交线，因此在投影图上不画线，如图 4 - 5 所示。

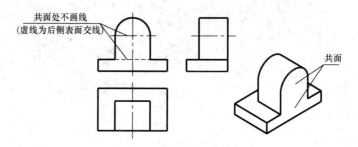

图 4 - 5　表面共面的画法

4.1.2　组合体三视图的画法

1．画图的基本方法

在绘制组合体的三视图时，常采用形体分析法，有时还辅以线面分析法。线面分析法是在形体分析法的基础上，运用线、面的投影规律，分析物体上线、面的空间关系和形状，从而把握住组合体的细部。

2．画图步骤

绘制组合体三视图的步骤为：

（1）形体分析。运用形体分析法对组合体进行形体分析，先确定组合体的组合方式，然后弄清各基本体的形状特征，再分析各基本体间的相对位置及相邻表面的连接关系，对组合体的形体特征有个总体概念。

（2）视图选择。在各视图中，选择正面投影是关键。正面投影确定后，其他各视图也就相应地被确定。选择正面投影主要有以下几个原则：

1）将物体按正常使用位置放置。

2）尽可能使物体上主要表面平行于投影面，以便获得最好的实形性。

3）使正面投影最能反映物体的形体特征，形体特征包括各组成部分的形状特征和位置特征。

4）一般使物体的长度方向平行于正立投影面。

5）使相应的其他视图中的虚线最少。

（3）画三视图。根据组合体中各基本体的投影特征，逐个画出各自的三视图。一般是按先主后次、先大后小、先实（原体）后空（挖切）、先外（轮廓）后内（细部）的顺序作图。在作每个组成部分的投影时，都要三个投影联系起来一起画，先作最能反映形体特征的投影，然后利用三等规律画出其他两个投影。画图时，先画底稿，再整理加深。

【例 4-1】 画出图 4-1（a）所示叠加型组合体的三视图。

分析：考虑物体的自然位置和形体特征，选取如图 4-1（a）所示的箭头方向作为正面投影方向，按照先主后次的顺序作图。

作图：

1）主体为侧垂五棱柱，先作出五棱柱的三视图，如图 4-6（a）所示。

2）然后作出组合柱的三视图，组合柱与五棱柱相贯，特别注意组合柱的半圆柱面与五棱柱棱面产生的相贯线 H 投影的求作过程，如图 4-6（b）所示。

3）再作出顶部小四棱柱的三视图，小四棱柱与五棱柱相贯，注意相贯线的求作，如图 4-6（c）所示。

4）最后考虑各部分间的相对位置，注意视图中的虚线，整理加深，如图 4-6（d）所示。

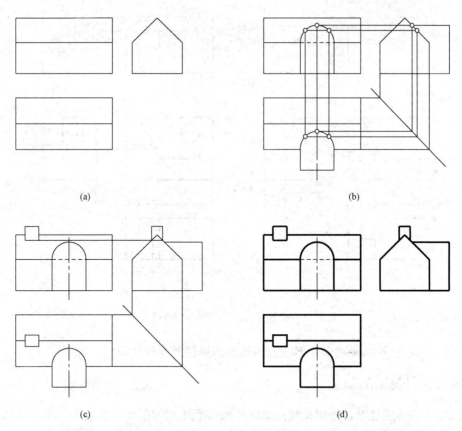

(a)　　　　　　　　　　　　　　　(b)

(c)　　　　　　　　　　　　　　　(d)

图 4-6　叠加型组合体三视图的画图步骤

【例 4-2】 画出图 4-1（b）所示切割型组合体的三视图。

分析：该物体为一长方体经过三次切割而成，选择图 4-1（b）所示的箭头方向作为正面投影方向，该方向最能表达切割特征。作图时，按照先实后空的顺序逐次切割，每次切割时先作最能反映切割特征的视图。

作图：

1）先画出完整长方体的三视图，如图 4 - 7（a）所示。

2）首先在长方体的左前方切掉一个梯形四棱柱，先完成最能反映切割特征的正面投影，再按照投影规律画出其他投影，如图 4 - 7（b）所示。

3）在此基础上，在物体的右前上方又切掉了一个梯形四棱柱，该次切割是由一个水平面和一个正平面共同截切，先作出最反映切割特征的侧面投影，再按照求作截交线的方法作出其他投影，如图 4 - 7（c）所示。

4）最后，在物体的右后方挖通一个轴线正垂的小圆柱通孔，完成其三视图，整理加深，如图 4 - 7（d）所示。

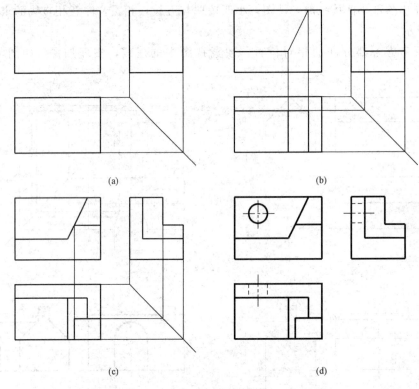

图 4 - 7　切割型组合体三视图的画图步骤

图 4 - 1（c）所示综合型组合体三视图的画法请读者自行分析。

4.2　组合体三视图的识读

读图是画图的逆过程。画图是将三维立体投影后用二维平面图形表示，是从体到图的过程。而组合体的读图，则是根据已画出的投影图，运用投影规律，想象物体的空间形状，是从图到体的过程。

读图是对前面所学知识的综合运用。只有熟练掌握读图的基础知识，正确运用读图的基本方法，多读多练，才能具备快速准确的读图能力，从而提高空间想象能力和投影分析能力。

4.2.1 读图基础

1. 将几个视图联系起来读图

读图时必须将几个视图结合起来一起看，才能想象出物体的准确形状。如图 4 - 8 所示的三个物体，它们的正面投影和侧面投影完全相同，而水平投影不同。因此，仅凭一两个视图往往不能确定物体的形状，而且容易误导空间想象。读图过程是一个从发散到收敛的思维过程。首先进行发散思维，根据所给的各视图想象空间物体的不同可能性，再将这些不同的选择在各视图下对照比较和筛选淘汰，最后收敛为一个确切的物体。

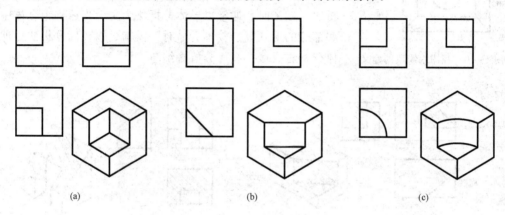

图 4 - 8　两个视图相同的不同物体

2. 从反映组合体形体特征的视图入手读图

看组合体视图时，一般情况下先从正面投影入手，因为最能表达形体特征的投影通常是正面投影。但实际看图时，在其他视图上同样可以反映形体特征，因此要善于捕捉特征视图。

如图 4 - 9 （a）、（b）所示，两个组合体的正面投影和水平投影相同，侧面投影不同。读图时，正面投影最能反映各部分的形状特征，而侧面投影最能反映各部分间的位置特征，物体上的凹凸空实关系在侧面投影中一目了然。

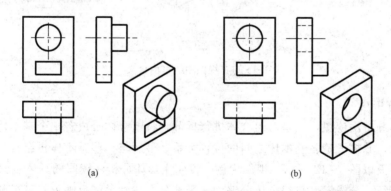

图 4 - 9　读图时善于抓特征

3. 了解视图上线段和线框的含义

视图上线段的含义：①表示平面或曲面的积聚投影；②表示两个面的交线的投影；③表示曲面的外形轮廓素线。如图 4 - 10 所示，Ⅰ、Ⅱ 所指线段是平面和圆柱面的积聚投影，Ⅲ 所指线段是两个平面交线的投影，Ⅳ 所指线段是圆柱面的外形轮廓素线。

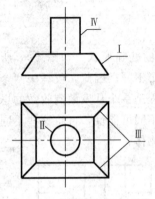

图 4-10　视图中线段的含义

视图上封闭线框的含义：①表示平面或曲面，如图 4-11（a）、（b）所示；②表示基本体或因挖掉实体而形成的孔洞或坑槽。图 4-11（c）中线框Ⅰ表示实体四棱柱，图 4-11（d）中线框Ⅰ表示挖掉四棱柱形成的凹槽，图 4-11（e）中线框Ⅰ表示挖掉四棱柱形成的通孔。

4.2.2　读图的基本方法

读图的基本方法与画图相同，采用形体分析法和线面分析法。读图时，通常以形体分析法为主，当遇到组合体中某些部分的形状复杂较难看懂时，需辅之以线面分析法。即形体分析看大概，线面分析看细节。

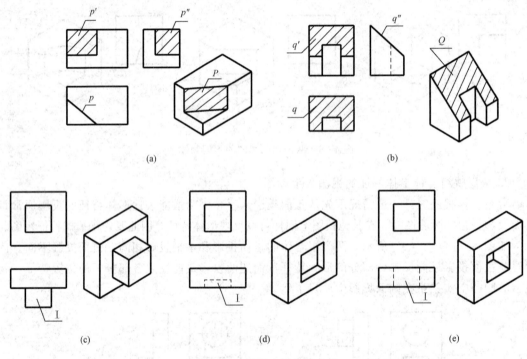

图 4-11　视图中线框的含义

1. 形体分析法

所谓形体分析法读图，就是对组合体进行拆分，将组合体分成若干个基本体，看懂每个基本体的形状，并搞清楚各基本体之间的位置关系，最后将这些基本体再组合，想象出它的空间形状。下面以图 4-12 所示三视图为例，说明用形体分析法读图的具体步骤。

（1）找特征，分线框。将组合体分解为若干部分。找到最能反映形状特征和位置特征的视图，将其划分成若干线框，每个线框代表一部分形体。在图 4-12（a）中可看出该组合体由三部分叠加而成，侧面投影较反映特征，将其划分为三个线框 1″、2″、3″。

（2）对投影，定形状。将分得的各线框，按照三等规律，分别向其他两视图对应，根据基本体的投影特征，想象其空间形状。在图 4-12（a）中，对照视图可确定Ⅰ为一个四棱柱，Ⅱ为一个四棱柱，Ⅲ为一个五棱柱。

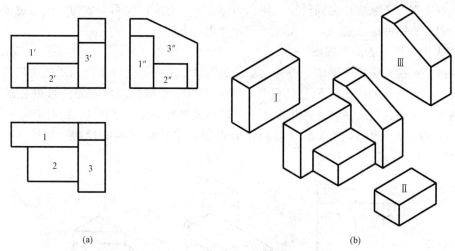

(a)　　　　　　　　　　　　　　　　(b)

图 4 - 12　形体分析法读图

　　（3）综合起来想整体。考虑各基本体的相对位置，想象组合体的整体形状。从图 4 - 12
（a）可判断，Ⅰ、Ⅱ两部分在左边，Ⅲ部分在右边，三部分的底面平齐，Ⅲ与Ⅰ后端面平
齐，Ⅱ在Ⅰ的前面，其空间形状如图 4 - 12 （b）所示。

　　2. 线面分析法

　　当组合体不易分成几个部分或部分投影比较复杂时，需要运用线面分析法。线面分析法
读图时，把物体分为若干个面，根据线面的投影特征逐个确定其形状和空间位置，从而围合
成空间整体。简单地说，线面分析法读图就是一个面一条线地看。下面以图 4 - 13 所示的三
视图为例，说明用线面分析法读图的具体步骤。

　　（1）找特征，分线框。在特征视
图上划分出若干线框，每个线框代表
物体的一个表面。在图 4 - 13 （a）中
可看出，该组合体是由一个四棱柱切
割而成，由正面投影可知左上方的缺
角是用正垂面截切而得，由水平投影
可知左前方的缺角是用铅垂面截切而
得。整个物体左端的形状较为复杂，
侧面投影最能反映该部分形状特征，
从中分离出三个线框 1″、2″、3″。

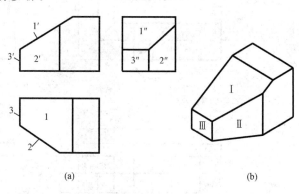

(a)　　　　　　　　　　　　　(b)

图 4 - 13　线面分析法读图

　　（2）对投影，定形状。将分得的各线框，按照三等规律，分别向其他两视图对应，根据
平面的投影特征，想象出这些表面平面的形状及空间位置。在图 4 - 13 （a）中，对照视图可
确定Ⅰ为一个正垂的五边形，Ⅱ为一个铅垂的四边形，Ⅲ为一个侧平的矩形。同样的方法，
可逐个分析出该物体上的其他各表面。

　　（3）围合起来想整体。分析各个表面的相对位置，围合出物体的整体形状，如图 4 - 13
（b）所示。

4.2.3　读图、画图训练

　　读图、画图的目的就是为了提高识图能力，提高空间想象力。但这需要不断训练，不断

地在二维投影图与三维立体之间转换，使它们建立一一对应的关系。我们可以通过很多方法来训练读图、画图的综合能力，下面介绍几种常用的方法。

1. 根据两视图补画第三视图

根据两个视图补画第三视图，简称"二求三"。"二求三"是训练读画图能力最基本的方法。一般来说，物体的两面投影已具备长、宽、高三个方向的尺度，完全可以补出第三投影，但前面已经探讨过，在特殊的情况下，可以出现多种答案，如图 4-8 和图 4-9 所示。

【例 4-3】 已知物体的水平投影和正面投影，试补画其侧面投影，如图 4-14（a）所示。

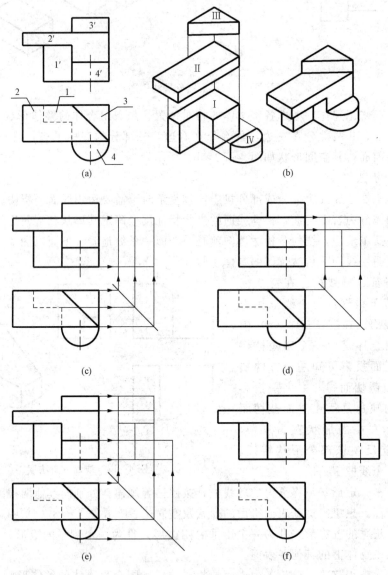

图 4-14 补画组合体的侧面投影

分析：由图 4-14（a）可看出该组合体由四部分叠加而成，由于水平投影比较明显地反映出各部分的形状特征，所以将它分成四个线框 1、2、3、4，对照正面投影可以看出：由

74

虚线和实线围成的"L"形线框 1 表示的是位于底部的主体"L"形棱柱；矩形线框 2 表示的是四棱柱；三角形线框 3 表示的是三棱柱；半圆线框 4 表示的是半圆柱。四部分间的相对位置分别是：Ⅰ、Ⅱ、Ⅲ三部分上下排列，Ⅰ在最底部，Ⅲ在最上部，三部分的后端面和右端面平齐，另外，Ⅰ、Ⅱ部分的前端面也平齐。Ⅳ部分是一个半圆柱，它的后壁与"L"形棱柱的前壁相叠合，底面与"L"形棱柱的底面共面，圆柱面与"L"形棱柱的表面相切。逐个读懂组合体各基本体的形状和相对位置，想象出这个组合体的整体形状，如图 4 - 14（b）所示。

作图：利用三等规律，画出Ⅰ部分"L"形棱柱的侧面投影，如图 4 - 14（c）所示；画出Ⅱ部分四棱柱的侧面投影，如图 4 - 14（d）所示；画出Ⅲ部分三棱柱和Ⅳ部分半圆柱的侧面投影，如图 4 - 14（e）所示。考虑组合体相邻表面的连接关系，由于表面相切，擦去侧面投影上半圆柱与"L"形棱柱之间的分界线，加画半圆柱的轴线，检查无误后，加深完成全图，如图 4 - 14（f）所示。

2. 补全三视图中所缺的图线

这是读画图训练的另一种方法。通常在一个或两个视图中给出组合体的某个局部结构，而在其他视图中遗漏。这种练习说明物体上任何局部结构在各视图中都要有所表达，强调了画图时从整体到局部都要三个投影同时配合画，以确保视图内容完整。

【例 4 - 4】 补全图 4 - 15（a）所示组合体中漏缺的图线。

分析：由形体分析可知，该组合体为切割型。将正面投影左右缺角补齐（图中以双点画线表示），以此与反映形状特征的侧面投影对照，可知原体为一个"L"形棱柱。该棱柱被左右对称的两个正垂面截切，前部居中开矩形槽。其空间形状如图 4 - 15（b）所示。

作图：按照形体分析的过程，利用三等规律将各部分构造逐步补画完整。首先补画原体"L"形棱柱的水平投影，再补画出左右两侧截切形成的"L"形断面的水平投影，最后补画出前部矩形槽的侧面投影，为虚线。整理加深，结果如图 4 - 15（c）所示。

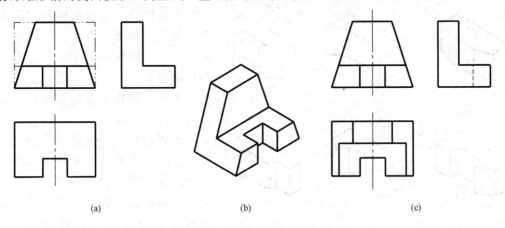

图 4 - 15　补画三视图中的漏线

3. 构型设计

根据已知条件构思组合体的形状并表达成图的过程称为组合体的构型设计。构型设计的主要方式是根据已给组合体的一个或两个视图，构思出多种物体并将其表达出来。利用构型设计这种方法，通过"一题多解"，从不同方面思考同一问题，可充分培养创新能力和发散思维能力。

【例4-5】 如图4-16（a）所示，根据物体的正面投影构思不同形状的物体，并画出其水平投影。

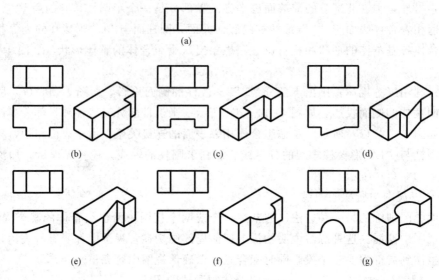

图4-16 构型设计示例

分析： 将正面投影中三个连续排列的矩形线框看作物体前面的三个可见表面，假定该物体的原形是一块长方板，在此基础上，由三个表面的凹凸、正斜、平曲可构造多个不同形状的物体。先分析中间的表面，通过凸与凹的联想，可构思出图4-16（b）、（c）所示的物体；通过正与斜的联想，可构思出图4-16（d）、（e）所示的物体；通过平与曲的联想，可构思出图4-16（f）、（g）所示的物体。

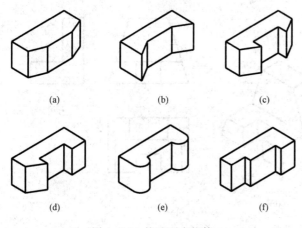

图4-17 构造更多物体

用同样的方法对前面两侧的表面进行分析、联想、对比，可构思出更多的物体，如图4-17所示。若对物体的后面也进行凹凸、正斜、平曲的联想，构思出的物体还要更多，请读者自行分析。

需要指出，对表面进行凹凸、正斜、平曲的联想，不仅对构思组合体有用，在读图中遇到难点，进行"先假定、后验证"也是不可少的。这种联想方法可以使人思维灵活、思路畅通。

4. 画组合体的轴测图

画轴测图是辅助读图十分必要的手段。轴测图一经画出，立体形状便跃然纸上。

【例4-6】 作图4-18（a）所示组合体的正等测。

分析： 由已知的两视图可知，该物体是由一个带圆孔的长方体底板、带通孔的组合柱和

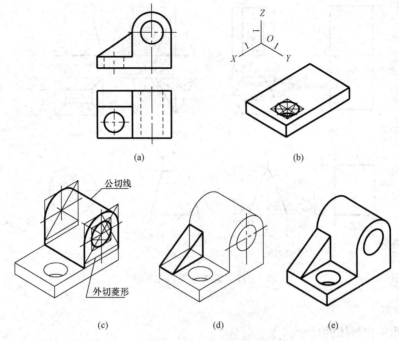

图 4 - 18 作组合体的正等测

一个三棱柱组成。

作图：画出正等测的轴测轴，画出长方体底板及板上通孔的轴测图，如图 4 - 18 （b）所示；确定相对位置，画出组合柱及通孔的正等测，组合柱与底板的前后端面平齐，如图 4 - 18 （c）所示；最后作出三棱柱的正等测，其后端面与底板平齐，如图 4 - 18 （d）所示；擦去作图线，加深可见轮廓线，完成全图，如图 4 - 18 （e）所示。

4.3 组合体的尺寸标注

物体的投影图只能表示物体的形状，而物体的大小和各组成部分的相互位置则由投影上标注的尺寸来确定。标注尺寸时应做到：正确、完整、清晰、合理，同时还应遵守有关制图标准的规定，有关制图标准中规定的尺寸注法请参见本教材第 7 章 7.2 节内容。

4.3.1 基本体的尺寸标注

组合体是由基本体组成的，所以要掌握组合体的尺寸标注，必须首先掌握基本体的尺寸标注。

1. 基本体的尺寸标注

常见的基本体有棱柱、棱锥、棱台、圆柱、圆锥、圆台和球等。基本体一般只需标注出长、宽、高三个方向的定形尺寸。图 4 - 19 所示为一些常见的基本体尺寸标注示例。

对于柱体和锥体，应注出确定底面形状的尺寸和高度尺寸。对于棱台和圆台，应注出确定底面和顶面形状的尺寸和锥台的高度尺寸。对于球体规定在标注球的直径 "φ" 之前加注字母 "S"。

有些基本体在标注尺寸后可以减少投影的数量。例如球，只需一个投影和标注直径尺寸就可表达清楚。又例如圆柱、圆锥，在正面投影中标注了底面圆直径和高度尺寸，也只用一

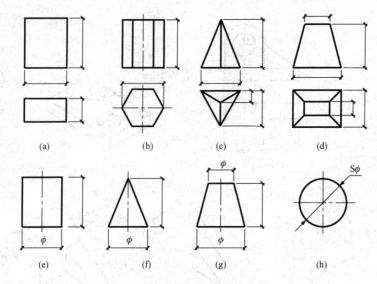

图 4 - 19　基本体的尺寸标注

个投影表达即可。

2. 截切体和相贯体的尺寸标注

对于截切体，除了标注出基本体的定形尺寸外，还需标注出确定截平面位置的定位尺寸。当截平面与立体的位置确定后，截交线随之确定，所以不需标出截交线的尺寸，如图 4 - 20（a）、（b）、（c）所示。

对于相贯体，首先标注两基本体的定形尺寸，然后标注两基本体间的定位尺寸，相贯线的尺寸不需标注，如图 4 - 20（d）所示。

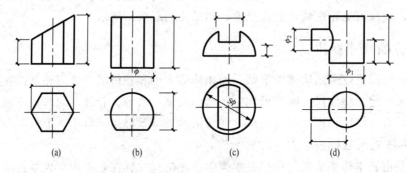

图 4 - 20　被截切立体和相贯体的尺寸标注

4.3.2　组合体的尺寸标注

在标注组合体的尺寸时，首先进行形体分析，然后再合理标注尺寸。

1. 尺寸的种类

（1）尺寸基准。对于组合体，在标注尺寸时，须在长、宽、高三个方向分别选定尺寸基准，即选择一个或几个标注尺寸的起点。通常选择物体上的中心线、主要端面等作为尺寸基准。

（2）尺寸分类。组合体的尺寸分为三类：

1）定形尺寸：确定组合体中各基本体大小（长、宽、高）的尺寸。

2）定位尺寸：确定组合体中各基本体相对位置的尺寸或确定截平面位置的尺寸。

3）总体尺寸：确定组合体的总长、总宽、总高的尺寸。

2. 组合体尺寸标注的原则

（1）尺寸标注正确完整。尺寸标注的正确性和完整性是标注中的基本要求，要求尺寸标注必须符合制图标准的规定，物体的尺寸标注要齐全，各部分尺寸不能互相矛盾，也不可重复。

（2）尺寸标注清晰明了。

1）尺寸应尽量标注在视图轮廓线之外，必要时尺寸可以标注在轮廓线之内，如 $\phi8$。

2）尺寸一般应标注在反映形状特征最明显的视图上，尽量避免在虚线上标注尺寸。如图 4 - 21 所示，底板通槽的定形尺寸 12、4 注在特征明显的侧面投影上，上部圆柱曲面和圆柱通孔的径向尺寸 R6、$\phi8$ 也注在侧面投影上。

3）尺寸应尽量集中标注在相关的两视图之间。如图 4 - 21 中的长、宽、高尺寸 28、20、16。

4）尺寸线尽可能排列整齐。相互平行的尺寸线，小尺寸在内，大尺寸在外，且尺寸线间的距离应相等。同方向尺寸应尽量布置在一条直线上。书写尺寸数字大小要一致。

5）避免尺寸线与其他图线相交重叠。

（3）尺寸分布合理。标注尺寸除应满足上

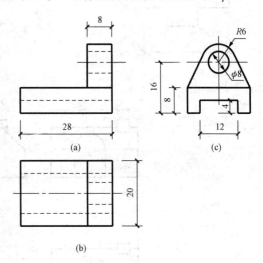

图 4 - 21　组合体的尺寸标注

述要求外，对于工程物体的尺寸标注还应满足设计和施工的要求。在土建工程中，通常需从施工生产的角度来标注尺寸，其标注形式要在具备一定的专业知识后才能逐步做到。

3. 组合体尺寸标注示例

【例 4 - 7】 标注图 4 - 1（a）所示组合体的尺寸。

具体步骤如下：

1）形体分析。尺寸标注前，先要进行形体分析。本例为叠加型组合体，应先标注各组成部分的定形尺寸，再标注各部分间的定位尺寸，最后标注总尺寸。

2）标注各部分的定形尺寸，如图 4 - 22（a）所示，五棱柱端面尺寸为 15、9、17，长度为 30；顶部四棱柱的定形尺寸为 4、3；前方组合柱上部为半圆柱，定形尺寸为 R5，下部为四棱柱，其宽度为半圆柱的直径，高度与五棱柱的高度尺寸 9 重复，不必标注。

3）标注各部分间的定位尺寸，如图 4 - 22（b）所示。首先选择各方向的尺寸基准，在本例中，以五棱柱的右端面作为长度方向基准，以五棱柱的前棱面作为宽度方向的基准，以该组合体的底面作为高度方向的基准。当两部分在某一方向上中心重合或端面平齐时，不需标注定位尺寸。顶部四棱柱左右方向的定位尺寸为 22，上下方向的定位尺寸为 19，前后方向不需定位尺寸；前方组合柱左右方向定位尺寸为 8，前后方向定位尺寸为 6，上下方向不需定位尺寸。

4）标注总体尺寸。如图 4 - 22（c）所示，总长为 30，总宽为 21，总高为 19，其中总

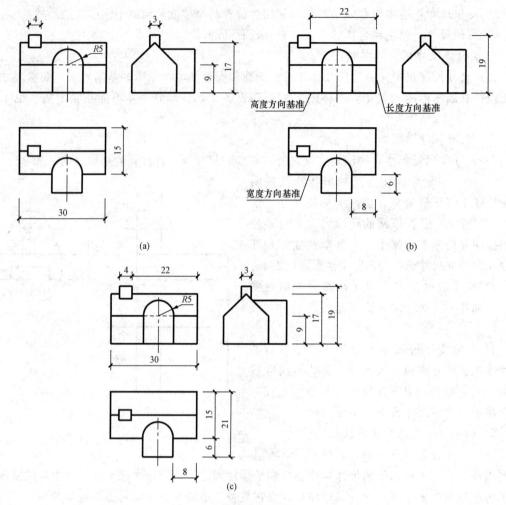

图 4-22　组合体的尺寸标注步骤

长、总高与前面已注尺寸重合。

5）按照标注原则对各尺寸进行调整排列，完成全图，如图 4-22（c）所示。

思 考 题

4.1　简述组合体的概念及其组合方式。

4.2　画组合体三视图的基本步骤是什么？

4.3　阅读组合体三视图应掌握哪些基本知识？

4.4　举例说明形体分析法和线面分析法读图的具体步骤。

4.5　训练读画组合体三视图能力都有哪些方法？

4.6　组合体的尺寸分为哪些种类？组合体尺寸标注中应注意哪些问题？

第 5 章 工程物体的表达方法

工程物体一般都具有内外部各种结构，形状复杂多变。要想准确、清晰、完整地表达工程物体，用前面所讲的三视图难以满足要求。为此，国家制图标准规定了各种表达方法，画图时可根据物体的具体情况选用。本章介绍土建工程图中常用的几种表达方法。

5.1 视图

5.1.1 基本视图

基本视图是物体向基本投影面投射所得的视图。制图标准规定用正六面体的六个面作为六个基本投影面，将物体放在其中，分别向六个基本投影面投射，即得到物体的六个基本视图，如图 5-1（a）所示。在土建工程图中，六个基本视图的名称是：

正立面图：自前向后投射所得视图。

平面图：自上向下投射所得视图。

左侧立面图：自左向右投射所得视图。

右侧立面图：自右向左投射所得视图。

底面图：自下向上投射所得视图。

背立面图：自后向前投射所得视图。

六个基本投影面的展开方法如图 5-1（a）所示，正立投影面不动，其余各投影面按图示箭头方向旋转至与正立投影面共面。展开后，六个基本视图的配置关系如图 5-1（b）所示。如果六个基本视图在一张图纸内，并且按图 5-1（b）位置配置时，可不注视图名称。

视图如果不按展开方法配置，则每个视图都应标注图名。其表达方式为：在视图的下方或一侧标注图名，并在图名下画一粗横线，其长度以图名所占长度为准，如图 5-1（c）所示。在工程实践中土建工程图均需标注图样图名。

绘图时六个基本视图根据具体情况选用，在明确表示物体的前提下，使视图的数量为最少。

5.1.2 局部视图

将工程物体的某一部分向基本投影面投射所得到的视图，称为局部视图。如图 5-2（a）为集水井的表达方案，V、H 投影为基本视图，另外采用两个局部视图分别表达物体上左右两处的局部形状，从而简洁明了地表达了集水井的全部构造。图 5-2（b）为其立体图。

画局部视图时注意：

（1）局部视图应该标注。一般在局部视图的上方标注出视图的名称"×"，以大写拉丁字母命名，并在相应基本视图上标注箭头指明投射方向，注上相同字母，见图 5-2（a）中的 A、B。

（2）局部构造断裂处用波浪线绘制，见图 5-2（a）中的局部视图 A。当局部结构完整

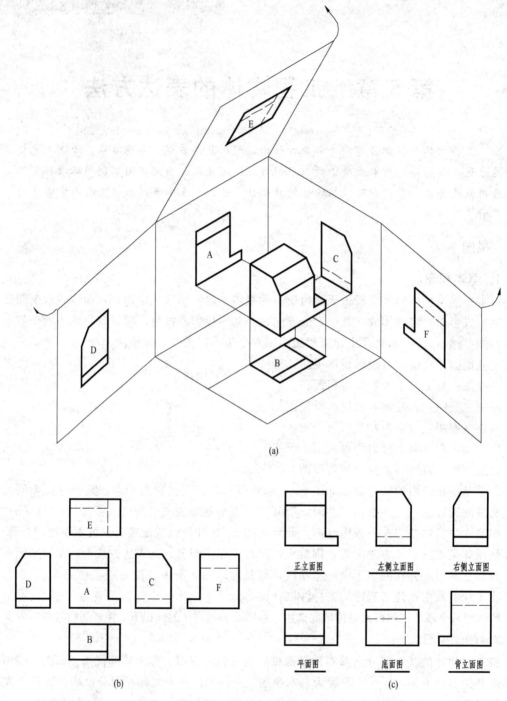

(a)

(b)   (c)

图 5-1　基本视图和向视图

且轮廓线封闭时，波浪线可省略不画，见图 5-2（a）中的局部视图 B。

　　（3）局部视图一般按投影关系配置，必要时也可配置在其他适当位置。

　　土建工程图中的详图就是采用局部视图的表达方法。绘制详图时通常采用较大比例放大画出，将局部构造表达得更详尽。

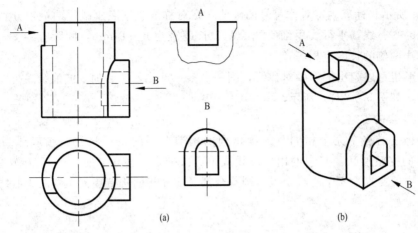

图 5 - 2　局部视图

5.1.3　展开视图

　　工程物体上经常会出现立面的某部分与基本投影面不平行，如折线形、圆弧形及曲线形等。画立面图时，可将该部分展至与基本投影面平行，再和其他部分一起向基本投影面投射所得到的视图称为展开视图。展开视图应在图名后加注"展开"两字。

　　图 5 - 3 所示房屋模型的正立面图，就是将房屋两侧立面展开至平行于正立投影面后得到的，反映整个正立外墙面的真实形状。

5.1.4　简化画法

　　为了节省图幅和绘图时间，提高工作效率，制图标准允许在必要时采用下列简化画法。

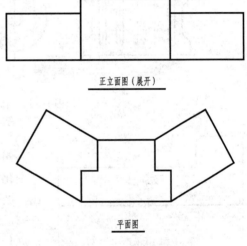

正立面图（展开）

平面图

图 5 - 3　展开视图

　　1. 对称图形的简化画法

　　对称物体的图形，可只画一半（习惯上画左、上半部），并画出对称符号，如图 5 - 4（a）所示；若对称物体的图形有两条对称线，可只画图形的四分之一，并画出对称符号，如

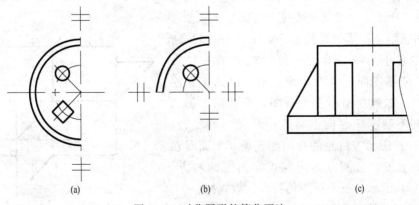

图 5 - 4　对称图形的简化画法

图 5 - 4（b）所示。标准规定对称符号的画法：在对称线（细点画线）两端，分别画两条垂直于对称线的平行线，平行线用细实线绘制，长度宜为 6～10mm，间距宜为 2～3mm，平行线在对称线两侧的长度应相等。

对称图形也可以超出图形的对称线，画一半多一点儿，然后加上波浪线或折断线，而不画对称符号，如图 5 - 4（c）所示。

2. 相同要素的省略画法

如果物体上有多个完全相同且连续排列的构造要素时，可只在两端或适当位置画少数几个要素的完整形状，其余的用中心线或中心线交点来表示，如图 5 - 5（a）、（b）所示。

如相同构造要素少于中心线交点，则其余部分应在相同构造要素位置的中心线交点处用小圆点表示，如图 5 - 5（c）所示。

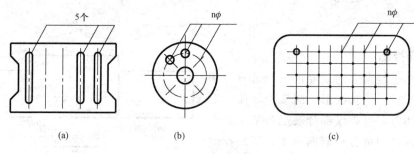

图 5 - 5　相同要素的省略画法

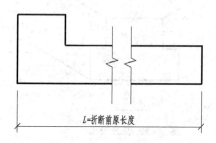

图 5 - 6　折断省略画法

3. 折断省略画法

当物体较长且沿长度方向的形状相同或按一定规律变化时，可采用折断的办法，将折断的部分省略不画。断开处以折断线表示，折断线两端应超出轮廓线 2～3mm，如图 5 - 6 所示。需要注意的是尺寸要按折断前原长度标注。

5.1.5　第三角投影简介

相互垂直的三个投影面 V、H、W 将空间划分为八个角，如图 5 - 7 所示。我国的工程制图采用第一角投影。将物体置于第一分角中，按"观察者→物体→投影面"的顺序向三个投影面投射，得到正立面图、平面图、左侧立面图三个视图。

有些国家则采用第三角投影。如图 5 - 8（a）所示，将物体置于第三分角中，按"观察者→投影面→物体"的顺序向三个投影面投射，得到正立面图、平面图、右侧立面图三个视图。展开时，仍然是 V 面保持不动，H 面向上旋转，W 面向右旋转，如图 5 - 8（b）所示，得到的视图配置是：平面图在正立面图的上方，右侧立面图在正立面图的右方，如图 5 - 8（c）所示。三个视图仍符合三等规律。

由于物体和投影面的相对位置、投影面的展开

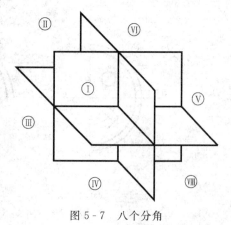

图 5 - 7　八个分角

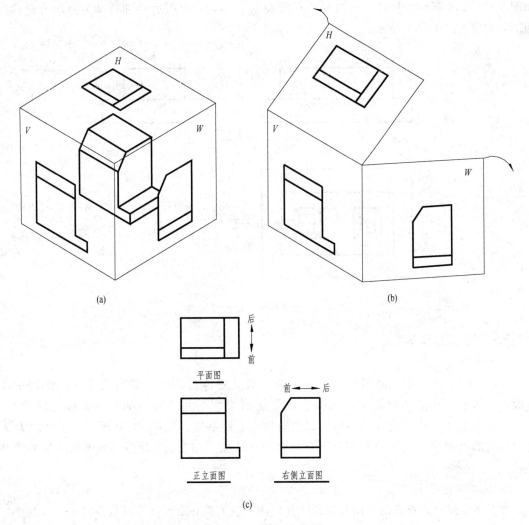

(a)

(b)

平面图

前 ← → 后

正立面图　　　右侧立面图

(c)

图 5-8　第三角投影

方法不同，所以三视图上反映出来的物体前后位置也不相同。在第一角投影中，平面图和左侧立面图远离正立面图的一侧表示物体的前方；在第三角投影中，平面图和右侧立面图靠近正立面图的一侧表示物体的前方，如图 5-8（c）所示。

5.2　剖面图

5.2.1　剖面图的概念

由于工程物体内外结构都比较复杂，视图中往往有较多的虚线，使得图面虚实线交错，混淆不清，给读图和尺寸标注带来不便。为了清楚地表达物体的内部结构，假想用剖切面剖开物体，把剖切面和观察者之间的部分移去，将剩余部分向投影面投射，所得的图形称为剖面图。剖面图是工程实践中广泛采用的一种图样。

图 5-9 所示为双柱杯形基础的三视图。为表明其内部结构，假想用正平面 P 进行剖切，移去平面 P 前面的部分，将剩余的后半部分向 V 投影面投射，就得到了杯形基础的剖面图，

如图 5 - 10（a）所示。同样，可选择侧平面 Q 进行剖切，投射后得到基础另一个方向的剖面图，如图 5 - 10（b）所示。

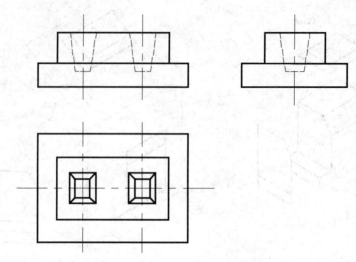

图 5 - 9　双柱杯形基础的三视图

5.2.2　剖面图的基本画法

1. 剖切面的选择

剖切面通常为平面，必要时为曲面。为了表达物体内部结构的真实形状，剖切平面一般应平行于某一基本投影面，同时应尽量使剖切平面通过物体的对称面或主要轴线，以及物体上的孔、洞、槽等结构的轴线或对称中心线剖切。如图 5 - 10 所示，正平面 P 为基础的前后对称面，侧平面 Q 通过基础杯口的中心线。图 5 - 11 为用剖面图表示的杯形基础。

2. 剖面图的标注

为了便于阅读、查找剖面图与其他图样间的对应关系，剖面图应进行标注。

（1）剖面图的剖切符号。剖面图的剖切符号由剖切位置线和投射方向线组成，均以粗实线绘制。

剖切位置线实质上是剖切平面的积聚投影，标准规定用两小段粗实线表示，每段长度宜为 6～10mm，如图 5 - 11 所示。

投射方向线表明剖面图的投射方向，画在剖切位置线的两端同一侧且与其垂直，长度短于剖切位置线，宜为 4～6mm，如图 5 - 11 所示。

绘图时，剖切符号应画在与剖面图有明显联系的视图上，且不宜与图面上的图线相接触。

（2）剖切符号的编号及剖面图的图名。剖切符号的编号宜采用阿拉伯数字，并注写在投射方向线的端部，如图 5 - 11 所示。

剖面图的图名以剖切符号的编号命名。如剖切符号编号为 1，则相应的剖面图命名为"1—1 剖面图"，也可简称作"1—1"，如还有其他剖面图，应同样依次进行命名和标注。图名一般标注在剖面图的下方或一侧，并在图名下绘一与图名长度相等的粗横线，如图 5 - 11 所示。

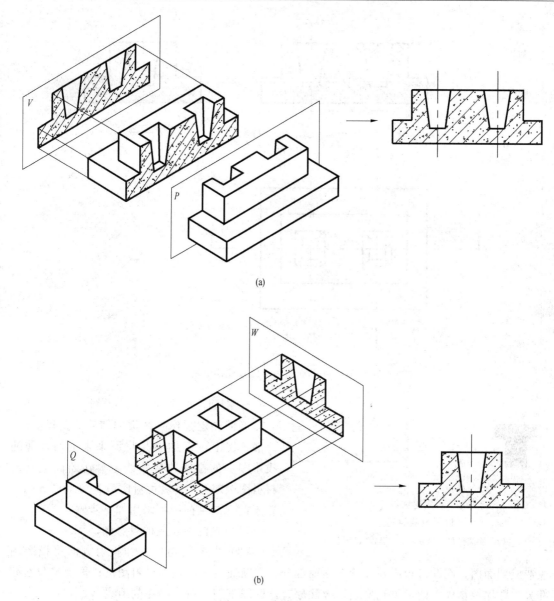

(a)

(b)

图 5-10　剖面图的形成

（a）用正平面剖切形成的剖面图；（b）用侧平面剖切形成的剖面图

3. 材料图例

在剖面图中，物体被剖切后得到的断面轮廓线用粗实线绘制，并规定要在断面上画出材料图例（图例见表 7-5），以区分断面部分和非断面部分，同时表明物体的材料。图 5-11 所示断面上画的是钢筋混凝土图例。如果不需要指明材料，可用间隔均匀的 45°细实线表示。

同一物体的各个断面区域内，材料图例的画法应一致，图例线的倾斜方向和间距应相同。相同材料的相邻物体，图例线必须以不同的方向或不同的间隔画出。当断面轮廓很小时，断面的材料图例可用涂黑表示，如图 5-12（a）所示；当断面轮廓很大时，可在断面轮廓内沿轮廓线局部表示，如图5-12（b）所示。

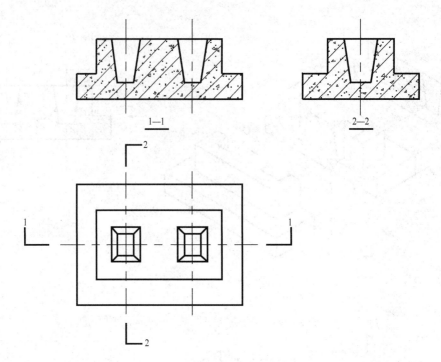

图 5-11　用剖面图表示的双柱杯形基础

(a)

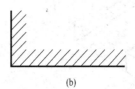

(b)

图 5-12　断面轮廓过小、过大时
材料图例的画法
（a）涂黑图例的画法；（b）局部表示图例

4. 剖面图的画图步骤

剖面图就是作物体被剖切后的正投影图，一般情况下剖面图就是将原来未剖切之前的投影图中的虚线改成实线，再在断面上画出材料图例即可。读者可对比图 5-9 和图 5-11。鉴于此，画剖面图可采用如下步骤：

（1）先画出相应的投影图。

（2）根据剖切位置和投射方向将投影图改造成剖面图。在此过程中，先确定断面部分，在断面轮廓内画上材料图例；再确定非断面部分，即保留物体上的可见轮廓线，擦除原有投影图中剖切后不存在的图线。

（3）标注剖切符号及图名。

5. 画剖面图应注意的问题

（1）剖切是假想的。只在画剖面图时才假想将物体切去一部分，其他视图仍应完整画出，见图 5-11 中的平面图。此外，若一个物体需要进行两次以上剖切，在每次剖切前，都应按整个物体进行考虑。

（2）剖面图中不可见的虚线，当配合其他图形能够表达清楚时，一般省略不画。若因省略虚线而影响读图，则不可省略。

（3）剖面图的位置一般按投影关系配置。必要时也允许配置在其他适宜位置。

5.2.3　剖面图的种类

按剖切范围的大小，可以将剖面图分为全剖面图、半剖面图和局部剖面图三种。

1. 全剖面图

用剖切面完全地剖开物体所得到的剖面图称为全剖面图。全剖面图以表达内部结构为主，常用于外部形状较简单的不对称物体。

(1) 用单一剖切面剖切物体得到的全剖面图。这是一种最简单、最常用的剖切方法。图 5-11 所示 1—1、2—2 即为单一全剖面图。

(2) 用两个或两个以上互相平行的剖切面剖切物体得到的全剖面图。这种剖面图通常称为阶梯剖面图。当物体内部结构层次较多，用一个剖切面不能同时剖切到所要表达的几处内部构造时，常采用阶梯剖面图。如图 5-13 所示，如果用一个正平面剖切物体，则不能同时剖开物体上前后层次不同的孔洞，此时用两个互相平行的正平面分别经过孔洞的中心线剖切，中间转折一次，这样同时剖到两个孔洞满足了要求。

画阶梯剖面图时应注意：

1) 在剖切面的开始、转折和终了处，都要画出剖切符号并注上同一编号，如图 5-13 所示。

2) 剖切是假想的，在剖面图中不需画出剖切平面转折处的分界线。

(3) 用两个相交的剖切平面剖开物体得到的全剖面图。这种剖面图通常称为旋转剖面图（或展开剖面图），多用于有回转轴的工程物体。如图 5-14 所示集水井，两个进水管的轴线斜交，为了表达其内部结构，1—1 剖面图是用相交于铅垂轴线的正平面和铅垂面，沿两个水管的轴线把集水井剖开，将铅垂剖切面剖到的部分，绕铅垂轴旋转到正平面位置，并与左侧用正平面剖切到的构造一起向 V 面投射得到的。

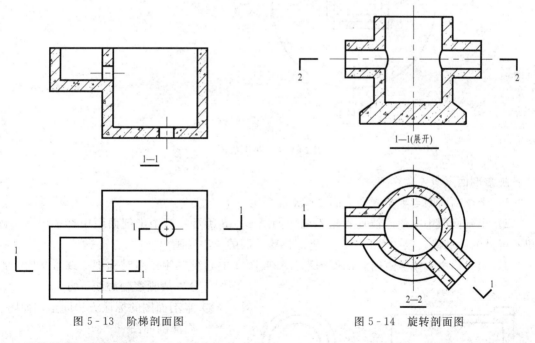

图 5-13　阶梯剖面图　　　　　　图 5-14　旋转剖面图

画旋转剖面图时应注意：

1) 旋转剖面图的标注与阶梯剖面图基本相同。只是按制图标准的规定，旋转剖面图的图名后加注"展开"字样。

2) 不需画出两剖切平面相交处的分界线。

2. 半剖面图

对于对称物体，作剖面图时，可以对称线为分界线，一半画剖面图表达内部结构，一半画视图表达外部形状，这种剖面图称为半剖面图。它适用于内外形状都较复杂的对称物体。如图 5-15 所示，杯形基础前后、左右都对称，正立面图和左侧立面图均画成半剖面图，以表示基础的内部结构和外部形状。由于平面图配合两个半剖面图已能完整、清晰地表达这个基础，所以平面图中不必用虚线画出不可见的轮廓线。

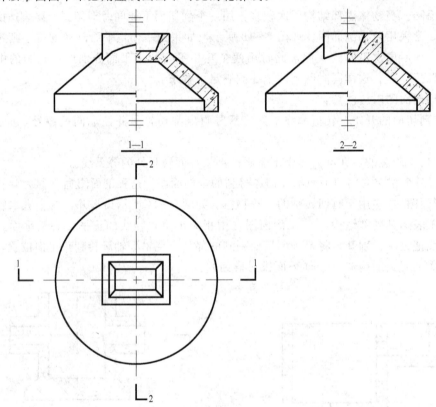

图 5-15 半剖面图

画半剖面图应注意：

1）半个剖面图与半个视图之间要画对称符号。

2）半剖面图中一般虚线均省略不画。如图 5-15 所示，两个半剖面图中都未用虚线画出不可见的轮廓线。但如有孔、洞，仍需将孔、洞的中心线画出。

3）当对称中心线竖直时，剖面图部分一般画在中心线右侧；当对称中心线水平时，剖面图部分一般画在中心线下方。

4）半剖面图的标注方法同全剖面图。

3. 局部剖面图

用剖切平面局部剖开物体后所得的剖面图称为局部剖面图。局部剖面图常用于外部形状比较复杂，仅需要表达某局部内部形状的物体。如图 5-16 所示为混凝土

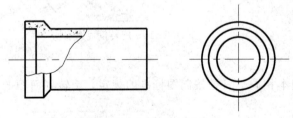

图 5-16 局部剖面图

管的视图，用局部剖面图表达了接口处内部结构形状。

画局部剖面图应注意：

（1）局部剖面图大部分投影表达外形，局部表达内形，剖开与未剖开处以徒手画的波浪线为界，波浪线可看作断裂痕迹的投影。波浪线不得与图样上的其他图线重合，波浪线只能画在物体表面上，不应画出物体以外或画在空洞之处，如图 5-17 所示。

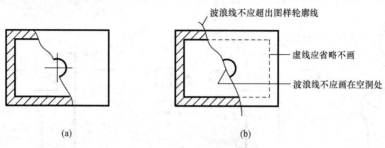

图 5-17　局部剖面图正、误比较

（a）正确画法；（b）错误画法

（2）局部剖面图中表达清楚的内部结构，在视图中虚线一般省略不画，如图 5-16、图 5-17（a）所示。

（3）局部剖面图的剖切位置明显，一般不标注。

对一些具有不同构造层次的建筑物，可按实际需要，用分层局部剖切的方法表示，从而获得分层局部剖面图。图 5-18 为某道路上人行道的分层局部剖面图，各层构造之间以波浪线为界，不需要标注剖切符号。这种方法多用于表示地面、墙面、路面等面层的构造。

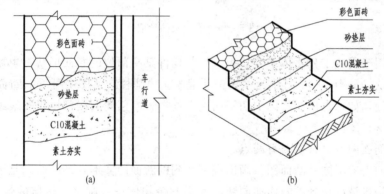

图 5-18　分层局部剖面图

5.2.4　剖面图的尺寸标注

剖面图中的尺寸标注与组合体基本相同，均应遵循制图标准中的有关规定。在对剖面图进行尺寸标注时，还应注意：在半剖面图和局部剖面图上，由于对称部分省去了虚线，注写内部结构尺寸时，只需画出一端的尺寸界线和尺寸起止符号，尺寸线应超过对称线少许，但尺寸数字应注写整个结构的尺寸，见图 5-19 中的 $\phi 10$ 和内部尺寸 16。

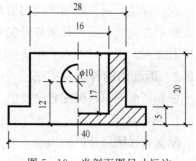

图 5-19　半剖面图尺寸标注

91

5.3　断面图

5.3.1　断面图的基本概念

用一个假想剖切平面剖开物体，将剖得的断面向与其平行的投影面投射，所得的图形称为断面图或断面，如图 5-20 所示。

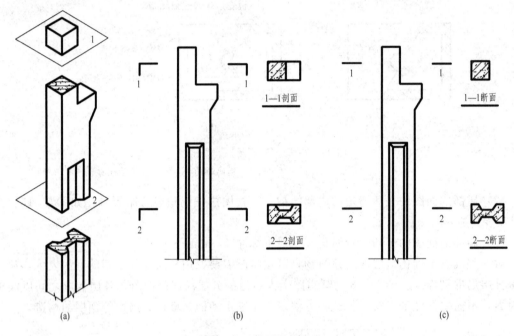

图 5-20　断面图的形成

断面图常用于表达工程物体中梁、板、柱等构件某一部位的断面形状，也用于表达工程物体的内部形状。如图 5-20 所示为一根钢筋混凝土牛腿柱，从图中可见，断面图与剖面图有许多共同之处，如都是用假想的剖切平面剖开物体；断面轮廓线都用粗实线绘制；断面轮廓范围内都画材料图例等。

断面图与剖面图的区别主要有两点：

（1）表达的内容不同。断面图只画出被剖切到的断面的实形，即断面图是平面图形的投影。而剖面图是将被剖切到的断面连同断面后面剩余物体一起画出，是体的投影。实际上，剖面图中包含着断面图，如图 5-20（b）、（c）所示。

（2）标注不同。断面图的剖切符号只画剖切位置线，用粗实线绘制，长度为 6～10mm，不画投射方向线，而用剖切符号编号的注写位置来表示投射方向，编号所在一侧即为该断面的投射方向。图 5-20（c）中 1—1 断面和 2—2 断面表示的投射方向都是由上向下。

5.3.2　断面图的种类及画法

根据断面图与视图配置位置的不同，可分为移出断面和重合断面。

1. 移出断面

配置在视图以外的断面图，称为移出断面。如图 5-20（c）所示，钢筋混凝土柱按需要采用 1—1、2—2 两个断面图来表达柱身的形状，这两个断面都是移出断面，当一个物体上需作多个断面图时，应将各断面图按剖切符号的次序依次排列在视图旁边。必要时断面图也可用较大比例画出。

另外，移出断面的配置与标注还有以下两种情况：

（1）当移出断面图是对称图形，其位置紧靠原视图，中间无其他视图隔开时，用剖切线的延长线作为断面图的对称线，画出断面图。可省略剖切符号和编号，如图 5-21 所示梁左端的断面图。

（2）对于具有单一截面的较长杆件，其断面可以画在靠近其端部或中断处，如图 5-22 所示。这时可不标注，中断处用波浪线或折断线画出。

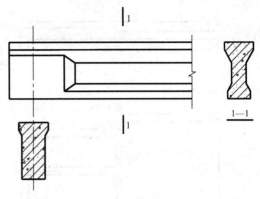

图 5-21　钢筋混凝土梁的断面图

2. 重合断面

配置在视图之内的断面图，称为重合断面。如图 5-23 所示，表示浇筑在一起的梁与板的断面图直接画在钢筋混凝土结构平面图上。

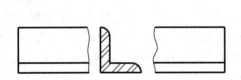

图 5-22　断面画在杆件的中断处

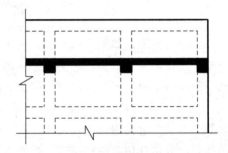

图 5-23　梁板结构重合断面

重合断面是将断面旋转 90°后画在剖切处与原视图重合，重合断面的轮廓线用粗实线画出，断面轮廓内画上材料图例，当断面尺寸较小时，可将断面涂黑。重合断面不标注。

5.4　剖面图与断面图的识读

剖面图、断面图常与前述各种视图互相配合，使工程物体的图样表达得完整、清晰、简明。识读剖面图和断面图的步骤一般为：

（1）分析视图。首先明确物体由哪些视图共同表达，尤其注意剖面图和断面图的种类，根据图名和对应的剖切符号找出与其他视图之间的投影关系。

（2）分部分想形状。运用形体分析法和线面分析法读图，将物体大致分成几个部分，结合剖面图或断面图弄清空实关系，各视图联系起来，读懂各部分的内、外形状。

（3）综合起来想象整体。读懂了物体各组成部分的形状后，再按各视图显示出的前后、左右、上下相对位置，读懂各部分彼此之间的关系，综合想象物体的整体形状。遇到剖面图或断面图时，除了要看懂物体被剖切后的内部形状，还要想象出物体被假想剖去部分的形状。现举例说明识读物体视图的方法与步骤。

【**例 5 - 1**】 识读图 5 - 24 （a）所示桥梁上部结构的行车道板的三视图。

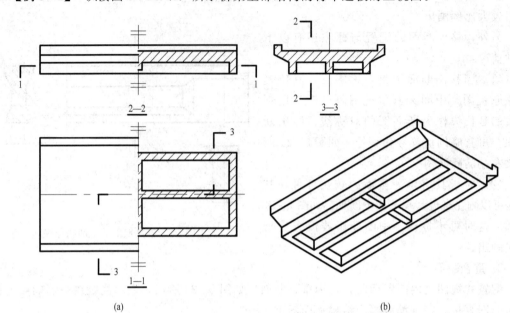

图 5 - 24 行车道板

（1）分析视图。如图 5 - 24 （a）所示，该行车道板由三个视图共同表达，三个视图均为剖面图，按投影关系配置。平面图是一个半剖面图，由 1—1 剖切符号可看出，剖切面为水平面，剖切位置通过板下面的纵、横梁，投射方向由上向下；正立面图也是一个半剖面图，由 2—2 剖切符号可看出，剖切面为正平面，沿行车道板纵向剖切，投射方向从前向后；左侧立面图是一个阶梯剖面图，由 3—3 剖切符号可看出，用两个相平行的侧平面把行车道板横向剖切，分别剖切跨中和跨端，投射方向为从左向右。

（2）分部分想形状。如图 5 - 24 （a）所示，由三个视图可知该行车道板前后、左右对称，并可看出行车道板由上、下两部分组成。上部为行车道板板面，可看作一个棱柱体，其断面形状见 3—3 剖面。下部为纵、横梁，由 1—1 剖面、3—3 剖面可看出，剖切到的三道纵梁均为矩形截面，尺寸相同；由 1—1 剖面、2—2 剖面可看出，剖切到的横梁均为矩形截面，左右两道横梁截面的高度尺寸与纵梁相同，中心线位置横梁的截面高度尺寸小些。

（3）综合起来想象整体。综合上面的分析可知，在行车道板板面下部布置有纵、横梁，梁格布置前后、左右对称，其中左右两道横梁的外端面分别与行车道板的左右端面平齐。该行车道板的空间形状如图 5 - 24 （b）所示。

【**例 5 - 2**】 识读图 5 - 25 （a）所示的钢筋混凝土梁、柱节点的具体构造。

（1）分析视图。由图 5 - 25 （a）可知，该节点构造由一个正立面图和三个断面图共同表达，三个断面图均为移出断面，按投影关系配置，画在杆件断裂处。

（2）分部分想形状。由各视图可知该节点构造由三部分组成。水平方向的为钢筋混凝土梁，由 1—1 断面可知梁的断面形状为 "十" 字形，俗称 "花篮梁"，尺寸见 1—1 断面。竖向位于梁上方的柱子，由 2—2 断面可知其断面形状及尺寸。竖向位于梁下方的柱子，由

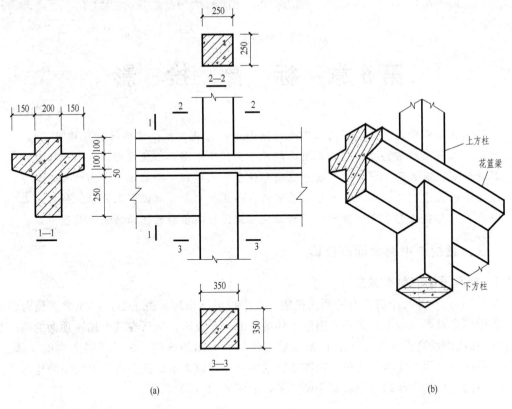

图 5-25　梁、柱节点构造

3—3断面可知其断面形状及尺寸。

（3）综合起来想象整体。由各部分形状结合正立面图可看出，断面形状为方形的下方柱由下向上通至花篮梁底部，并与梁底部产生相贯线，从花篮梁的顶部开始向上为断面变小的楼面上方柱。该梁、柱节点构造的空间形状如图 5-25（b）所示。

思　考　题

5.1　基本视图是怎样形成的？如何配置？

5.2　常用的简化画法有哪些？

5.3　剖面图是怎么形成的？基本画法有哪些？

5.4　什么是全剖面图？如何得到全剖面图？画阶梯剖面图和旋转剖面图时有何规定？

5.5　什么是半剖面图？应用于哪种情况？画图时应注意什么？

5.6　什么是局部剖面图？应用于哪种情况？画图时应注意什么？

5.7　断面图是怎么形成的？断面图的种类有哪些？其画法有何规定？

第6章 标 高 投 影

工程建筑物通常修建在高低不平的地面上，在施工中，常需挖掘或填筑土壤。因此，工程上经常需要绘制表示地面起伏状况的地形图，以便在图纸上表示工程建筑物和解决有关的工程问题。由于地面形状复杂无规则，而且水平方向的尺寸与高度方向的尺寸相差很大，不便于用前述的多面正投影和轴测投影来表示，所以在本章中引入标高投影来表达地形面，本章主要讲述标高投影的图示特点和作图方法。

6.1 点、直线、平面的标高投影

6.1.1 标高投影的基本概念

图 6-1（a）是一个四棱台的两面投影，水平投影确定后，由正面投影提供四棱台的高度。若用标高投影来表示，我们只需画出四棱台的水平投影，然后在其上加注顶面的高度数值 2.00 和底面的高度数值 0.00，以高度数字代替立面图的作用。为了增强图形的立体感，在坡面高的一侧用细实线画出长短相间等距的示坡线，以表示坡面。再给出绘图的比例或比例尺，该四棱台的形状和大小就完全确定了，如图 6-1（b）所示。

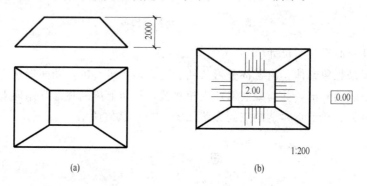

图 6-1 两面正投影图和标高投影图

所谓标高投影就是在物体的水平投影上加注某些特征面、线以及控制点的高程数值的单面正投影。标高投影中的高度数值称为高程或标高，高程以米为单位，一般注到小数点后两位，并且不需注写"m"。高程是以某水平面作为计算基准的。基准面以上高程为正，基准面以下高程为负。在实际工作中，通常以我国青岛附近的黄海平均海平面作为基准面，所得的高程称为绝对高程，否则称为相对高程。另外，在标高投影图中必须注明绘图的比例或画出比例尺。

标高投影常用于绘制地形图。此外，在土方工程填方、挖方中求作坡面与坡面、坡面与地面间的交线等，也常用标高投影的方法解决。

6.1.2 点的标高投影

在点的水平投影的右下角标注出该点与基准面的高度距离，即得该点的标高投影。如图

6-2（a）所示，选择水平面 H 作为基准面，其高程为零。设空间有两个点 A、B，点 A 位于 H 面上方 5m，点 B 位于 H 面下方 4m，分别作出 A、B 两点在 H 面上的正投影 a、b，并在投影的右下角标注各自的高度数值 5、-4，即为 A、B 两点的标高投影，如图 6-2（b）所示，图中画出了绘图比例尺，比例尺的形式是上细下粗的平行双线，通常以米为单位。

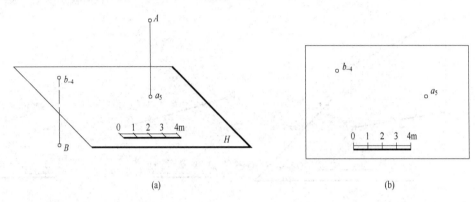

(a)   (b)

图 6-2　点的标高投影

6.1.3　直线的标高投影

1. 直线的坡度和平距

直线上任意两点之间的高度差与水平距离之比称为直线的坡度，用符号 i 表示。在图 6-3 中，设直线上点 A 和点 B 的高度差为 H，其水平距离为 L，直线对水平面的倾角为 α，则直线的坡度为：

$$i = H/L = \tan\alpha$$

上式表明：直线上两点间的水平距离为一个单位时其高度差即等于坡度。

当直线上两点间的高度差为一个单位时其水平距离称为平距，用符号 l 表示，如图 6-3 所示，即

$$l = L/H$$

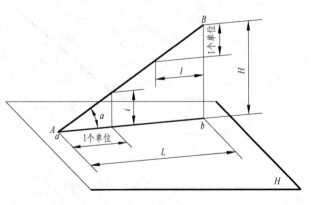

图 6-3　直线的坡度和平距

可见直线的坡度和平距互为倒数，即 $i = 1/l$。坡度越大，平距越小；反之，坡度越小，平距越大。直线坡度的大小反映直线对水平面倾角的大小。

需要指出，平行于基准面的直线，其坡度为零，平距为无限大，直线上各点的高程都相等。

2. 直线的标高投影表示法

空间直线的位置可由直线上两个点或直线上一个点及该直线的方向来确定，因此，在标高投影中，直线的表示法有两种［以图 6-4（a）所示直线 AB 为例］：

（1）直线上两个点的标高投影。如图 6 - 4（b）所示，直线 AB 的标高投影由 A、B 两点的标高投影 a_6、b_4 连接而成。

（2）直线上一个点的标高投影和直线的方向与坡度。如图 6 - 4（c）所示，直线 AB 的标高投影是用点 A 的标高投影 a_6 和直线的坡度 $i=1 : 2.5$ 来表示，规定表示直线方向的箭头指向下坡方向。

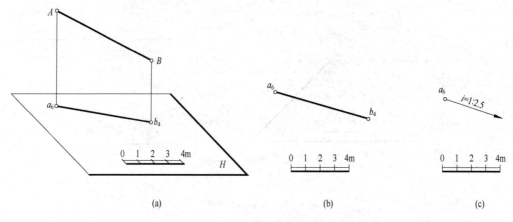

(a)   (b)   (c)

图 6 - 4　直线的标高投影

直线确定，则坡度确定。故在已知直线上任取一点可计算出它的高程，或已知直线上任意一点的高程，可确定它的水平投影的位置。

【例 6 - 1】　已知直线 AB 的标高投影为 $a_{36}b_{12}$，如图 6 - 5（a）所示，求直线 AB 的坡度与平距，并求直线上 C 点的高程。

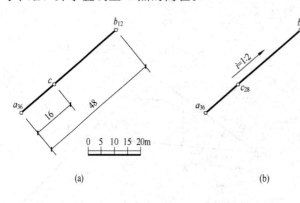

(a)   (b)

图 6 - 5　求直线 AB 上 C 点的高程

分析： 利用直线上 A、B 两点的高度差和水平距离，由 $i=H/L$ 及 $l=1/i$ 可确定直线的坡度与平距。

作图：

1）求坡度。H_{AB} 为 A、B 两点的高度差，$H_{AB}=36m-12m=24m$，L_{AB} 为 A、B 两点的水平距离，由比例尺量得 $L_{AB}=48m$，因此坡度 $i=H/L=24/48=1/2$。

2）求平距。直线 AB 的平距 $l=1/i=2m$。

3）求 C 点的高程。按比例尺量得 A、C 间距离 $L_{AC}=16m$，据 $i=H/L$ 得 $H_{AC}=L_{AC}i=16m\times1/2=8m$，由此求得 C 点的高程应为 $36m-8m=28m$，如图 6 - 5（b）所示。

3. 直线的整数标高点

在实际工作中，经常需要在直线的标高投影上作出各整数标高点，可利用计算法和图解法求得。

【例 6 - 2】　已知直线 AB 的标高投影 $a_{3.3}b_{6.8}$，求该直线上的整数标高点，如图 6 - 6（a）所示。

分析： 直线上 A、B 两点的标高数字并非整数，需要在直线的标高投影上定出各整数标高点。本题中 A、B 两点间的整数标高点是高程分别为 4、5、6m 的 C、D、E 三个点。

作图：

1）计算法。根据已给的比例尺在图 6 - 6（a）中量得 $L_{AB}=7m$，又 $H_{AB}=6.8m-3.3m=3.5m$，可计算直线的坡度 $i=H_{AB}/L_{AB}=3.5/7=1/2$，平距 $l=1/i=2m$。高程为 4m 的 C 点与高程为 3.3m 的 A 点之间的水平距离 $L_{AC}=H_{AC}/i=(4-3.3)m\times2=1.4m$，按照比例尺在直线上由 $a_{3.3}$ 量取 1.4m，即得高程为 4m 的点 c_4。自 c_4 用平距 2m，依次量得 d_5、e_6，即为所求，如图 6 - 6（b）所示。

2）图解法。利用作比例线段的方法作出直线 AB 上各整数标高点，作法如图 6 - 6（c）所示。

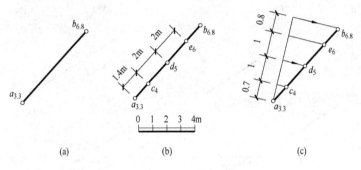

图 6 - 6　求直线上的整数标高点
（a）已知条件；（b）计算法；（c）图解法

6.1.4　平面的标高投影

1. 平面上的等高线和坡度线

（1）等高线。平面上的水平线称为平面上的等高线，也就是该平面与水平面的交线。水平面间的高差也就是等高线的高差。从图 6 - 7（a）、（b）中可看出平面上等高线有以下三个特性：

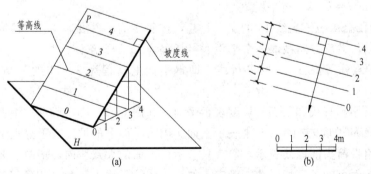

图 6 - 7　平面上的等高线和坡度线

1）等高线都是直线。

2）等高线互相平行，其标高投影也互相平行。

3）当高差相等时，等高线的水平间距也相等。当相邻两等高线的高差为 1m 时，它们

的水平距离为平距 l。

（2）坡度线。平面上对水平面的最大斜度线，就是平面上的坡度线。如图 6 - 7（a）、（b）所示，平面上的坡度线有下列特性：

1）平面上的坡度线与等高线互相垂直，它们的水平投影也互相垂直。坡度线上应画出指向下坡的箭头。

2）平面上坡度线的坡度代表平面的坡度，坡度线的平距就是平面上等高线的平距。

2. 平面的标高投影表示法及平面上作等高线的方法

（1）用两条等高线表示平面。如图 6 - 8（a）所示，用高程为 10、15 的两条等高线表示一个平面。若在该平面上求作高程为 12、14 的等高线，可根据等高线的特性，先在等高线 10、15 之间作一条坡度线 ab，将 ab 五等分，各等分点 c、d、e、f 即是该平面上高程分别为 11、12、13、14 的点，过 d、f 点作等高线的平行线，即得高程为 12、14 的等高线，如图 6 - 8（b）所示。

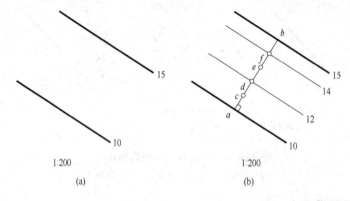

图 6 - 8　用两条等高线表示平面

（2）用一条等高线和一条坡度线表示平面。如图 6 - 9（a）所示，用平面上一条高程为 10 的等高线和平面的坡度线表示平面，平面的坡度 $i=1:2$。如果求作该平面上整数高程的等高线，如 9 和 11，其作图方法如下：

1）根据坡度 $i=1:2$，得平距 $l=2$。

2）在坡度线上从与等高线 10 的交点 a 起，按照比例尺，沿下坡方向截取一个平距，得高程为 9 的 b 点；沿反方向截取一个平距，得高程为 11 的 c 点。

3）过 b、c 点作等高线 10 的平行线，即得平面上高程为 9、11 的等高线，如图 6 - 9（b）所示。

（3）用一条倾斜直线和平面的坡度表示平面。如图 6 - 10（a）所示，用平面上一条倾斜直线 a_4b_0 和平面的坡度 $i=1:0.5$ 来表示平面。因为平面上的坡度线不垂直于该平面上的倾斜直线，所以用带箭头的虚线表示，箭头只表示该平面的大致坡向，指向下坡。其坡度的准确方向待作出平面上的等高线后才能确定。如果求作该平面上整数高程的等高线，如 0、1、2、3，其作图方法如下：

1）先求作该平面上高程为 0 的等高线。该等高线必通过点 b_0，且与 a_4 的水平距离为 $L=H/i=4\text{m}\times0.5=2\text{m}$。因此，以 a_4 为圆心，$R=2\text{m}$ 为半径，向平面的倾斜方向画圆弧，再过点 b_0 作直线与该圆弧相切，切点为 c_0，直线 b_0c_0 即为此平面上高程为零的等高线，

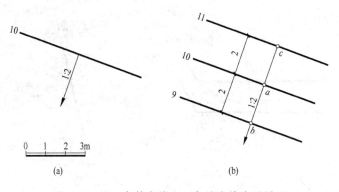

图 6 - 9　用一条等高线和一条坡度线表示平面

c_0a_4 即为平面上的坡度线，且 $c_0a_4 \perp b_0c_0$，如图 6 - 10（b）所示。

上述作图方法也可理解为：以点 A 为锥顶，作一素线坡度为 1∶0.5 的正圆锥，此圆锥与高程为零的基准面交于一圆，其半径为 2m。过直线 AB 作一平面与此圆锥相切，切线 AC 是圆锥面上的一条素线，也是所作平面上的一条坡度线，该平面与高程为零的基准面交于 BC，BC 即为该平面上高程为零的等高线，且 BC 与圆锥底圆相切，如图 6 - 10（c）所示。

2）将 c_0a_4 四等分，过各等分点作 b_0c_0 的平行线，即可得平面上高程分别为 1、2、3 的等高线，如图 6 - 10（b）所示。

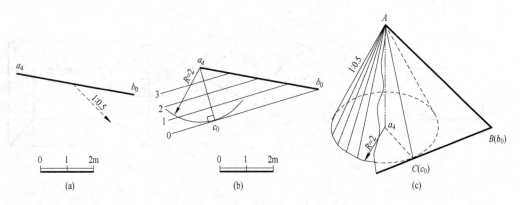

图 6 - 10　用一条倾斜直线和平面的坡度表示平面

（4）水平面高程的标注形式。在标高投影中，水平面高程的标注形式通常是用细实线绘制一矩形线框，在线框内注明高程数值，如图 6 - 1 所示。

6.1.5　平面交线的标高投影

1. 两平面交线的求作方法

在标高投影中，求两平面的交线时，通常采用辅助平面法。即用整数高程的辅助水平面与两已知平面相交，其交线为两条相同高程的等高线，这两条等高线的交点就是两平面的共有点，即两平面交线上的点。如图 6 - 11（a）所示，求 P、Q 两平面的交线，用高程为 5、10 的水平面 H_5、H_{10} 作辅助平面，分别与 P、Q 两平面相交，其交线分别是两平面 P、Q 上高程为 5、10 的两对等高线，两对等高线的交点为 A、B，连接 A、B 即为 P、Q 两平面的交线。两平面交线的标高投影如图 6 - 11（b）所示。

由此可得：两平面上相同高程等高线交点的连线，就是两平面的交线。

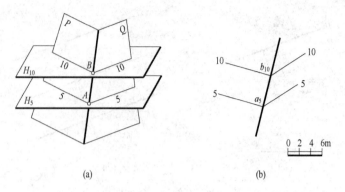

图 6-11　两平面交线的求作方法

2. 工程应用

在实际工程中，建筑物上相邻两坡面的交线称为坡面交线。坡面与地面的交线称为坡边线，填方形成的坡面与地面的交线称为填筑坡边线（简称坡脚线），挖方形成的坡面与地面的交线称为开挖坡边线（简称开挖线）。

【例 6-3】　已知地面高程为 8m，基坑底面的高程为 3m，坑底的大小和各坡面的坡度如图 6-12（a）所示，求作开挖线和坡面交线，并在坡面上画出示坡线。

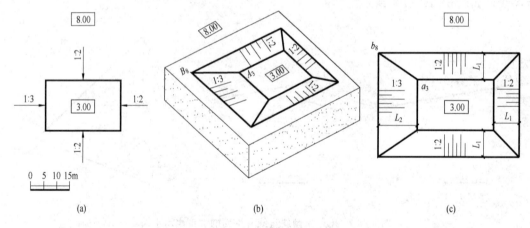

图 6-12　作基坑开挖的标高投影

分析：如图 6-12（b）所示，此工程为挖方，坑底和地面均为水平面，基坑有四个坡面，需求作四条开挖线和四条坡面交线，均为直线。

作图：如图 6-12（c）所示。

1）作开挖线。开挖线即各坡面上高程为 8 的等高线，分别与基坑底面的边线平行。其水平距离可由 $L = H \times l$ 求得，式中高差 $H = 5$m，根据各坡面的坡度，当 $i = 1:2$ 时，$L_1 = 5$m $\times 2 = 10$m；当 $i = 1:3$ 时，$L_2 = 5$m $\times 3 = 15$m。然后按照比例尺量取，作基坑底边的平行线，即为开挖线。

2）作坡面交线。运用求交线的方法，连接两坡面上相同高程等高线的交点，如 $a_3 b_8$，即得四条坡面交线。

3）画出各坡面的示坡线。示坡线垂直于等高线，画在坡面上高的一侧，用长短相间的细实线绘制。

【例 6 - 4】 在高程为 0m 的水平地面上修建一平台，台顶高程为 2m，有一斜坡道通至平台顶面，平台坡面的坡度为 1∶1，斜坡道两侧的坡面坡度为 1∶1.5，斜坡道坡度为 1∶3，如图 6 - 13（a）所示，求坡脚线和坡面交线。

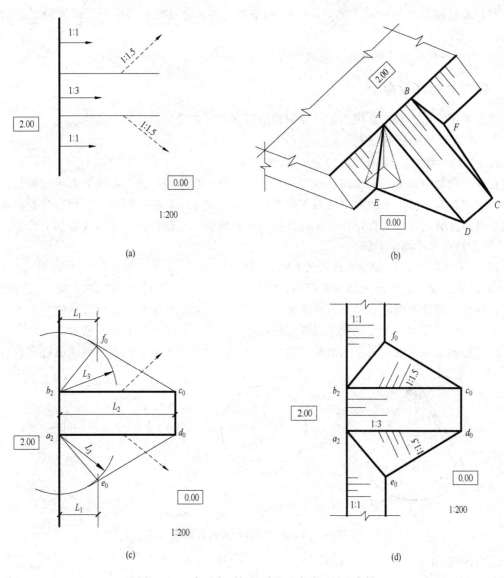

图 6 - 13 求平台和斜坡道的坡脚线和坡面交线

分析： 如图 6 - 13（b）所示，地面上修筑平台和斜坡道为填方，需求作平台坡面的坡脚线、斜坡道及两侧坡面的坡脚线，以及它们之间的坡面交线，均为直线。

作图： 如图 6 - 13（c）所示。

1）求坡脚线。坡脚线是各坡面上高程为 0 的等高线。

平台坡面的坡脚线。该坡面的坡度为 1∶1，其坡脚线与坡面顶边 $a_2 b_2$ 平行，水平距离为 $L_1 = H \times l = 2\text{m} \times 1 = 2\text{m}$。根据比例作出平台坡面的坡脚线。

斜坡道坡面的坡脚线与平台坡面的坡脚线作法相同，斜坡道坡度为 $1：3$，$L_2 = 2\text{m} \times 3 = 6\text{m}$。

斜坡道两侧坡面的坡脚线求法与图 6 - 10 相同：分别以 a_2、b_2 为圆心，以 $L_3 = 2\text{m} \times 1.5 = 3\text{m}$ 为半径画圆弧，再由 c_0、d_0 分别作两圆弧的切线，即为斜坡道两侧坡面的坡脚线。

2）求坡面交线。平台坡面的坡脚线与斜坡道两侧坡面的坡脚线的交点 e_0、f_0 就是平台坡面与斜坡道两侧坡面的共有点，a_2、b_2 也是共有点，连接 a_2e_0、b_2f_0，即为所求的坡面交线。

3）画出各坡面上的示坡线，完成作图，如图 6 - 13（d）所示。

6.2　曲面的标高投影

这里主要介绍工程上常用的正圆锥面和地形面的标高投影。

6.2.1　正圆锥面的标高投影

1. 正圆锥面的表示法

在标高投影中，取正圆锥面的轴线垂直于水平面，如果用一组等距离的水平面截切正圆锥面，就可得到一组水平的截交线圆，即等高线，如图 6 - 14（a）所示。作出这些截交线圆的水平投影并分别注上高程，即得正圆锥面的标高投影。正圆锥面的等高线有如下特点：

1）等高线是一组同心圆。

2）高差相同时，等高线之间的水平距离相等。

3）圆锥正立时，等高线越靠近圆心，其高程数字越大，如图 6 - 14（b）所示；圆锥倒立时，等高线越靠近圆心，其高程数字越小，如图 6 - 14（c）所示。高程数字的字头规定朝向高处。圆锥面常用一条等高线（圆弧）加坡度线表示，如图 6 - 14（a）所示。

正圆锥面上各素线均为正圆锥面上的坡度线，因此，圆锥面上的示坡线应通过锥顶。

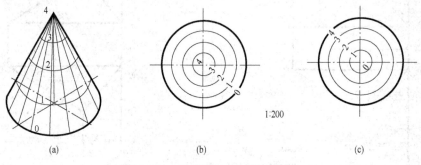

图 6 - 14　正圆锥面的标高投影图

2. 工程应用

在土石方工程中，常在建筑物两坡面转角处采用与坡面坡度相同的圆锥面过渡，如图 6 - 15（a）、（b）所示。

【例 6 - 5】　在高程为 2m 的地面上，修筑一高程为 5m 的平台，台顶形状及各坡面坡度如图 6 - 16（a）所示，求坡脚线和各坡面交线。

分析：平台坡面由两侧斜坡面和中部圆锥面组成，如图 6 - 16（b）所示。坡脚线共有三条，其中斜坡面与地面的交线是直线，圆锥面与地面的交线是圆曲线。坡面交线共有两条，是两侧斜坡面与圆锥面的交线，为非圆曲线，该曲线可由斜坡面与圆锥面上一系列同高程等高线的交点确定。

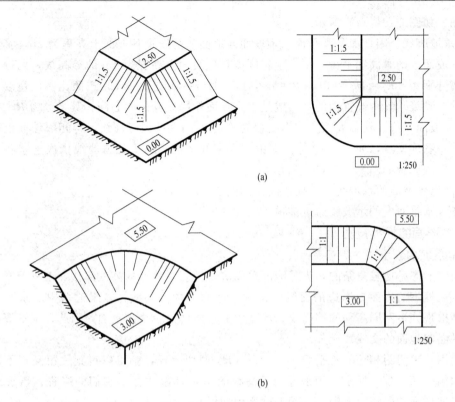

(a)

(b)

图 6-15 正圆锥面应用实例

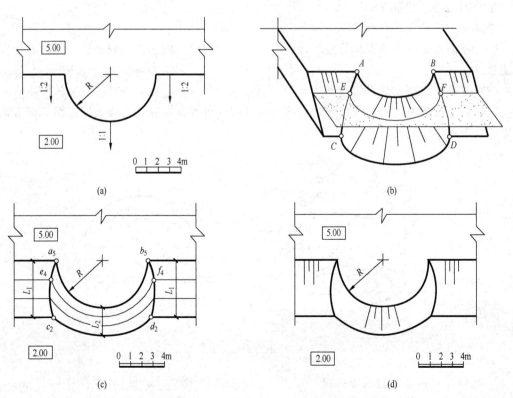

(a)

(b)

(c)

(d)

图 6-16 求作平台的标高投影

作图： 如图 6‑16（c）所示。

1）求坡脚线。因地面是水平面，各坡面与地面的交线是各坡面上高程为 2m 的等高线，且与同一坡面上的等高线平行。平台顶轮廓线是各坡面上高程为 5m 的等高线，两等高线的水平距离分别为：$L_1 = H/i = 3\text{m} \times 2 = 6\text{m}$，$L_2 = H/i = 3\text{m} \times 1 = 3\text{m}$，按照比例尺量取可作出各坡面的坡脚线。其中圆锥面的坡脚线是平台顶面轮廓线圆的同心圆，其半径为 $R + L_2$。

2）求坡面交线。在各坡面上作出高程为 3、4m 的一系列等高线，得相邻坡面上同高程等高线的一系列交点，如 e_4、f_4 等，即为坡面交线上的点，用光滑曲线依次连接各点，即得交线。作图原理如图 6‑16（b）所示。

3）画出各坡面的示坡线，完成作图，如图 6‑16（d）所示。

注意： 圆锥面上的示坡线通过锥顶。

6.2.2 地形面的标高投影

1. 地形面的表示法

地面的形态是比较复杂的，为了能简单而清楚地表达地形的高低起伏，工程上常用等高线来表示。池塘的水面与岸边的交线就是一条地面上的等高线，如果池塘中的水面不断下降，就会出现许多不同高程的等高线。池塘中的水面就是一个水平面，因此，地形等高线也就是水平面与地面的交线。

假想用一组间距相等的水平面 H_1、H_2、H_3 截切山丘，就可以得到一组高程不同的等高线，如图 6‑17（a）所示。画出这些等高线的水平投影并标明它们的高程，再加绘比例尺，即得地形面的标高投影图，工程上称之为地形平面图，简称地形图，如图 6‑17（b）所示。地形图是通过测量方法得到的。

地形图上的等高线有以下特性：

（1）等高线是各点高程相等的闭合曲线，如不在本幅图内闭合，则必在相邻的其他图幅内闭合。

（2）等高线只有在悬崖峭壁处才会相交或重合。

（3）高差相等时，等高线越密，地面坡度越陡；等高线越稀，地面坡度越缓。即等高线平距与地形坡度成反比。

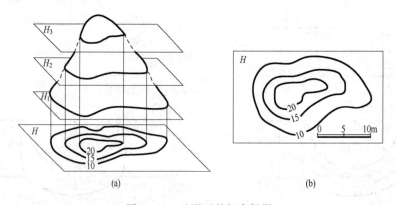

图 6‑17 地形面的标高投影

2. 几种常见典型地貌的等高线

了解和熟悉典型地貌的特征，将有助于识读地形图。

（1）山头和洼地。山头的等高线特征是里圈的高程大于外圈的高程，如图6-17（b）所示；洼地的等高线特征是里圈的高程小于外圈的高程。

（2）山脊和山谷。山脊是沿着一个方向延伸的条形脊状凸形地貌，山脊的最高棱线称为山脊线，降落在山脊线上的雨水向此线两侧分流，所以山脊线又称为分水线。山脊的等高线为一组凸向低处的曲线，如图6-18（a）所示。

山谷是沿着一个方向延伸的条状凹形地貌，贯穿山谷最低点的连线称为山谷线，降落在谷坡上的雨水顺着斜坡流下集合于山谷线，所以山谷线又称合水线或集水线。山谷的等高线为一组凸向高处的曲线，如图6-18（b）所示。

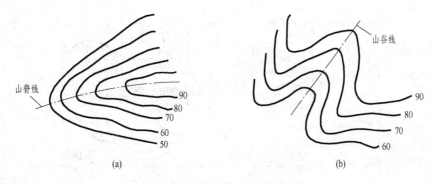

图6-18 山脊和山谷的等高线

（3）鞍部。鞍部是相邻两山头之间呈马鞍形的低凹部位，鞍部的等高线是由两组相对的山脊和山谷等高线组成，即在大的闭合曲线内套有两组小的闭合曲线，如图6-19（a）所示。

（4）陡崖。陡崖是坡度在70°以上的陡峭崖壁。其等高线特征是多条等高线会合重叠在一处，如图6-19（b）所示。

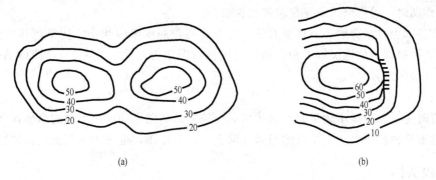

图6-19 鞍部和陡崖的等高线

在图6-20的地形平面图中可知，两处环状等高线高程数字由外向里逐渐增大，表明这两个地方是山头，两山头之间是鞍部。图中等高线较密集处地势较陡，等高线稀疏处地势平坦。地形图中等高线一般用细实线绘制，对于逢"0"、"5"的等高线可用粗实线绘制，称为计曲线，如图中高程为15和20的等高线。

3. 地形断面图及作法

用一铅垂面剖切地形面，剖切平面与地形面的截交线就是地形断面，画上相应的材料图例，即为地形断面图。断面图可形象地反映断面处地势的起伏变化。

【例 6-6】 已知地形图和铅垂截平面 $A—A$ 的位置，如图 6-20 所示，作出 $A—A$ 地形断面图。

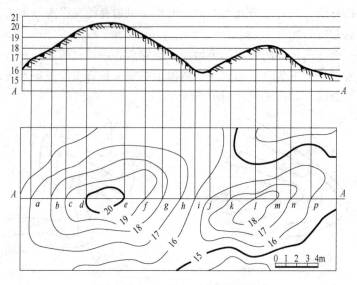

图 6-20　地形平面图和断面图

作图：

1) 建立以高程为纵坐标，以 $A—A$ 剖切面剖到的诸等高线的交点间的水平距离为横坐标的直角坐标系，如图 6-20 所示。

2) 按照比例尺在纵坐标轴上标注地形图上各等高线高程。

3) 将剖切线 $A—A$ 与各等高线的交点 a、b、c、…，保持其距离不变，量取到横坐标轴上。具体作图时，可借助纸条来量取各点位置。

4) 在横轴上自量得的各点作竖直线，与相应高程的水平线相交，徒手将各交点顺势连接成曲线，再根据地质情况画上相应的材料图例（图中为自然土壤图例），即得 $A—A$ 断面图，如图 6-20 所示。

注意：

1) 有时为了充分显示地形面的起伏情况，地形断面图允许采用不同的纵横比例。

2) 地形断面图布置在剖切线的铅垂方向上，便于作图，也可画在其他适当位置。

6.3　工程实例

由于建筑物的表面可能是平面或曲面，地面可能是水平面或不规则曲面，因此，它们的交线也不同，但求解交线的基本方法仍然是用辅助平面法求共有点。若交线为直线，只需求两个共有点相连即得；若交线为曲线，则需求一系列共有点，然后依次光滑连接即得。下面通过几个工程实例说明求交线的方法。

【例 6-7】 如图 6-21（a）所示，某军营在山坡上修筑一水平球场。已知球场的平面图及其高程为 35m，填方边坡为 1∶1.5，挖方边坡为 1∶1，完成球场的标高投影图。

分析： 首先确定填挖分界线。如图 6-21（b）所示，因为球场高程为 35m，所以地面上

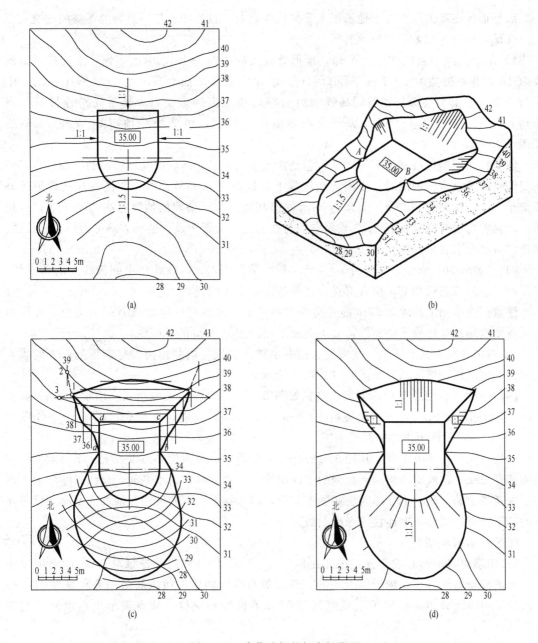

图 6-21 求作球场的标高投影图

高程为 35 的等高线就是挖方和填方的分界线，它与球场轮廓边线的交点 A、B 就是填、挖边界线的分界点。

挖方部分：地形面上比 35m 高的地方是挖方部分，其边坡为三个平面，挖方坡面的等高线为一组平行线。挖方部分有三段开挖线和两段坡面交线。

填方部分：地形面上比 35m 低的地方是填方部分，填方坡面包括半圆锥面和两个与它相切的平面，其等高线分别为同心圆弧和与同心圆弧相切的直线。填方部分只有坡脚线，无坡面交线。

取坡面等高线的高差等于地形图上等高线的高差，以便作出相同高程的等高线的交点。

作图：如图 6 - 21（c）所示。

1）求开挖线。由已知条件可知，地形等高线的高差为 1m，因此，作坡面交线时高差也取 1m，并根据边坡 1：1 得平距 l＝1m。以此作出各坡面上高程为 36、37……的一组平行等高线。由坡面等高线与同高程的地面等高线得出许多交点，徒手光滑连接这些点即得开挖线。至于坡面交线，因相交两坡面坡度相同，由球场的顶点 c、d 作 45°斜线即得。

注意：如何确定坡脚线上的 1 点？它是西侧和北侧相交两坡面及地形面的三面共点，三条交线都通过该点。画图时，作出西侧坡面上高程为 39m 的等高线，与同高程的地形等高线交于 2 点；作出北侧坡面上高程为 38m 的等高线，与同高程的地形等高线交于 3 点；把西、北侧坡脚线分别延长到 2、3 点，它们与坡面交线交于 1 点。这种方法称为延长交线法。同样的方法可求得另一侧交点。

2）求坡脚线。填方的坡度为 1：1.5，则平距 l＝1.5m，以此作出圆锥面上的等高线，与同高程地形等高线相交，得各交点。连接各点即得坡脚线。

注意：圆锥面上高程为 29m 的等高线与地形面上同高程的等高线有两个交点，连线时应顺着交线的趋势连成光滑曲线，且不应超出圆锥面上 28m 的等高线。

3）画出各坡面的示坡线。注意填、挖方示坡线有别，均须由高处指向低处，方向垂直于坡面上等高线，作图结果如图 6 - 21（d）所示。

【例 6 - 8】 在河道上修一土坝，位置如图 6 - 22（a）中坝轴线所示，坝顶宽 6m，高程 61m，上游边坡 1：2.5，下游边坡由 1：2 变为 1：2.5，马道高程为 52m，宽 4m，作图比例为 1：1000，试作土坝的标高投影图。

分析：土坝为填方工程。从图 6 - 22（b）可以看出，坝顶、马道以及上、下游坡面与地形面都有交线，这些交线均为不规则的平面曲线。坝顶、马道为水平面，交线是地形面上同高程等高线上的一段；上、下游坡面的坡脚线，需求得上、下游坡面与地形面上同高程等高线的若干交点后，再依次连接成光滑曲线。

作图：如图 6 - 22（c）所示。

1）作坝顶与地形面的交线。按照比例 1：1000 在坝轴线两侧各量取 3m，画出坝顶边线。坝顶高程为 61m，在地形面上 60m、62m 等高线之间用内插法加密一条高程为 61m 的等高线，用虚线画出，将坝顶边线画到与 61m 等高线相交处，从而确定出坝顶面的左右边线。

2）求上游坡面的坡脚线。在上游坡面上作与地形面相应的等高线，根据上游坡面坡度 1：2.5，知平距 l＝2.5，坡面等高线高差取 2m（与地形等高线高差一致），可得坡面等高线水平距离 L＝$H×l$＝2m×2.5＝5m，按比例即可作出与地形面相应的等高线 60、58、…、50，然后求出上游坡面与地面同高程等高线的交点，顺次连接各点得上游坡面的坡脚线。

3）求下游坡面的坡脚线。下游坡面坡脚线的做法与上游坡面坡脚线相同，只因下游为变坡度坡面，作等高线时不同的坡度要用不同的水平距离。马道以上按 1：2 坡度作坡面等高线，等高线间水平距离为 L＝2×2m＝4m。当作出坡面上 52m 等高线时，即得马道内边线，根据马道宽度按比例量取 4m，得马道外边线，马道边线画到与地形面上 52m 等高线相

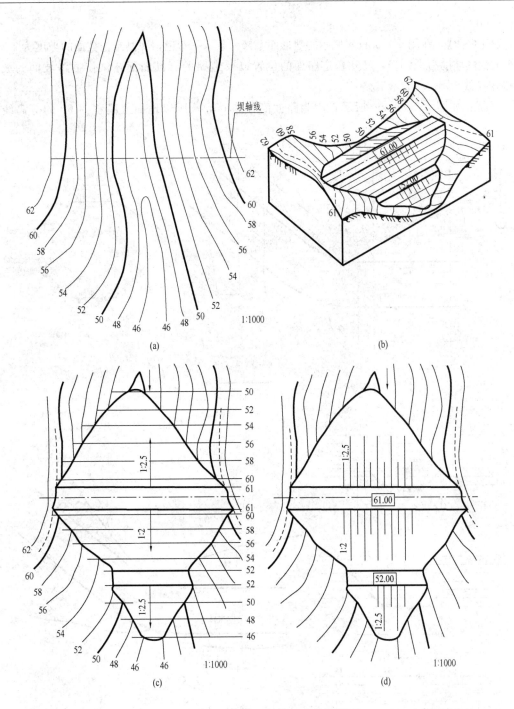

图 6-22　求作土坝的标高投影图

交处。然后再变坡度为 1 : 2.5 作坡面等高线，等高线间水平距离为 $L = 2 \times 2.5\text{m} = 5\text{m}$。依次连接下游坡面各等高线与地面同高程等高线的一系列交点，即得到下游坡面的坡脚线。注意：河道最低处应顺势连接。

4）画出上、下游坡面上的示坡线并标注坡度，注明坝顶、马道高程，作图结果如图

6 - 22（d）所示。

【例 6 - 9】 在图 6 - 23（a）所示的地形面上修一条水平弯道，两侧开挖坡面的坡度为 1∶1，填筑坡面的坡度为 1∶1.5，已知弯道路面的位置以及道路的标准断面，试作道路坡面的坡脚线和开挖线。

分析： 如图 6 - 23（a）所示，因为路面高程为 60m，所以地面上高程为 60 的等高线就

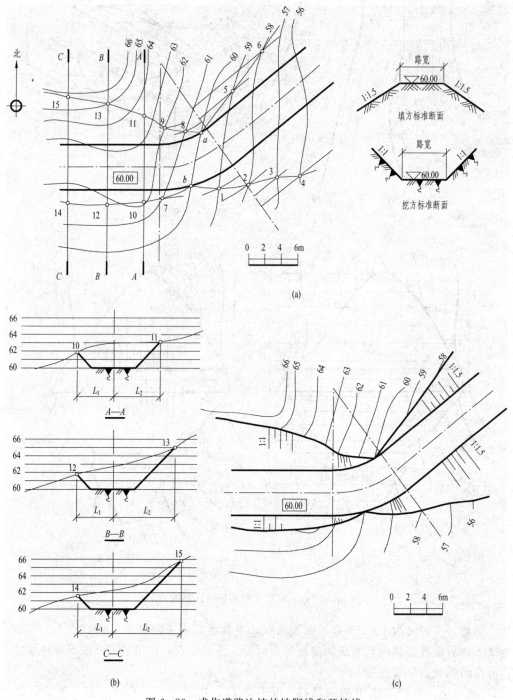

图 6 - 23　求作道路边坡的坡脚线和开挖线

是挖方和填方的分界线，它与道路轮廓边线的交点 a、b 就是填、挖边界线的分界点。

　　道路两侧的直线段边坡为平面，中间弯道段边坡为圆锥面，与两侧直线段边坡相切，无坡面交线，各坡面与地面的交线均为不规则曲线，坡脚线和开挖线仍可采用作坡面上等高线的方法求作。需要指出：本例中弯道以西一段道路边坡上的等高线与地面上的部分等高线接近平行，用上述方法不易求出交点，可用地形断面法求作开挖线。

　　作图：

　　1）求坡脚线。填方的坡度为 1：1.5，等高线的平距 $l = 1.5\mathrm{m}$，以此作出各坡面上的等高线，与同高程地形等高线相交，得 1、2、…、6 各交点，连接各点即得坡脚线，如图 6-23（a）所示。

　　2）求开挖线。挖方的坡度为 1：1，等高线的平距 $l = 1\mathrm{m}$。圆锥面部分的开挖线可用作坡面等高线的方法直接求得，如图 6-23（a）中求出了开挖线上的 7、8、9 点。平面部分的开挖线用地形断面法来求，此法是在道路上每隔一定距离作一个与道路中心线垂直的铅垂面，如图 6-23（a）中所示断面 $A-A$、$B-B$、$C-C$。按照例 6-6 的方法作出 $A-A$、$B-B$、$C-C$ 三个地形断面图，如图 6-23（b）所示，在图样的适当位置用与地形图相同的比例作一组与地面等高线对应的等高线 60、61、62、…、66，定出道路中心线，以此为基线画出地形断面图；并按挖方标准断面画出道路和边坡的断面图，二者的交点即为开挖线上的点，将交点到中心线的距离 L_1、L_2 量取到地形平面图中断面位置线上，即得开挖线上各点的标高投影，如图 6-23（a）中所示的 10、11、…、15 等各点，连点即得开挖线。

　　3）画出各坡面的示坡线，结果如图 6-23（c）所示。

　　本例也可全部采用地形断面法求作，读者可自行分析。地形断面法作图在工程中应用较广，一则作图原理简单、直观；二则通过已作出的断面可确定断面的面积，根据相邻两断面的间距，可计算出开挖或填筑的体积，即土方工程量。但地形断面法作图较繁，若断面图数量不多，则作图所得的坡面交线不很准确。

思 考 题

　　6.1　简述标高投影的概念。

　　6.2　直线、平面标高投影的表示方法各有几种？

　　6.3　如何确定直线上的整数标高点？

　　6.4　平面上求画等高线的方法有几种？

　　6.5　简述平面、圆锥面及地形面上等高线的形状和特性。

　　6.6　平面上示坡线的画法要求是什么？圆锥面上示坡线如何画？

　　6.7　建筑物上相邻两坡面交线上的点是如何得到的？

　　6.8　简述地形断面图的画法要点。

　　6.9　简述用地形断面法求交线上点的步骤。

　　6.10　为什么要学标高投影？举例说明。

第7章 制图的基本知识和技能

工程图样作为工程技术界的语言，必须有统一的标准和规定，对图样的内容、格式和表达方法作出统一要求，以保证图样画法一致，内容明确。每个工程技术人员都要掌握绘制工程图样的基本知识和基本技能。本章主要介绍常用绘图工具和仪器的使用方法、国家制图标准的基本规定以及平面图形的画法等内容。

7.1 绘图工具和仪器的使用方法

掌握绘图工具和仪器的正确使用方法，是提高绘图质量，加快绘图速度的前提。

7.1.1 手工仪器绘图

1. 图板

图板用来铺放和固定图纸，要求板面平整，板边平直。图板的左侧边作为丁字尺上下移动的导边，如图 7-1 所示。图板有几种规格，如 0 号（900mm×1200mm）、1 号（600mm×900mm）、2 号（450mm×600mm）等，可根据需要选用。

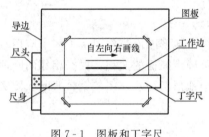

图 7-1 图板和丁字尺

2. 丁字尺

丁字尺由尺头和尺身组成，尺身上有刻度一侧为工作边，如图 7-1 所示，丁字尺用于画水平线。画线时，左手握住尺头，使它紧靠图板的左侧导边，右手扶住尺身，然后上下推动丁字尺，自左向右沿工作边画水平线，如图 7-1 所示。注意尺头不能靠在图板的其他边缘画线。

3. 三角板

三角板用于画竖直线和倾斜线。三角板与丁字尺配合使用，由下向上画竖直线，如图 7-2（a）所示。三角板与丁字尺配合使用，可画与水平线成 30°、60° 和 45° 的倾斜线；两块三角板与丁字尺配合还可画出与水平线成 15° 和 75° 的倾斜线，如图 7-2（b）所示。

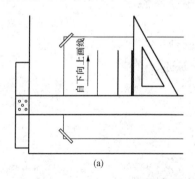

(a)

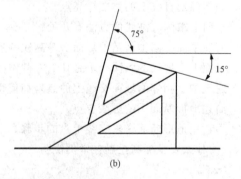

(b)

图 7-2 三角板和丁字尺配合画线

（a）画竖直线；（b）画与水平线成 15°、75° 的倾斜线

4. 绘图铅笔

绘图铅笔按铅芯的软硬程度分类，"H"表示硬，"B"表示软。"H"或"B"前面的数字越大表示铅芯越硬或越软，HB 表示软硬适中。削铅笔时要保留有硬度符号的一端，以便于识别。画不同粗细的图线时，铅芯磨削的形状也应不同，写字或打底稿用锥状铅芯，如图7-3（a）所示；加深粗线时宜用楔状铅芯，如图 7-3（b）所示。

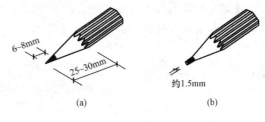

图 7-3　铅笔的用法

（a）锥状铅芯；（b）楔状铅芯

5. 圆规

圆规是用来画圆和圆弧的工具。圆规有两条腿，一条腿装有带台肩的钢针，用来固定圆心，另一条腿上可按需要换装铅芯插脚、墨线插脚或钢针插脚。画圆时，铅芯应磨削成 65°的斜面，并使斜面向外，当钢针插入图板后，钢针的台肩应与铅芯尖平齐，如图 7-4（a）所示。一般情况下，沿顺时针方向画圆。画大圆时，应使圆规两条腿都与纸面垂直，如图 7-4（b）所示。

6. 分规

分规的形状像圆规，但两腿都为钢针。分规是用来截取线段、量取长度或等分线段的工具。分规等分线段时多采用试分法。图 7-5 所示为用试分法三等分线段 AB，先凭目测大致使分规两针尖的距离接近 $AB/3$，在线段上从 A 点开始试分，若第三等分点恰好是终点 B，则试分完成；若第三等分点落在线段以内，则调整两针尖距离，目测增加 $3B$ 的 1/3，重新试分；若第三等分点落在线段以外，则调整两针尖距离，目测减小 $3B$ 的 1/3，重新试分。这样反复进行，直至恰好为止。

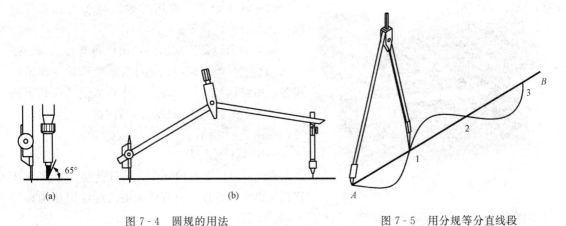

图 7-4　圆规的用法

（a）台肩与铅芯尖平齐；（b）画大圆的方法

图 7-5　用分规等分直线段

7. 曲线板

曲线板是用于画非圆弧曲线的工具。它的使用方法如图 7-6 所示：先定出曲线上足够数量的点，用铅笔徒手轻轻连成曲线，如图 7-6（a）所示；然后在曲线板上选择形状相同的"曲线"，分成几段把曲线画出，如图 7-6（b）～（d）所示。

注意：在曲线板上选取相吻合的曲线段，至少要通过曲线上三至四个点，为使整段曲线光滑连接，前后两段应有一部分重合。

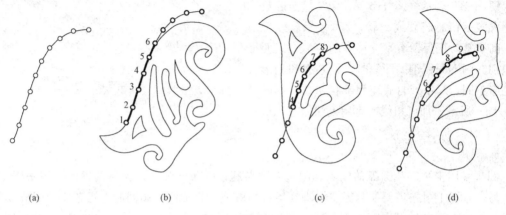

(a)	(b)	(c)	(d)

图7-6　曲线板及其使用方法

8. 制图模板

制图模板是一种量画结合的工具，其上刻有各种不同形状的孔洞和比例。利用模板可直接画出各种常用图例和符号，提高绘图的质量和速度。模板种类很多，可适应绘制不同专业工程图的需要。

除上述工具外，绘图时还需备有刀片、橡皮、擦图片、胶带纸、砂纸等工具和用品。

7.1.2　计算机绘图

1. 计算机绘图的硬件设备

（1）计算机主机。

图7-7　平台式绘图仪

（2）输入设备。常用的输入设备有键盘、鼠标、光笔、扫描仪等。

（3）输出设备。常用的输出设备有显示器、打印机和绘图仪等。绘图仪是计算机绘图的主要输出设备，按结构和工作原理分为平台式绘图仪和滚筒式绘图仪，平台式绘图仪绘图精度高，应用比较广泛，如图7-7所示。

2. 计算机绘图软件

AutoCAD、Solid Edge等是目前使用较多的计算机辅助设计软件，具有强大的二维绘图功能和三维实体造型功能，广泛应用于建筑、机械等领域。

7.2　建筑制图标准的基本规定

工程图样是工程界的共同语言，是指导工程施工、生产、管理等环节重要的技术文件。为使工程图样规格统一，便于生产和技术交流，要求绘制图样必须遵守统一的规定，即制图标准。在我国由国家职能部门制定、颁布的制图标准，是国家标准，简称"国标"，代号为GB。国家标准是在全国范围内使图样标准化、规范化的统一准则，有关技术人员都要遵守。制图标准的规定不是一成不变的，随着科学技术的发展和生产工艺的进化，制图标准要不断进行修改和补充。

由国家住房和城乡建设部发布，自 2011 年 3 月 1 日起实施的最新建筑制图标准共六册，分别是：《房屋建筑制图统一标准》（GB/T 50001—2010）、《总图制图标准》（GB/T 50103—2010）、《建筑制图标准》（GB/T 50104—2010）、《建筑结构制图标准》（GB/T 50105—2010）、《建筑给水排水制图标准》（GB/T 50106—2010）、《暖通空调制图标准》（GB/T 50114—2010）。其中，《房屋建筑制图统一标准》（GB/T 50001—2010）是房屋建筑制图的基本规定，适用于总图、建筑、结构、给水排水、暖通空调、电气等各专业制图。

本节主要介绍《房屋建筑制图统一标准》（GB/T 50001—2010）中的部分内容。

7.2.1 图纸幅面与格式

1. 图纸幅面

图纸幅面是指图纸宽度与长度组成的图面。为了合理使用并便于图纸管理装订，图纸幅面尺寸应符合表 7-1 的规定。必要时，图纸幅面的长边尺寸可按规定加长，短边尺寸不应加长，具体尺寸可查阅 GB/T 50001—2010。

表 7-1 图纸幅面及图框尺寸 （单位：mm）

幅面代号	A0	A1	A2	A3	A4
$b \times l$	841×1189	594×841	420×594	297×420	210×297
c		10		5	
a		25			

图纸以短边为垂直边称为横式，以短边作为水平边称为立式。一般 A0～A3 图纸宜横式使用，必要时也可立式使用。一个工程设计中，每个专业所使用的图纸，不宜多于两种幅面，不包含目录及表格所采用的 A4 幅面。

2. 图框和标题栏

图框是指图纸上绘图范围的界线。在图纸上必须用粗实线画出图框，并在图纸一侧留出装订边线，图框尺寸应符合表 7-1 的规定。图 7-8（a）、（b）所示为横式使用图纸留有装订边的图框格式，图 7-8（c）、（d）所示为立式使用图纸留有装订边的图框格式。

在每张正式的工程图纸上都有工程名称、图名、图纸编号、设计单位、设计、审核、制图的签字等栏目，把它们集中列成表格形式，就是图纸的标题栏，简称图标。根据工程需要选择确定其尺寸、格式及分区。看图的方向应与看标题栏的方向一致。标题栏的位置如图 7-8 所示，其格式及内容如图 7-9 所示。

本课程的作业和练习都不是生产用的图纸，学习阶段建议采用如图 7-10 所示的标题栏。标题栏外框线为中粗线，分格线为细实线。

7.2.2 图线

图线对工程图是很重要的，它不仅确定了图形的轮廓，还表示一定的含义。因此需要有统一规定。

1. 图线宽度

GB/T 50001—2010 中规定，图线宽度 b 宜从下列线宽系列中选取：0.13、0.18、0.25、0.35、0.5、0.7、1.0、1.4mm。

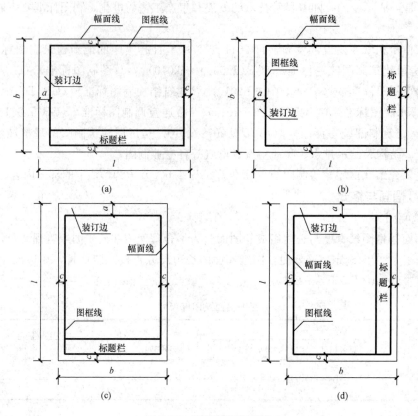

图 7 - 8　图纸幅面和格式

（a）A0～A3 横式幅面（一）；（b）A0～A3 横式幅面（二）；（c）A0～A4 立式幅面（一）；

（d）A0～A4 立式幅面（二）

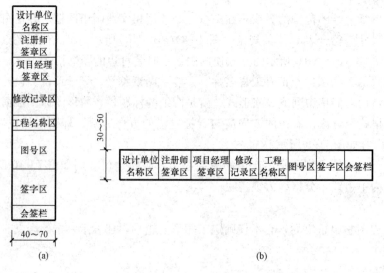

图 7 - 9　标题栏

（a）标题栏（一）；（b）标题栏（二）

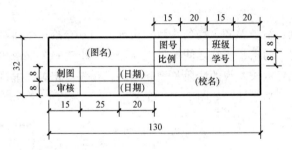

图 7 - 10 课程作业采用的标题栏

每个图样，应按图形复杂程度和比例大小，先选定基本线宽 b，即粗线宽度，再选用表 7 - 2 中相应的线宽组。同一张图纸内，相同比例的各图样，应选用相同的线宽组。

表 7 - 2 　　　　　　　　　　　　　　线 宽 组 　　　　　　　　　　（单位：mm）

线宽比	线 宽 组			
b	1.4	1.0	0.7	0.5
$0.7b$	1.0	0.7	0.5	0.35
$0.5b$	0.7	0.5	0.35	0.25
$0.25b$	0.35	0.25	0.18	0.13

2. 图线线型

GB/T 50001—2010 中规定，建筑工程制图中的各类图线的线型、线宽和用途见表 7 - 3。

表 7 - 3 　　　　　　　　　　　　建 筑 工 程 常 用 图 线

名称		线 型	线宽	用 途
实 线	粗		b	主要可见轮廓线
	中粗		$0.7b$	可见轮廓线
	中		$0.5b$	可见轮廓线、尺寸线、变更云线
	细		$0.25b$	图例填充线、家具线
虚 线	粗		b	见各有关专业制图标准
	中粗		$0.7b$	不可见轮廓线
	中		$0.5b$	不可见轮廓线、图例线
	细		$0.25b$	图例填充线、家具线
单点长画线	粗		b	见各有关专业制图标准
	中		$0.5b$	见各有关专业制图标准
	细		$0.25b$	中心线、对称线、轴线等
双点长画线	粗		b	见各有关专业制图标准
	中		$0.5b$	见各有关专业制图标准
	细		$0.25b$	假想轮廓线、成型前原始轮廓线
折断线			$0.25b$	断开界线
波浪线			$0.25b$	断开界线

3. 图线的画法

图面上线条应做到：清晰整齐、均匀一致、粗细分明、交接正确。画线时需注意：

(1) 除非另有规定，两条平行线之间的最小间隙不得小于 0.7mm。

(2) 虚线、单（双）点长画线的线段长度和间隔，宜各自相等。虚线、单（双）点长画线相交时，应恰当地相交于画线处，如图 7-11 所示。

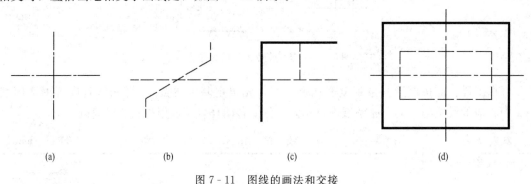

图 7-11　图线的画法和交接

7.2.3　字体

GB/T 50001—2010 中规定了图样中汉字、字母和数字的结构形式及基本尺寸。规定书写字体必须做到：字体端正、笔画清晰、间隔均匀、排列整齐。字体高度 h 的取值系列为：3.5、5、7、10、14、20mm，可按需选用。

1. 汉字

汉字宜采用长仿宋体或黑体，并应采用符合国家有关汉字简化方案规定的简化字。长仿宋体汉字的宽度一般为 $h/\sqrt{2}$，黑体字的宽度与高度应相同。字高大于 10mm 的文字宜采用 Truetype 字体，即全真字体。

2. 数字和字母

图样及说明中的数字和字母，宜采用单线简体或 ROMAN 字体。数字和字母可写成直体和斜体，当需写成斜体字时，其斜度应是从字的底线逆时针向上倾斜 75°。数字和字母的字高不应小于 2.5mm。

长仿宋体汉字、数字和字母字例如图 7-12 所示。

7.2.4　比例

比例为图中图形与实物相对应要素的线性尺寸之比。

比值为 1 的比例，即 1:1，称为原值比例；比值大于 1 的比例，如 2:1 等，称为放大比例；比值小于 1 的比例，如 1:2 等，称为缩小比例。

建筑工程图中，建筑物往往用缩小的比例绘制在图纸上。绘图比例应根据图样的用途与被绘对象的复杂程度从表 7-4 中选用，并应优先选用表中的常用比例。

表 7-4　　　　　　　　　　　　　　比　　　例

常用比例	1:1、1:2、1:5、1:10、1:20、1:30、1:50、1:100、1:150、1:200、1:500、1:1000、1:2000
可用比例	1:3、1:4、1:6、1:15、1:25、1:40、1:60、1:80、1:250、1:300、1:400、1:600、1:5000、1:10000、1:20000、1:50000、1:100000

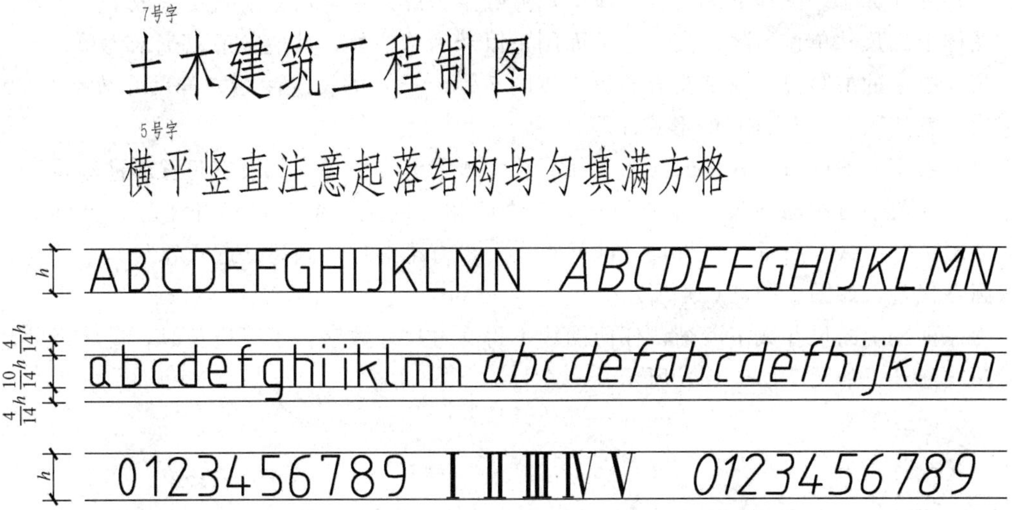

7号字

土木建筑工程制图

5号字

横平竖直注意起落结构均匀填满方格

ABCDEFGHIJKLMN *ABCDEFGHIJKLMN*

abcdefghijklmn *abcdefabcdefhijklmn*

0123456789 ⅠⅡⅢⅣⅤ *0123456789*

图 7 - 12   长仿宋体汉字、数字和字母字例

比例宜注写在图名的右侧，字的基准线应取平齐，比例的字高宜比图名字高小一号或二号，如图 7 - 13 所示。

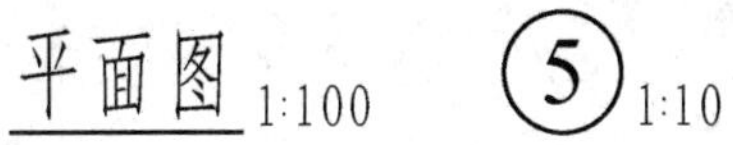

平面图 1:100   ⑤ 1:10

图 7 - 13   比例的注写

7.2.5   尺寸标注

工程图样上必须标注尺寸。

1. 尺寸的组成

一个完整的尺寸应包括尺寸界线、尺寸线、尺寸起止符号和尺寸数字，如图 7 - 14（a）所示。

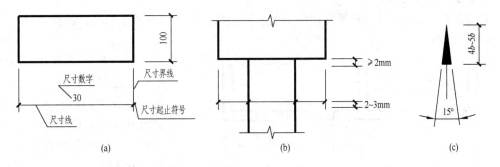

图 7 - 14   尺寸的组成

（1）尺寸界线。尺寸界线应用细实线绘制，一般应与被注长度垂直，其一端应离开图样轮廓线不小于 2mm，另一端宜超出尺寸线 2～3mm。图样轮廓线可用作尺寸界线，如图 7 - 14（b）所示。

（2）尺寸线。尺寸线应用细实线绘制，应与被注长度平行。图样本身的任何图线均不得用作尺寸线。

（3）尺寸起止符号。尺寸起止符号一般用中粗斜短线绘制，其倾斜方向应与尺寸界线成顺时针 45°，长度宜为 2～3mm。半径、直径、角度与弧长的尺寸起止符号，宜用箭头表示，尺寸箭头的画法如图 7 - 14（c）所示。

（4）尺寸数字。图样上的尺寸，应以尺寸数字为准，不得从图上直接量取。

图样上的尺寸单位，除标高及总平面图是以米为单位外，其他一般以毫米为单位。

尺寸数字的书写位置及字头方向，应按图 7 - 15（a）的规定注写。若尺寸数字在 30°斜线区内，宜按图 7 - 15（b）的形式注写。

尺寸数字一般应依据其方向注写在靠近尺寸线的上方中部。如没有足够的注写位置，最外边的尺寸数字可注写在尺寸界线的外侧，中间相邻的尺寸数字可错开注写，也可引出注写，如图 7 - 15（c）所示。如果尺寸区间很小，没有足够位置画尺寸起止符号，必要时，可以黑圆点代替，如图 7 - 15（c）所示。

为保证图上的尺寸数字清晰，任何图线不得穿过尺寸数字，不可避免时，应将尺寸数字处的图线断开，如图 7 - 15（a）所示。

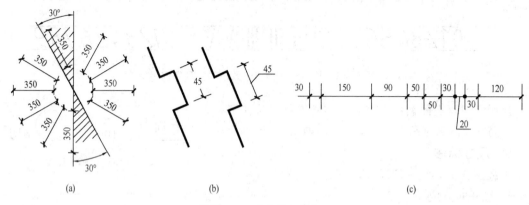

图 7 - 15　尺寸数字的标注

2. 尺寸的排列与布置

（1）尺寸宜标注在图样轮廓线以外，不宜与图线、文字及符号等相交。必要时可标注在图样轮廓线以内。

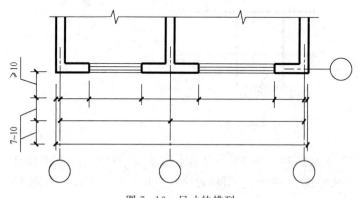

图 7 - 16　尺寸的排列

（2）互相平行的尺寸线，应从被注写的图样轮廓线由近向远整齐排列，较小尺寸应离轮廓线较近，较大尺寸应离轮廓线较远。距轮廓线最近的尺寸，其距离不宜小于 10mm。平行排列的尺寸线的间距宜为 7～10mm，并应保持一致，如图 7 - 16 所示。

总尺寸的尺寸界线应靠近所指部位，中间分尺寸的尺寸界线可稍短，但其长度应相等，如图 7 - 16 所示。

3. 半径、直径、角度、坡度的尺寸标注

（1）半径。半径的尺寸线应一端从圆心开始，另一端画箭头指向圆弧。半径数字前应加注半径符号"R"，如图 7 - 17（a）所示。较小圆弧的半径，可按图 7 - 17（b）形式标注。较大圆弧的半径，可按图 7 - 17（c）形式标注。

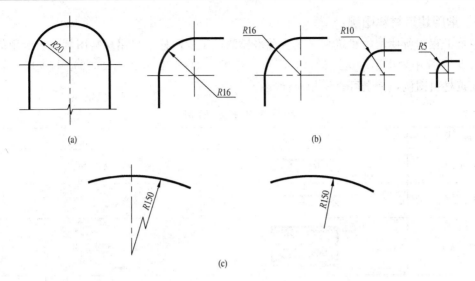

图 7 - 17　半径的标注方法

（2）直径。直径的尺寸线应通过圆心，两端画箭头指至圆弧，直径数字前应加直径符号"ϕ"，如图 7 - 18（a）所示。较小圆的直径尺寸可按图 7 - 18（b）的形式标注。

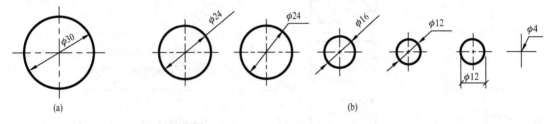

图 7 - 18　直径的标注方法

（3）角度。角度的尺寸线应以圆弧表示。该圆弧的圆心应是该角的顶点，角的两条边为尺寸界线。起止符号应以箭头表示，如没有足够位置画箭头，可用黑圆点代替，角度数字应按水平方向注写，如图 7 - 19 所示。

（4）坡度。标注坡度时，在坡度数字的下面加画单面箭头以指示下坡方向。坡度数字可写成百分数形式，如图 7 - 20（a）所示；也可写成比例形式，如图 7 - 20（b）所示；坡度还可用直角三角形的形式标注，如图 7 - 20（c）所示。

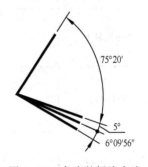

图 7 - 19　角度的标注方法

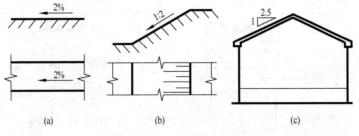

图 7 - 20　坡度的标注方法

7.2.6 常用建筑材料图例

建筑工程中所使用的建筑材料是多种多样的，工程图样中采用材料图例表示所用的建筑材料。表7-5中列出了《房屋建筑制图统一标准》（GB/T 50001—2010）中所规定的部分常用建筑材料图例，其余可查阅相应标准。

表7-5　　　　　　　　　　　　　常用建筑材料图例

材料名称	图例	说明
自然土壤		包括各种自然土壤
夯实土壤		
砂、灰土		靠近轮廓线绘制较密的点
石材	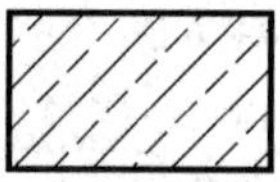	
毛石	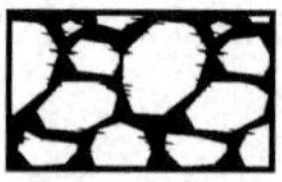	
普通砖	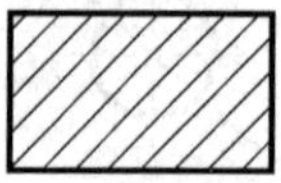	包括实心砖、多孔砖、砌块等砌体。断面较窄，不易画出图例线时，可涂红
混凝土		1. 本图例指能承重的混凝土及钢筋混凝土 2. 包括各种强度等级、骨料、添加剂的混凝土 3. 在剖面图上画出钢筋时，不画图例线 4. 断面图形小，不易画出图例线时，可涂黑
钢筋混凝土	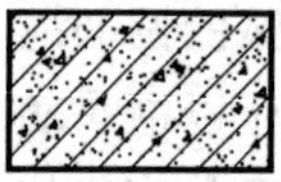	
多孔材料	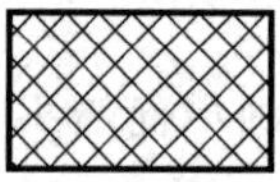	包括水泥珍珠岩、沥青珍珠岩、泡沫混凝土、非承重加气混凝土、软木、蛭石制品等
泡沫塑料材料	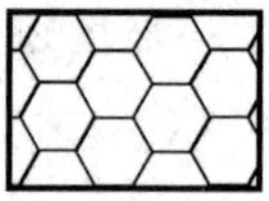	包括聚苯乙烯、聚乙烯、聚氨酯等多孔聚合物类材料
木材	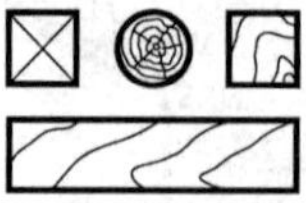	1. 上图为横断面，上左图为垫木、木砖或木龙骨 2. 下图为纵断面
金属	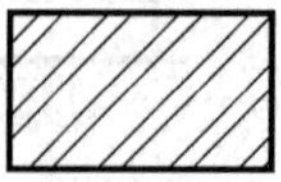	1. 包括各种金属 2. 图形小时，可涂黑

使用时应注意下列事项：

（1）图例中的斜线一律画成与水平成 45°的细线。图例线应间隔均匀，疏密适度。

（2）当选用标准中未包括的建筑材料时，可自编图例，需在适当位置画出该材料图例，并加以说明。

7.3　平面图形画法

7.3.1　几何作图

工程图样是由几何图形组合而成的。因而在绘图时，经常用到一些几何作图的方法。几何作图是根据已知条件按几何原理及作图方法，利用绘图工具和仪器准确地画出图形。以下介绍一些常用几何作图的方法和步骤。

1. 作正多边形

正多边形常用等分其外接圆圆周的方法作图。正三角形、正方形、正六边形可利用三角板配合丁字尺直接作出，请读者自行思考。

（1）作正五边形。作图步骤如下：

1）作外接圆 O，如图 7-21（a）所示。

2）作半径 OF 的中点 M，以 M 为圆心，AM 为半径作圆弧，交直径于 N，如图 7-21（b）所示。

3）以 A 为起点，以 AN 的长度将圆周五等分，顺次连接各等分点 A、B、C、D、E，即得正五边形，如图 7-21（c）所示。

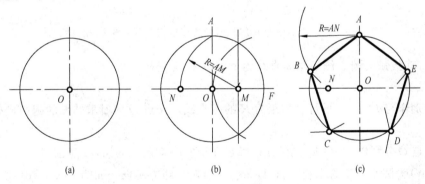

（a）　　　　　　　　　（b）　　　　　　　　　（c）

图 7-21　作正五边形

（2）作任意边数的正多边形。以正七边形为例，介绍一种作任意正多边形的近似画法，其作图步骤如下：

1）作外接圆 O，如图 7-22（a）所示。

2）将铅垂直径 AK 七等分，标记各等分点依次为 1、2、3、4、5、6；以 K 为圆心，KA 为半径作圆弧，交水平直径于 M、N 点，如图 7-22（b）所示。

3）分别由点 M、N 向偶数点 2、4、6 点（或奇数点 1、3、5 点）连线，延长后与圆周交得 G、F、E、D、C、B 点，$ABCDEFG$ 即为内接正七边形，如图 7-22（c）所示。

2. 圆弧连接

在画平面图形时，常遇到圆弧连接的作图问题，即用已知半径的圆弧光滑连接已知的直线或圆弧。这段已知半径的圆弧称为连接弧。为了确保光滑相切，作图时，必须先求出连接

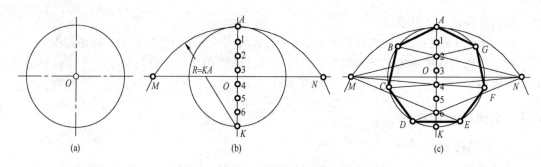

图 7 - 22 作正七边形

弧的圆心和切点的位置。

（1）圆弧连接两相交直线。用半径为 R 的圆弧光滑连接两相交直线 L_1 和 L_2，如图 7 - 23（a）所示。

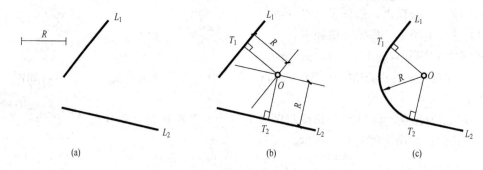

图 7 - 23 用半径为 R 的圆弧光滑连接相交两直线 L_1 和 L_2

分析：连接弧的圆心位于距离直线为 R 的平行线上。

作图：

1）分别作与 L_1、L_2 平行且相距为 R 的两直线，交点 O 即所求圆弧的圆心，如图 7 - 23（b）所示。

2）过点 O 分别作 L_1 和 L_2 的垂线，垂足 T_1 和 T_2 即所求的切点，如图 7 - 23（b）所示。

3）以 O 为圆心，R 为半径，自 T_1 至 T_2 画弧，即为所求，如图 7 - 23（c）所示。

（2）作圆弧与两已知圆弧外切。用半径为 R 的圆弧光滑连接两已知圆弧，使它们同时外切，如图 7 - 24（a）所示。

分析：圆弧和圆弧外切时，圆心距为两圆弧半径之和；内切时，圆心距为两圆弧半径之差。

作图：

1）以 O_1 为圆心，$R+R_1$ 为半径作弧，以 O_2 为圆心，$R+R_2$ 为半径作弧，两弧相交于点 O，如图 7 - 24（b）所示。

2）分别连接 O、O_1 和 O、O_2，与圆弧交得切点 T_1 和 T_2，如图 7 - 24（c）所示。

3）以 O 为圆心，R 为半径，自 T_1 至 T_2 画弧，即为所求，如图 7 - 24（c）所示。

（3）作圆弧与两已知圆弧内切。用半径为 R 的圆弧光滑连接两已知圆弧，使它们同时内切，如图 7 - 25（a）所示。

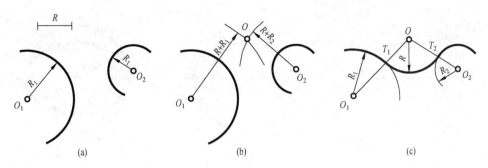

图 7 - 24 作半径为 R 的圆弧与两已知圆弧外切

作图：

1）以 O_1 为圆心，$R-R_1$ 为半径作圆弧，以 O_2 为圆心，$R-R_2$ 为半径作圆弧，两弧相交于点 O，如图 7 - 25（b）所示。

2）分别连接 O、O_1 和 O、O_2，延长后与圆弧交得切点 T_1 和 T_2，如图 7 - 25（c）所示。

3）以 O 为圆心，R 为半径，自 T_1 至 T_2 画弧，即为所求，如图 7 - 25（c）所示。

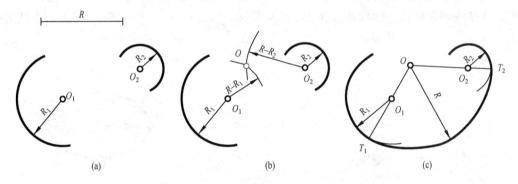

图 7 - 25 作半径为 R 的圆弧与两已知圆弧内切

用已知半径的圆弧连接一直线和一圆弧的情况，请读者自行分析。

3. 椭圆画法

非圆曲线中，椭圆应用较为广泛。椭圆的画法很多，下面介绍已知椭圆长短轴作椭圆的两种常用方法：同心圆法和四心圆法。

（1）同心圆法。

作图：

1）以 O 为圆心，分别以长轴 AB、短轴 CD 为直径，作两个同心圆，如图 7 - 26（a）所示。

2）分圆为若干等分（如 12 等分），与两圆周分别交得若干点；过大圆上的等分点作短轴 CD 的平行线，过小圆上对应的等分点作长轴 AB 的平行线，两线相交即得椭圆上的点 1、2、…、8，如图 7 - 26（b）所示。

3）曲线板顺次光滑连接，即得椭圆，如图 7 - 26（c）所示。

（2）四心圆法。

作图：

1）作 $OE=OA$，连接长短轴的端点 AC，并在其上截取 $CF=CE$，如图 7 - 27（a）所示。

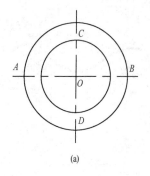 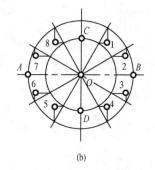 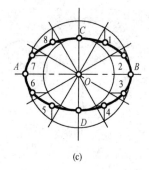

(a)   (b)   (c)

图 7 - 26   同心圆法画椭圆

2）作 AF 的垂直平分线，交 OA 于 O_1 点，交 OD 于 O_2 点，再取对称点 O_3、O_4，此即为四段圆弧的圆心，如图 7 - 27（b）所示。

3）连接 O_1O_2、O_3O_2、O_1O_4、O_3O_4 并延长，四段圆弧的连接点即在该四条连心线上，如图 7 - 27（c）所示。

4）分别以 O_1、O_3 为圆心，以 O_1A、O_3B 为半径画弧；再分别以 O_2、O_4 为圆心，以 O_2C、O_4D 为半径画弧，四段圆弧在连心线处相接，成为以 T_1、T_2、T_3、T_4 为切点的近似椭圆，如图 7 - 27（c）所示。

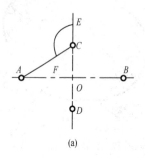 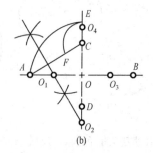 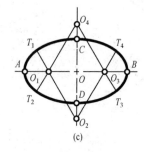

(a)   (b)   (c)

图 7 - 27   四心圆法画椭圆

7.3.2 平面图形分析与画法

平面图形由若干段线段组成，线段的形状和大小由给定的尺寸确定。构成平面图形的各线段中，有些线段的尺寸是已知的，可直接画出，有些线段的尺寸未直接给出，需用几何作图的方法才能画出。因此，画图前，必须对平面图形的尺寸和线段进行分析，以确定线段的绘制顺序。

1. 平面图形的尺寸分析

根据尺寸在平面图形中所起的作用不同，分为定形尺寸和定位尺寸两类。

（1）尺寸基准。标注尺寸首先确定尺寸基准。在图 7 - 28 中，长度方向的尺寸基准为 $\phi20$ 左端面，高度方向的尺寸基准为水平中心线。

（2）定形尺寸。定形尺寸是用来确定图形中几何元素大小的尺寸。如线段的长度，圆及圆弧的半径、直径等尺寸，见图 7 - 28 中的尺寸 $\phi20$、$\phi12$、14、8、$R8$、$R30$、$R50$ 等。

（3）定位尺寸。定位尺寸是用来确定图形中几何元素之间相对位置的尺寸。对于平面图形应有水平、竖直两个方向的定位尺寸，见图 7 - 28 中的尺寸 80，是确定 $R8$ 圆弧左右位置

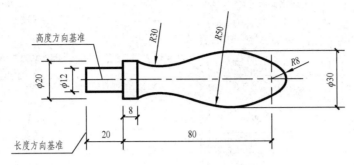

图 7 - 28 平面图形的尺寸和线段分析

的定位尺寸。

2. 平面图形的线段分析

平面图形中的线段按所给尺寸的齐全与否分为已知线段、中间线段和连接线段三种：

(1) 已知线段：定形尺寸和定位尺寸齐全，根据所注尺寸可直接绘制的线段。图 7 - 28 中左边两个矩形及 $R8$ 圆弧均为已知线段。

(2) 中间线段：具有定形尺寸和一个方向的定位尺寸，缺少另一个方向的定位尺寸，需依靠相切或相接的条件才能画出的线段。图 7 - 28 中的 $R50$ 圆弧，其圆心在与水平中心线相距 35（即 $50-15=35$）的水平线上，但缺少圆心水平方向的定位尺寸，故为中间线段。

(3) 连接线段：只有定形尺寸没有定位尺寸，需根据两端相切或相接的条件才能画出的线段，如图 7 - 28 中的 $R30$ 圆弧。

3. 平面图形的画法

由以上分析可知，平面图形的作图顺序一般为：先画基准线和已知线段，再画中间线段，最后画连接线段。具体画图步骤如下：

(1) 画基准线和已知线段，如图 7 - 29 (a) 所示。

(2) 画中间线段 $R50$ 圆弧，它与 $R8$ 圆弧内切，如图 7 - 29 (b) 所示。

(3) 画连接线段 $R30$ 圆弧，它与 $R50$ 圆弧外切并通过矩形的顶点，如图 7 - 29 (c) 所示。

(4) 检查描深，标注尺寸，如图 7 - 28 所示。

7.4 仪器绘图的方法和步骤

手工仪器绘制工程图样，除了正确使用绘图工具和仪器外，还要掌握正确的绘图方法和步骤。

1. 固定图纸，画图框和标题栏

准备好绘图工具和仪器。将图纸放于图板的左下方，图纸的水平边与丁字尺的工作边平行，图纸底边与图板底边间的距离大于丁字尺尺身的宽度，用胶带纸固定好图纸四角。然后画上图框及标题栏。

2. 画底稿

根据选用的绘图比例来估计图形及注写尺寸需占用的面积，安排好图面。一般用 H 或 2H 的铅笔画底稿。底稿中的图线要轻、要细。画图的一般顺序是：先画基准线，然后画主要轮廓线、细部图形线，最后画尺寸界线、尺寸线。图中的尺寸数字和说明在画底稿时可以不注写，待以后铅笔加深或上墨时直接注写。

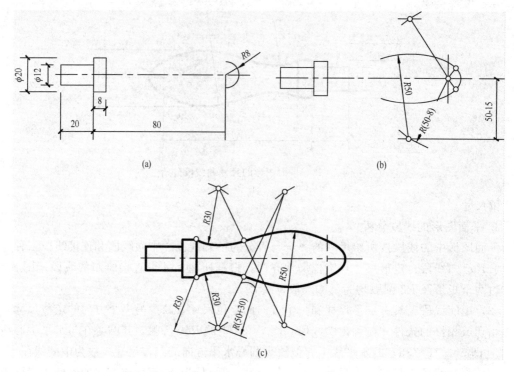

图 7 - 29　平面图形的绘图步骤

仔细校对所画的底稿，改正画错或漏画的图线，擦去多余的线条。

3. 铅笔加深

铅笔加深或上墨的图线线型要粗细分明，符合国家标准的规定。铅笔加深时，一般用 B 或 2B 的铅笔加深图形中的粗线和中粗线，用 HB 的铅笔加深细线并书写字体。在加深圆弧时，圆规的铅芯应比铅笔芯软一号。加深图线时，同类型的图线一次加深，具体步骤是：先加深粗线，再加深细线；先加深曲线，再加深直线；先加深水平线，再加深竖直线；先加深图线，再标注尺寸。

思　考　题

7.1　常用的制图仪器和工具有哪些？试述它们的用法。

7.2　图纸基本幅面有几种？相邻幅面（如 A2 与 A3）的边长关系如何？

7.3　图框格式有几种？尺寸如何规定？

7.4　图线宽度有几种？各种线型主要用途如何？

7.5　虚线和单（双）点长画线绘制时应注意哪些问题？

7.6　长仿宋体汉字的书写要领是什么？

7.7　简述尺寸的组成及注法。

7.8　圆弧连接分几种情况？作图的关键问题是什么？

7.9　如何区分已知线段、中间线段、连接线段？绘制它们时应按怎样顺序画出？

7.10　简述仪器绘图的方法和步骤。

第8章 房屋施工图

房屋施工图是按照正投影的原理和规律绘制的，是指导房屋施工和编制概预算的重要依据。一整套房屋施工图由建筑施工图、结构施工图和设备施工图等几部分组成。本章重点讲解建筑施工图和结构施工图的图示内容、表达方法和识读要点。

8.1 概述

8.1.1 房屋的分类及构造组成

1. 房屋的分类

（1）按用途分类。

1）民用建筑。

①居住建筑。供人们生活起居、生活的建筑，如住宅、公寓、宾馆、宿舍等。

②公共建筑。供人们进行各项社会活动的建筑，如学校、医院、商场、车站等。

2）工业建筑。工业建筑是指用于从事工业生产的各类生产用建筑，如建筑材料工业的水泥厂、混凝土构件厂、塑钢门窗厂等；钢铁工业的炼铁厂、轧钢厂等。

3）农业建筑。农业建筑是指供农牧业生产和加工用的建筑，如温室、饲养场、粮仓等。

（2）按层数或高度分类。根据《民用建筑设计通则》（GB 50352—2005）的规定，民用建筑按地上层数或高度分类划分应符合下列规定：

1）住宅建筑按层数分类，一层至三层为低层住宅，四层至六层为多层住宅，七层至九层为中高层住宅，十层及十层以上为高层住宅。

2）除住宅建筑之外的民用建筑高度不大于24m者为单层或多层建筑，大于24m者为高层建筑（不包括建筑高度大于24m的单层公共建筑）。

3）建筑高度大于100m的民用建筑为超高层建筑。

（3）按建筑设计使用年限分类。根据《民用建筑设计通则》（GB 50352—2005）的规定，民用建筑按设计使用年限分为四类：

一类：设计使用年限为5年，适用于临时性建筑。

二类：设计使用年限为25年，适用于易替换结构构件的建筑。

三类：设计使用年限为50年，适用于普通建筑。

四类：设计使用年限为100年，适用于纪念性建筑和特别重要的建筑。

（4）按承重结构的材料分类。

1）混合结构。指采用两种或两种以上的材料作为主要承重构件的建筑，如由砖墙、砖柱、木楼板、木屋架构成的砖木结构建筑；由砖墙和钢筋混凝土楼板、梁等构成的砖混结构建筑；由钢屋架和混凝土楼板、梁、柱构成的钢混结构建筑等。

其中，砖混结构在民用建筑中应用广泛。在砖混结构中，其承重体系由砖墙和钢筋混凝土的楼板、屋面板、梁等构件构成。为了增强结构的整体性，在墙体中还可设置钢筋混凝土的圈梁和构造柱。这种结构适合开间进深较小，房间面积较小的低层或多层建筑。

2）钢筋混凝土结构。指以钢筋混凝土作为主要承重构件的建筑，在当今建筑领域中应用最为广泛。在常用的现浇钢筋混凝土结构中，主要有以下几种：

①框架结构。其承重体系由钢筋混凝土的梁、柱、板、基础等构件构成，墙体只起分隔和围护空间的作用。在这种结构中，钢筋混凝土梁和柱形成的框架作为建筑物的骨架，屋面板、楼板上的荷载通过板传递给梁，由梁传递到柱，由柱传递到基础。这种结构整体性好，承载能力和抗震能力较强，门窗开设和房间分隔灵活，适用于多层、中高层的建筑。

②剪力墙结构。其承重体系由钢筋混凝土墙板和楼板构成。在这种结构中，钢筋混凝土墙板代替框架结构中的梁、柱，承担各类荷载引起的内力，并能有效控制结构的水平力。剪力墙结构空间整体性好，房间内不外露梁、柱棱角，便于室内布置，但剪力墙的间距受到楼板构件跨度的限制，在平面布局中较难设置大空间的房间，因而只适用于具有小房间的住宅、旅馆等高层建筑。

③框架剪力墙结构。也称框剪结构，这种结构是在框架结构中布置一定数量的剪力墙，是框架结构和剪力墙结构两种体系的结合。其吸取了各自的长处，既能为建筑平面布置提供灵活自由的使用空间，又具有良好的抗侧力性能，是一种比较好的结构体系，在多层及高层公共建筑中应用广泛。

3）钢结构。指以型钢作为主要承重构件的建筑。这种结构形式多用于高层、大跨度的建筑。

2. 房屋的构造组成

虽然各种建筑物结构造型多种多样，但它们的基本组成部分是相同的。现将房屋各组成部分的名称和作用进行简单介绍，图 8-1 所示为一幢民用建筑的构造组成示意图。

（1）基础。是位于建筑物最下部的承重构件，一般埋在自然地面以下，它承担建筑物的全部荷载，并把荷载传给地基。

（2）墙或柱。墙、柱是房屋的竖向承重构件，它们把屋顶和楼板等构件传来的荷载连同自重一起传给基础。墙体按所处的位置不同可分为外墙和内墙，外墙位于建筑的四周，内墙位于建筑的内部；按布置的方向不同可分为纵墙和横墙，沿建筑物长度方向进行布置的墙称为纵墙，沿建筑物宽度方向进行布置的墙称为横墙；按受力情况还可分为承重墙和非承重墙。

（3）楼板层和地面。楼板层和地面是水平承重构件，同时还具有在竖向划分建筑内部空间的作用。

为满足使用要求，楼板层通常由面层、楼板和顶棚三个部分组成。面层又称楼面，位于楼板层的最上层，起着保护楼板、承受并传递荷载的作用，同时对室内有很重要的清洁及装饰作用；楼板是楼板层的结构层，主要功能是承重；顶棚是楼板层的底层，主要作用是保护楼板、安装灯具、遮挡各种水平管线以及装饰美化室内空间。

（4）屋顶。屋顶是建筑物最上部的围护构件和承重构件，同时有保温、隔热和防水等作用。根据屋面坡度屋顶可分为平屋顶和坡屋顶。平屋顶通常是指屋面坡度小于 5% 的屋顶，常用坡度范围为 2%～3%；坡屋顶通常是指屋面坡度大于 10% 的屋顶，常用坡度范围为 10%～60%。

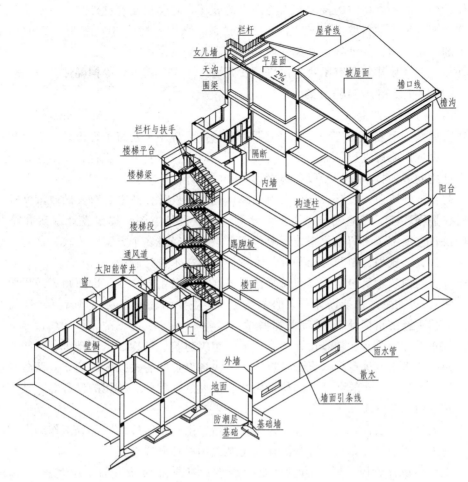

图 8-1 房屋各组成部分示意图

（5）楼梯。楼梯是房屋的竖向交通设施，供人们上下楼和紧急疏散。楼梯一般由楼梯梯段、楼梯梁、楼梯平台、栏杆扶手等组成。高层建筑中，除设置楼梯外还设置电梯。

（6）门窗。门的主要功能是交通出入、分隔联系建筑空间。门按照所在的位置分为外门和内门，按照开启方式分为平开门、弹簧门、推拉门、折叠门、卷帘门等。窗的主要功能是采光通风，窗按照开启方式分为固定窗、平开窗、推拉窗、悬窗等。常用门窗材料有木、钢、铝合金、塑料、玻璃等。

（7）其他。

1）过梁、圈梁和构造柱。过梁是指在门窗洞口上部设置的横梁，其作用是为了支撑洞口上部传来的荷载，并把这些荷载传递给洞口两侧的墙体。圈梁是指沿外墙四周及部分内墙的水平方向设置的连续闭合的梁，在砖混结构中，圈梁的作用是提高建筑物的空间刚度和整体性，防止地基不均匀沉降，并与构造柱一起形成骨架，提高建筑物的抗震能力。构造柱是从抗震角度考虑设置的，一般设置在外墙转角、内外墙交接处、较大洞口两侧及楼、电梯间四角等。

2）勒脚、散水。外墙墙身下部靠近室外地坪的部分称为勒脚，即外墙的墙脚，勒脚的作用是保护外墙面不受雨雪的侵蚀和人为因素的破坏，并美化建筑物外观；散水是沿建筑物外墙根部四周设置的倾斜坡面，又称排水坡或护坡，坡度一般为 3％～5％，它的作用是把屋面下落的雨水迅速排到远处，避免外墙和下部砌体受到侵蚀。

此外，一般民用建筑还有阳台、雨篷、女儿墙、天沟、雨水管等构配件。

8.1.2 房屋施工图的产生和分类

1. 房屋施工图的产生

建造房屋是一个复杂的过程，必须遵循一定的设计程序。建筑工程设计一般是按初步设计和施工图设计两阶段进行，称之为两阶段设计。对于技术复杂的工程，还要在初步设计和施工图设计之间增加技术设计阶段，称之为三阶段设计。

（1）初步设计阶段。设计人员根据建设单位提供的设计任务书、有关的政策文件、地质勘察资料、周围环境、当地气候、文化背景等，明确设计意图，提出设计方案并绘制方案图。一般设计方案不少于两个，报建设单位征求意见，经过多个方案的比较，选定一个最终方案。选定方案经规划、消防等相关部门审批后进入技术设计阶段。

初步设计的内容主要包括：建筑总平面；各层平面及主要立面、剖面图；效果图（鸟瞰图或透视图）；说明书（包括设计方案的主要意图、主要结构方案及构造特点、选用的建筑材料、主要技术经济指标等）；工程概算书等。

（2）技术设计阶段。在初步设计的基础上，组织建筑、结构、给水排水、采暖通风、电气等各专业的技术人员进行深入设计，进一步解决各专业的有关技术问题，协调各专业之间的矛盾，最终确定房屋建筑各部分的构造做法、主要的构配件、选用的设备等。技术设计通过后进入施工图设计阶段。

对于不太复杂的工程，技术设计阶段可以省略，把这个阶段的一部分工作纳入初步设计阶段，称为扩大初步设计，另一部分工作留待施工图设计阶段进行。

（3）施工图设计阶段。施工图设计是建筑设计的最后阶段。为了满足施工的具体要求，需要提供一套完整的反映建筑物整体及细部构造的图样。在技术设计的基础上，综合建筑、结构、设备各工种，相互交底，核实核对后，各专业人员分别完整、详细地绘制出相应的施工图。房屋施工图是建造房屋的主要依据，整套图纸应该完整统一、尺寸齐全、明确无误。

2. 房屋施工图的分类

整套房屋施工图按工种分类，分为建筑施工图、结构施工图、设备施工图。

（1）建筑施工图。建筑施工图简称"建施"，用符号"J"编号，主要表达建筑物的总体布局、外部造型、内部布置、细部构造和做法等。包括首页图（图纸目录、建筑施工总说明等）、总平面图、建筑平面图、建筑立面图、建筑剖面图和建筑详图等。

（2）结构施工图。结构施工图简称"结施"，用符号"G"编号，主要表达房屋承重结构的类型、构件的布置、材料、尺寸、配筋等。包括结构设计说明、基础图、结构布置平面图和构件详图等。

（3）设备施工图。设备施工图简称"设施"，包括：给水排水施工图，简称"水施"，用符号"S"编号；采暖通风施工图，简称"暖施"，用符号"N"编号；电气施工图，简称"电施"，用符号"D"编号。设备施工图主要表达室内给水排水、采暖通风、电器照明等设备的布置、线路敷设和安装要求等，包括各种管线的平面布置图、系统图、构造和安装详图等。

3. 房屋施工图的编排顺序

整套图纸的编排顺序一般应为：图纸目录、总图、建筑施工图、结构施工图、给水排水施工图、采暖通风施工图、电气施工图等。各专业施工图的编排顺序是：全局性的在前，局部性的在后；先施工的在前，后施工的在后。

8.1.3　房屋施工图的有关规定

绘制房屋施工图必须严格遵守国家制图标准。在前面第7章7.2节建筑制图标准中，已讲述了绘制房屋施工图应遵守的制图标准以及各专业通用部分《房屋建筑制图统一标准》（GB/T 50001—2010）中关于图线、比例、字体、尺寸标注等的基本规定。此外，在绘制各专业施工图时还应遵守各自制图标准，如绘制建筑施工图时，还应遵守《总图制图标准》（GB/T 50103—2010）和《建筑制图标准》（GB/T 50104—2010）；绘制结构施工图时，还应遵守《建筑结构制图标准》（GB/T 50105—2010）等。

图8-2为某房屋的建筑施工图中的建筑平面图，建筑平面图为水平剖面图，其形成如图8-2（a）所示，绘成的施工图样如图8-2（b）所示。下面结合图8-2介绍房屋施工图的有关规定。

1. 图例

由于房屋施工图采用的比例较小，图中很多构造无法按实际投影画出，国标规定采用图例绘制。各专业对于图例都有明确的规定，建筑专业制图采用《建筑制图标准》规定的构造及配件图例，表8-1摘录了其中的一部分。在图8-2中，门窗均采用表8-1中的图例进行绘制。

2. 定位轴线及编号

房屋施工图中的定位轴线是确定房屋各承重构件位置及标注尺寸的基准，是设计和施工中定位放线的重要依据。在建筑物中，主要墙、柱、梁、屋架等重要承重构件处都应画定位轴线并进行编号。通常把平行于房屋长度方向的定位轴线称为纵向定位轴线，把平行于房屋宽度方向的定位轴线称为横向定位轴线。

定位轴线一般用细单点长画线绘制，轴线编号注写在轴线端部细实线绘制的圆内，圆的直径为8mm，在详图中可增加至10mm，圆心应在定位轴线的延长线或延长线的折线上。平面图上定位轴线的编号，宜标注在图样的下方与左侧。横向定位轴线编号用阿拉伯数字，从左至右顺序编写；纵向定位轴线编号用大写拉丁字母（除I、O、Z外）从下至上顺序编写。图8-2中，图样四周均标有定位轴号，横轴有①、②、③轴共3根，纵轴有Ⓐ、Ⓑ、Ⓒ轴共3根。

在标注非承重的分隔墙或次要承重构件时，可添加附加轴线。附加轴线的编号用分数表示，分母表示前一轴线的编号，分子表示附加轴线的编号，编号宜用阿拉伯数字顺序编写，如图8-3（a）所示。

在建筑详图中，如一个详图适用于几根定位轴线时，应同时将各有关轴线的编号注明；对通用详图的定位轴线应只画圆，不注写轴线编号，如图8-3（b）所示。

3. 标高

（1）标高的标注。标高是标注房屋建筑高度的一种尺寸标注形式，由标高符号和标高数字组成。标高符号用细实线绘制的等腰直角三角形表示，具体画法如图8-4（a）所示，如

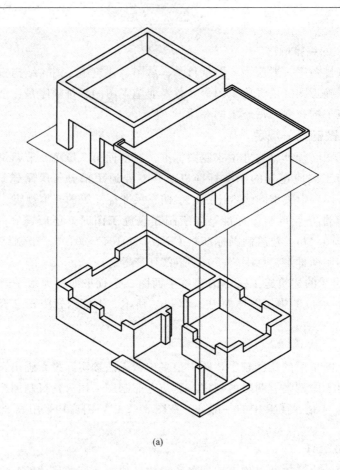

(a)

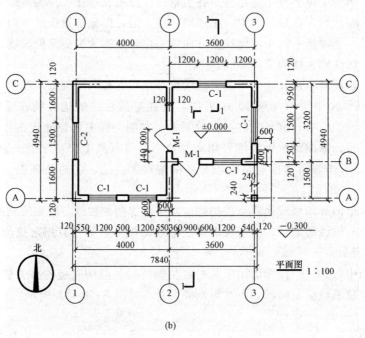

(b)

图 8-2　建筑平面图

表 8 - 1   建筑专业制图常用的构造及配件图例

名称	图例	说明	名称	图例	说明
楼 梯	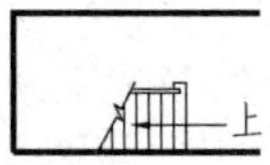	1. 上图为底层楼梯平面,中图为中间层楼梯平面,下图为顶层楼梯平面。 2. 楼梯及栏杆扶手的形式和梯段踏步数应按实际情况绘制	单层外开平开窗		1. 窗的名称代号用 C 表示。 2. 同单扇门说明中的2。 3. 同单扇门说明中的3。
			双层内外开平开窗		4. 平面图和剖面图上的虚线仅说明开关方式,在设计图中不需表示。 5. 窗的立面形式应按实际绘制
单扇门(包括平开或单面弹簧)	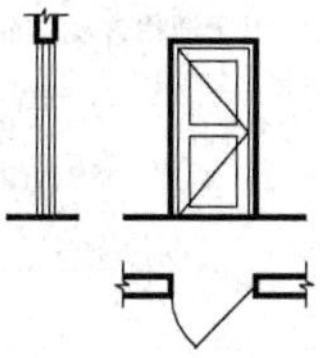	1. 门的名称代号用 M。 2. 图例中剖面图左为外、右为内,平面图下为外、上为内。 3. 立面图上开启方向线交角的一侧为安装合页的一侧,实线为外开,虚线为内开。 4. 平面图上门线应按90°或45°开启,开启弧线宜绘出。 5. 立面图上的开启线在一般设计图中可不表示,在详图上应表示。 6. 立面形式应按实际情况绘制	推拉窗	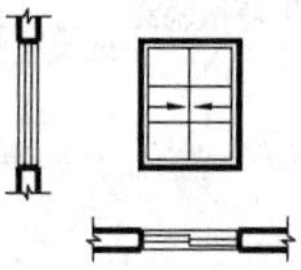	同单层外开平开窗说明中的1、2、5
双扇门(包括平开或单面弹簧)			上推窗	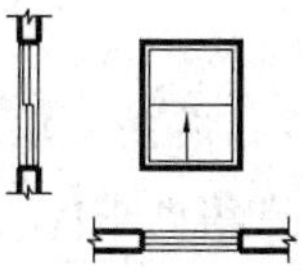	
单扇双面弹簧门			墙预留洞	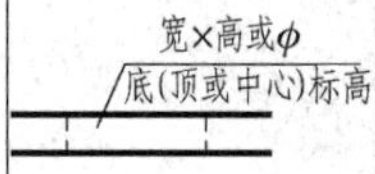 宽×高或ϕ 底(顶或中心)标高	以洞中心或洞边定位
			墙预留槽	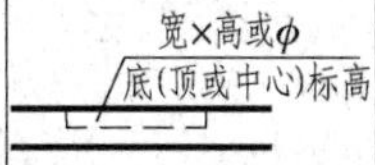 宽×高或ϕ 底(顶或中心)标高	
双扇双面弹簧门			孔 洞		
			坑 槽	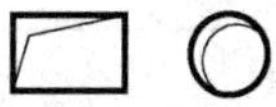	
推拉门		同单扇门说明中的1、2、6	烟 道	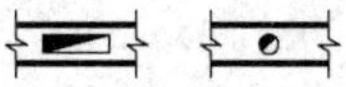	
			通风道	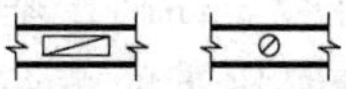	

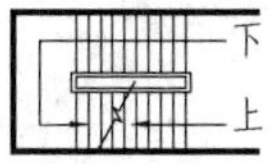

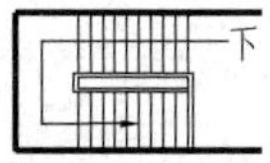

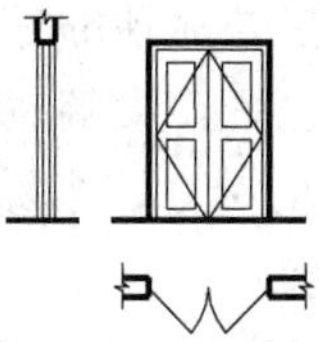

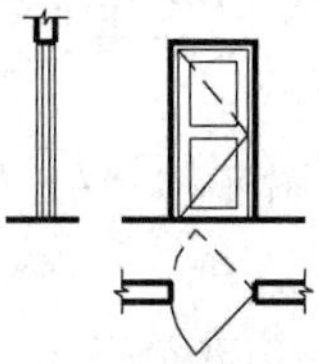

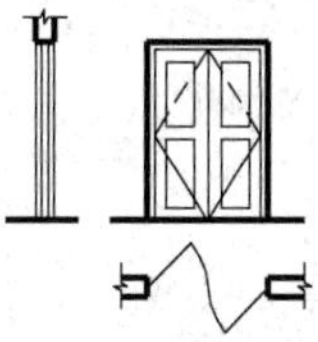

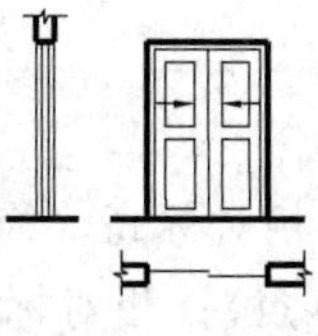

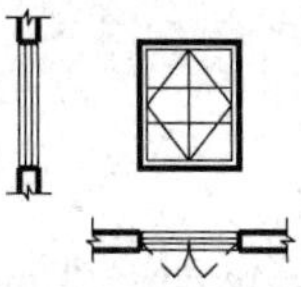

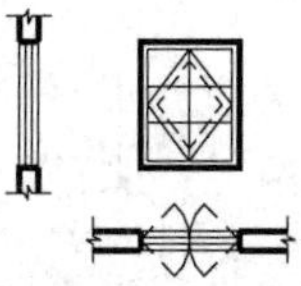

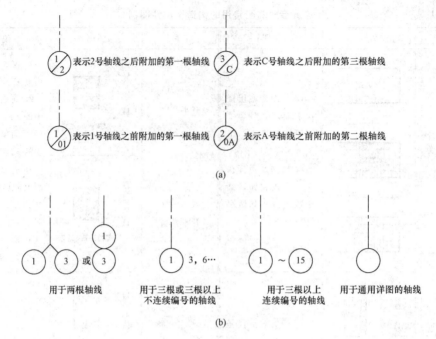

图 8-3　定位轴线及其编号

(a) 附加轴线及其编号；(b) 详图的轴线编号

标注位置不够，也可按图 8-4（b）所示形式绘制。总平面图中室外地坪的标高符号宜涂黑表示，如图 8-4（c）所示。标高符号的尖端应指至被注高度的位置，尖端一般应向下，也可向上。当标高符号指向下时，标高数字注写在左侧或右侧横线的上方；当标高符号指向上时，标高数字注写在左侧或右侧横线的下方，如图 8-4（d）所示。

标高数字以米为单位，一般注写到小数点后第三位，在总平面图中可注写到小数点以后第二位。零点标高应注写为±0.000，正数标高不注"＋"，负数标高应注"－"，如 3.000、－0.600。

若在图样的同一位置需表示几个不同标高时，标高数字可按图 8-4（e）的形式注写。

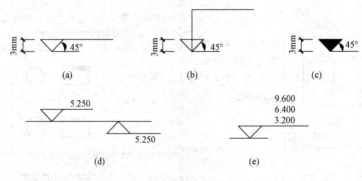

图 8-4　标高符号及其规定画法

（2）标高的分类。标高按基准面选取的不同分为绝对标高和相对标高。绝对标高是根据我国的规定，以青岛附近的黄海平均海平面为标高基准面（即零点）；相对标高是根据工程需要自行选定的，一般以房屋底层室内的主要地面为零点。房屋施工图中一般只有建筑总平面图使用绝对标高，其他图样中均使用相对标高。

房屋各部位的标高还有建筑标高和结构标高的区别。建筑标高是构件包括粉饰层在内的、装修完成后的表面标高，结构标高则是不包括构件表面粉饰层厚度的毛面标高，如图 8 - 5 所示。

图 8 - 2 中标注了两个标高，其中±0.000（零点）为室内地面标高，－0.300 为室外地面标高，均为相对标高，且均属建筑标高。

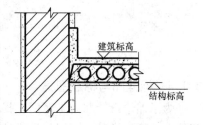

图 8 - 5　建筑标高与结构标高

4. 索引符号和详图符号

图样中的某一局部构造需要用详图表示时，应以索引符号注明需要画详图的位置、详图的编号以及详图所在图纸的图纸号。在所画的详图上，用详图符号表示详图的编号和被索引图样所在图纸的编号，并用索引符号和详图符号之间的对应关系，建立详图与被索引图样之间的联系，以便对照查阅。

（1）索引符号。索引符号的圆及水平直径线均以细实线绘制，圆的直径为 10mm。索引符号需用引出线引出，且引出线应指在需要另见详图的位置上。

索引出的详图，如与被索引的图样在一张图纸内，应在索引符号的上半圆中用阿拉伯数字注明该详图的编号，并在下半圆中间画一段水平细实线，如图 8 - 6（a）所示。

索引出的详图，如与被索引的图样不在一张图纸内，应在索引符号的上半圆中用阿拉伯数字注明该详图的编号，在下半圆中用阿拉伯数字注明该详图所在图纸的图纸号，如图 8 - 6（b）所示。

索引出的详图，如采用标准图，应在索引符号的引出线上加注该标准图所在图集的编号，如图 8 - 6（c）所示。

当索引出的是剖面详图时，应在被剖切的部位用粗实线绘制剖切位置线，引出线所在的一侧为投射方向，如图 8 - 6（d）所示。

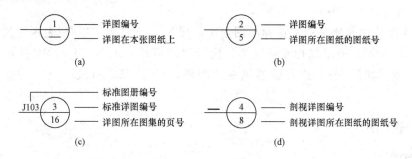

图 8 - 6　索引符号

（2）详图符号。详图符号是用粗实线绘制的直径为 14mm 的圆。

当详图与被索引的图样同在一张图纸内时，应在详图符号内用阿拉伯数字注明详图的编号，如图 8 - 7（a）所示。

当详图与被索引的图样不在同一张图纸上时，应用细实线在详图符号内画一水平直径，在上半圆中注明详图编号，在下半圆中注明被索引图样所在的图纸号，如图 8 - 7（b）所示。

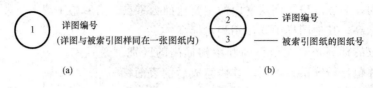

图 8-7 详图符号

8.1.4 标准图与标准图集

为了加快设计和施工速度，提高设计和施工质量，将各种大量常用的建筑物及其构件、配件，按统一模数、不同规格设计出系列施工图，供设计部门和施工企业选用，这样的图称为标准图。标准图装订成册后，称为标准图集或通用图集。

1. 按适用范围分类

目前我国建筑设计中所使用的标准图集按适用范围分为两类。

一类是经国家部、委批准，可在全国范围内使用的标准图集。如国家建筑标准设计图集 11G101—1《混凝土结构施工图平面整体表示方法制图规则和构造详图（现浇混凝土框架、剪力墙、梁、板）》、11G101—2《混凝土结构施工图平面整体表示方法制图规则和构造详图（现浇混凝土板式楼梯）》、11G101—3《混凝土结构施工图平面整体表示方法制图规则和构造详图（独立基础、条形基础、筏形基础及桩基承台）》等由中华人民共和国住房和城乡建设部批准，由中国建筑标准设计研究院等单位编制，可在全国范围内供设计施工人员使用。

另一类是经省、市、自治区有关部门批准，在相应地区范围内使用的标准图集。如《05 系列建筑标准设计图集》，其统一编号为 DBJT03—22—2005，是由河北、天津、山西、内蒙古、河南五省区市联合编制的，供设计、施工、建设、监理、施工图审查机构等单位技术人员使用。该图集按专业分为建筑（05J）、给排水（05S）、采暖通风（05N）、电气（05D）四个专业，共由 56 册组成，基本涵盖了建筑设计的主要内容，在这些地区广泛使用。

2. 按工种分类

在目前大量使用的建筑构配件标准图集中，代号"J"（或"建"）表示建筑专业图集，代号"G"（或"结"）表示结构专业图集，代号"S"（或"水"）表示给水排水专业图集，代号"N"（或"暖"）表示给采暖通风专业图集，代号"D"（或"电"）表示电气专业图集。

8.2 建筑施工图

8.2.1 首页图

首页图一般包括图纸目录和施工总说明。

编制图纸目录的目的是为了便于查找图纸。图纸目录列出了全套图纸的类别、各类图纸的数量、每张图纸的图号、图名、图幅大小等。若有些构件采用标准图，应列出它们所在标准图集的名称、标准图的图名和图号或页次。

施工总说明主要用来说明图样的设计依据和施工要求等。作为一个实例，下面摘录了某小区 6 号住宅楼工程的部分施工总说明。

××住宅楼建筑施工总说明

一、工程设计主要依据

1. 建设工程设计合同书。

2. 用地红线图。

3. 国家及地方现行有关设计规范、规程、规定及标准图集。

二、工程概况

本工程为六层砖混结构，首层储藏间层高 2.4m，上部为五层住宅，层高 3.0m，建筑物总长 20.9m，建筑总高 19.95m。

三、设计标高

底层室内主要地面设计标高为±0.000，相当于绝对标高 4.800m，室内外高差 0.150m。

四、工程做法

1. 地面做法

地面一：选用 05J1-地 2。20mm 厚 1：2 水泥砂浆压实抹光；刷素水泥浆结合层一道；80mm 厚 C15 混凝土；150mm 厚 3：7 灰土；素土夯实。适用于首层储藏间。

地面二：选用 05J1-地 52。适用于首层卫生间。

2. 楼面做法

楼面一：选用 05J1-楼 37。8～10mm 厚地砖楼面，干水泥擦缝；20mm 厚 1：2.5 水泥砂浆找平；50mm 厚 C15 豆石混凝土填充热水管道间；20mm 厚复合铝箔挤塑聚苯乙烯保温板；现浇钢筋混凝土楼板。适用于起居室、餐厅、卧室、主卧室和书房。

楼面二：8～10mm 厚地砖楼面，干水泥擦缝；20mm 厚 1：2.5 水泥砂浆找平；聚氨酯三遍涂膜防水层厚 1.5～1.8，防水层周边卷起高 150mm；50mm 厚 C15 豆石混凝土填充热水管道间；20mm 厚复合铝箔挤塑聚苯乙烯保温板；20mm 厚无机铝盐防水砂浆分两次抹面，找平抹光；无机铝盐防水素浆；现浇钢筋混凝土楼板。适用于厨房、卫生间。

3. 屋面做法

屋面一：选用 05J1-屋 23（B2-80-F14 厚度＝4mm）。灰蓝色黏土瓦；1：3 水泥砂浆卧瓦层，最薄处 20mm（配ϕ6@500×500 钢筋网）；20mm 厚 1：3 水泥砂浆找平层；聚苯乙烯泡沫塑料板 80mm 厚；SBS 柔性防水 4mm 厚；15mm 厚 1：3 水泥砂浆找平层，砂浆中掺聚丙烯；钢筋混凝土屋面板。

屋面二：选用 05J1-屋 13（B2-80-F6 厚度＝4mm）。适用于不上人平屋顶。

屋面三：选用 05J1-屋 12（F6 厚度＝4mm）。适用于首层储藏间屋顶。

4. 外墙做法

选用 05J1-外 27。外墙表面处理后，满涂专用界面处理砂浆；35mm 厚胶粉聚苯颗粒保温层；4～6mm 厚抗裂砂浆复合耐碱网布（首层附加一层加强网布）；弹性底涂，柔性腻子；高级外墙涂料。

5. 内墙做法

内墙一：选用 05J1-内墙 4。15mm 厚 1：1：6 水泥石灰砂浆；5mm 厚 1：0.5：3 水泥石灰砂浆。适用于起居室、餐厅、卧室、主卧室、书房和阳台。

内墙二：选用 05J1-内墙 8。15mm 厚 1：3 水泥砂浆；刷素水泥浆一遍；3～4mm 厚

1：1 水泥砂浆加水重 20％的建筑胶镶贴；4～5mm 厚釉面面砖，白水泥浆擦缝。适用于厨房、卫生间。

内墙三：选用 05J1-内墙 6。适用于首层储藏间。

内墙四：选用 05J1-内墙 19，$d＝20mm$。适用于楼梯间。

6. 顶棚做法

顶棚一：选用 05J1-顶 3。钢筋混凝土板底面清理干净；7mm 厚 1：1：4 水泥石灰砂浆；5mm 厚 1：0.5：3 水泥石灰砂浆。适用于起居室、餐厅、主卧室、卧室、阳台和书房。

顶棚二：选用 05J1-顶 32。现浇钢筋混凝土板底面清理干净；$\phi5$ 带尾孔射钉，双向中距 500mm；配套专用界面砂浆；85mm 厚胶粉聚苯颗粒保温层至少分两次抹面，复合六角钢丝网片与射钉绑扎；5mm 厚抗裂砂浆分两次抹面并复合耐碱网格布；弹性底涂，柔性腻子；刷（喷）涂料。适用于首层储藏室顶棚。

顶棚三：选用 05J1-顶 4。适用于卫生间、厨房。

五、建筑节能

1. 屋面：采用 80mm 厚聚苯乙烯泡沫塑料板。

2. 地下室顶板抹 85mm 厚胶粉聚苯颗粒。

3. 门窗为塑钢中空玻璃窗，中空玻璃为 5mm＋10mm＋5mm。

4. 墙体采用空心黏土砖，外墙外抹 35mm 厚胶粉聚苯颗粒保温浆料。

六、注意事项

1. 本工程选用之通用图集，须结合设计中具体要求协调施工，施工中遵照施工验收规范要求进行。

2. 施工中发现漏、误、不清之处或须变更本设计，需及时与设计部门联系，给予正式通知方可施工，现场不宜擅自处理。

8.2.2 总平面图

1. 总平面图的形成与作用

总平面图是新建房屋在建筑用地范围内的总体布置图，是表达新建房屋的平面形状、层数、位置和朝向，以及周围环境、地形地貌、道路绿化等情况的水平投影图。是新建房屋的施工定位、土方施工，以及设计水、电、暖、煤气等管线平面布置的依据。

2. 总平面图的内容与表达方法

现以图 8-8 所示某小区的总平面图为例，说明总平面图的内容与表达方法。

（1）比例。总平面图表示的范围比较大，一般采用 1：500、1：1000、1：2000 的比例绘制。由图 8-8 可知，该图是新开发的某住宅小区的部分总平面图，里面有 8 幢新建住宅楼，绘图比例为 1：500。

（2）图例。图中各种地物均采用《总图制图标准》（GB/T 50103—2010）中规定的图例表示，表 8-2 摘录了部分常用图例。

（3）小区的方位、主导风向。总平面图应按上北下南方向绘制。根据场地形状或布局，可向左或向右偏转，但不宜超过 45°。

在总平面图中，通常还画出带有指北方向的风向频率玫瑰图，简称风玫瑰图，用来表示该地区常年的风向频率和房屋的朝向，见图 8-8 中左上角所绘的图标。风玫瑰图是根据当地平均多年统计的各个方向吹风次数的百分数，按一定比例绘制的，风的方向是从外吹向中

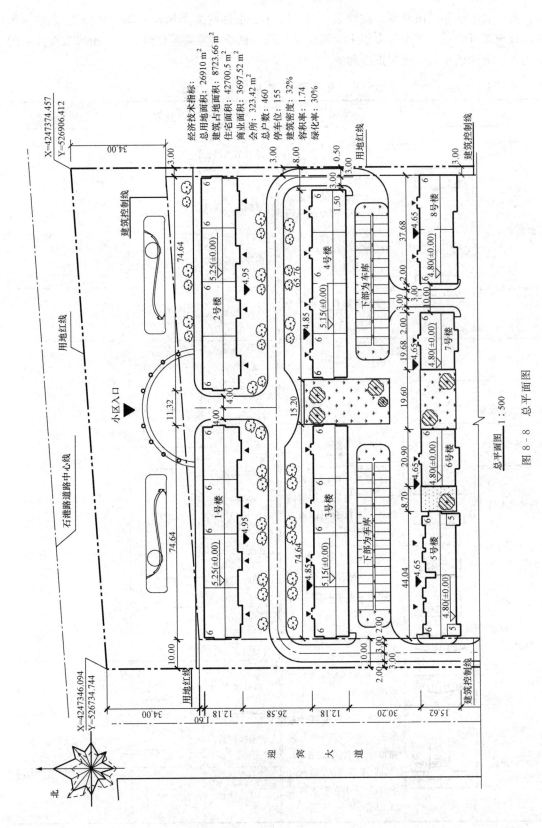

经济技术指标：
总用地面积：26910 m²
建筑占地面积：8723.66 m²
住宅面积：42700.5 m²
商业面积：3697.52 m²
会所：323.42 m²
总户数：460
停车位：155
建筑密度：32%
容积率：1.74
绿化率：30%

总平面图 1：500

图 8-8 总平面图

心。实线表示全年风向频率，虚线表示 6、7、8 三个月的夏季风向频率。从图 8-8 中所示的风玫瑰图可以看出该小区常年主导风向是北风，夏季主导风向是西北风。由风玫瑰图上的指北针，可知该小区建筑为正南北向。

表 8-2　　　　　　　　　　　　　　　　**总平面图常用图例**

名称	图例	说明	名称	图例	说明
新建建筑物		1. 上图为不画出入口的图例，下图为画出入口的图例。 2. 需要时，可用 ▲ 表示出入口，可在图形内右上角用点数或数字表示层数。 3. 建筑物外形（一般以±0.00 高度处的外墙定位轴线或外墙面线为准）用粗实线表示	原有的道路		
			计划扩建的道路		
			拆除的道路		
			室内标高	151.00(±0.00)	
原有建筑物		用细实线表示	室外标高	●142.00 ▼142.00	
计划扩建的预留地或建筑物		用中粗虚线表示	敞棚或敞廊		
拆除的建筑物		用细实线表示			
围墙及大门	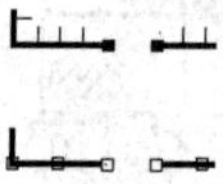	上图为实体性质的围墙，下图为通透性质的围墙，若仅表示围墙时不画大门	铺砌场地		
			针叶乔木		
坐　标	 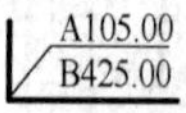 X105.00 Y425.00 A105.00 B425.00	上图表示测量坐标 下图表示施工坐标	阔叶乔木		
填挖边坡		1. 边坡较长时，可在一端或两端局部表示。 2. 下边线为虚线时表示填方	针叶灌木		
护　坡			阔叶灌木		
新建的道路	0.6　101.00 R9 150.00	"R9"表示道路转弯半径为9m，"150.00"为路面中心控制点标高，"0.6"表示 0.6% 的纵向坡度，"101.00"表示变坡点间距离	修剪的树篱		
			草　坪	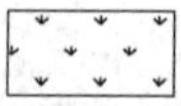	

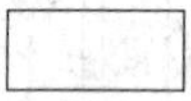

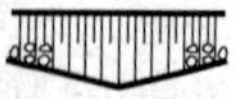

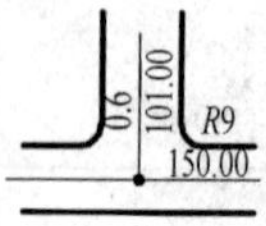

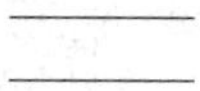

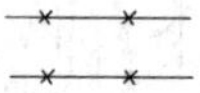

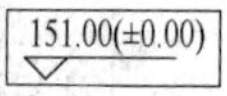

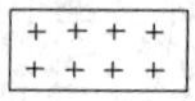

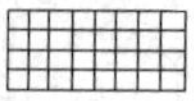

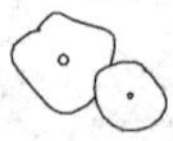

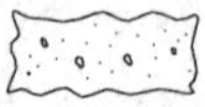

（4）小区的用地范围。红线一般是指各种用地的边界线。用地红线是各类建筑工程项目用地的使用权属范围的边界线。图中用粗双点长画线绘出了用地红线，用地红线围成的范围就是该小区的用地范围。

建筑控制线，也称"建筑红线"，是有关法规或详细规划确定的建筑物、构筑物的基底位置（如外墙、台阶等）不得超出的界线。小区的建筑必须在建筑控制线范围内。在实际建设中常使建筑控制线退于用地红线之后一定距离（退让距离及各类控制管理规定应按当地规划部门的规定执行），以保证建筑物地下基础或地下室施工不致影响城市道路下面各类管线的安全运营，同时确保出入建筑物的人流、车辆不影响道路交通。图中用中粗双点长画线绘出了建筑控制线，并标注了建筑控制线的退红线距离。

（5）新建建筑物的平面形状、层数、尺寸。图中以粗实线画出了新建住宅楼的平面形状，标注了每幢住宅楼的层数和总长、总宽。总平面图中，尺寸以米为单位，注写到小数点后两位数字。如 6 号住宅楼东西向总长 20.90m，南北向总宽 15.62m，共六层。

（6）新建建筑物的定位。新建建筑物的定位有两种方法：一种方法是根据与原有建筑物或道路之间的相对位置来定位；另一种是坐标定位，在大范围和地形复杂的总平面图中，为了保证施工放线准确，往往以坐标定位。坐标定位可分为测量坐标定位和施工坐标定位。坐标网格应以细实线绘制，一般画成 100m×100m 或 50m×50m 的方格网。测量坐标网应画成交叉十字线，坐标代号宜用"X、Y"表示，X 为南北方向轴线，X 的增量在 X 轴线上；Y 为东西方向轴线，Y 的增量在 Y 轴线上。施工坐标网应画成网格通线，坐标代号宜用"A、B"表示，A 轴相当于测量坐标网中的 X 轴，B 轴相当于 Y 轴。坐标值为负数时，应注"一"号，为正数时，"＋"号可省略。

从图中可以看出，该小区的用地范围以坐标定位，图中标注了北侧用地红线上两个角点的测量坐标。新建房屋以北侧和西侧的建筑控制线为依据，用尺寸定位。

（7）标高和地形。图中标注了各幢新建房屋室内底层地面和室外地面的绝对标高。如 6 号住宅楼，它的底层室内地面的绝对标高为 4.80m，室外地面的绝对标高为 4.65m，室内外高差为 0.15m。

在总平面图中，应画出表示地形的等高线，以表明地形的坡度、雨水排除的方向等。因该小区地势平坦，故未画等高线。

（8）新建房屋周围的建筑物、道路和绿化等情况。由图可知，该小区北临石港路，西临迎宾大道，小区在北侧有一个入口。小区内新建住宅的四周都有道路，并标注了道路的宽度。新建住宅的四周还有草坪和阔叶乔木、阔叶灌木等的绿化。在 3、4 号住宅楼南面设有地上车位和地下车库。

（9）经济技术指标。总平面图中一般给出主要的经济技术指标，表明设计中的合理用地以及生活环境状况等内容，如图 8-8 所示。

1）基底面积。即底层的建筑面积，建筑物底层外墙勒脚以上外墙皮以内的面积之和。

2）建筑面积。建筑物外墙皮以内的各层面积之和。

3）建筑密度。即建筑覆盖率，指项目用地范围内所有基底面积之和与规划建设用地之比。它是建筑总平面图中一个重要的经济技术指标，反映总平面设计中，用地是否合理紧凑。

4）容积率。是指项目规划建设用地范围内全部建筑面积与规划建设用地面积之比。附属建筑物也计算在内，但应注明不计算面积的附属建筑物除外。

5）绿化率。是指规划建设用地范围内的绿地面积与规划建设用地面积之比。

其中规划建设用地面积是指项目用地红线范围内的土地面积。

3. 总平面图的识读要点

（1）熟悉各种常用图例。熟练掌握各种图例的规定画法是快速识图的关键之一。

（2）明确绘图比例。根据工程规模的大小总平面图通常会选择不同比例绘制。

（3）识读风玫瑰图。明确工程所处方位。

（4）识读工程的用地范围。找到用地红线即可围出土地的使用范围。

（5）识读新建建筑物。重点识读新建建筑物的形状、层数、尺寸标高以及如何进行施工定位等。

（6）识读新建建筑物周围环境。重点识读周围的地形、建筑物、道路交通和绿化情况等。

8.2.3　建筑平面图

1. 建筑平面图的形成与作用

建筑平面图是房屋的水平剖面图，也就是用一个假想的水平剖切平面，沿门窗洞口位置剖开整幢房屋，将剖切平面以下部分向水平投影面作正投影所得到的图样。

对于多层建筑，原则上应画出每一层的平面图，并在图的下方标注图名，图名通常按层次来命名，例如底层平面图、二层平面图、顶层平面图等。若有两层或更多层的平面布置完全相同，则可用一个平面图表示，图名为×层～×层平面图，也可称为标准层平面图。此外，一般还应画出屋顶平面图，屋顶平面图是房屋顶部按俯视方向在水平投影面上所得到的正投影。

建筑平面图是建筑施工图中最基本的图样之一，它主要用来表示房屋的平面布置情况，详细表达墙、柱、门窗等构配件的位置、尺寸和材料等，在施工中是放线、砌墙、安装门窗、编制预算和施工备料的重要依据。由于建筑平面图能较集中地反映出房屋建筑的功能需要，所以无论是设计制图还是施工读图，一般都从建筑平面图入手。

2. 建筑平面图的内容与表达方法

以前述某小区6号住宅楼的底层平面图为例，如图8-9所示，说明建筑平面图所表达的内容和图示方法。

（1）图名、比例、朝向。图名是底层平面图，说明该图的剖切位置在底层窗台以上、底层通向二层的楼梯平台以下，它反映该住宅底层的平面布置，房间大小等。绘图比例为1∶100。

在底层平面图上用指北针表示房屋的朝向，所指的方向与建筑总平面图一致。指北针用细实线绘制，圆的直径宜为24mm，指针头部指向北，并在指针头部注"北"或"N"字，指针尾部宽度宜为3mm。

（2）定位轴线及编号。由定位轴线及编号，可以了解墙体的位置和数量。从图8-9中可以看到，这幢住宅从左向右按横向编号的有①～⑪共11根定位轴线，从下往上按竖向编号的有Ⓐ～Ⓕ共6根定位轴线，在Ⓕ轴之后有一根附加轴线。

（3）图例和图线。在建筑平面图中，建筑构配件一般都用图例表示，表8-1列出了《建筑制图标准》规定的部分常用构造及配件图例。在不同比例的平面图中，对于墙柱的抹

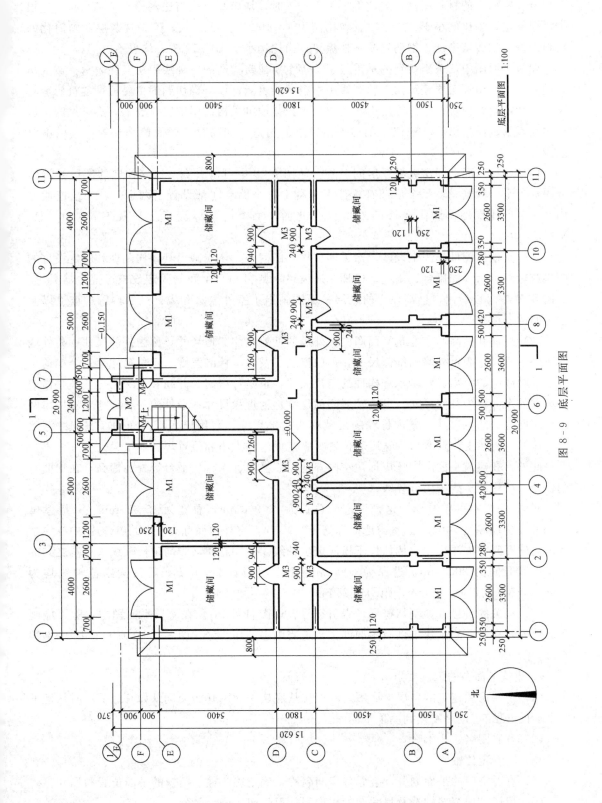

图 8 - 9 底层平面图

灰层及其断面上的材料图例，当比例大于 1：50 时，均应画出；当比例等于 1：50 时，应根据需要确定；当比例小于 1：50 时，如比例为 1：100～1：200 时，不画抹灰层，画简化的材料图例，如砖墙涂红、钢筋混凝土柱涂黑；当比例小于 1：200 时，均可不画。

建筑平面图中，被剖切到的承重墙、柱等主要建筑构造的轮廓线用粗实线表示；被剖切到的隔墙、门扇等次要建筑构造轮廓线用中粗实线表示；没有剖切到的主要可见建筑构造轮廓线，如窗台、台阶、楼梯等用中粗实线表示；其他可见构造用细实线表示。不可见的构造用虚线表示。需指出，一些位于剖切平面以上的构造，如高窗、屋面检修孔等，应以虚线绘制。

（4）墙柱断面、门窗编号、房间名称。从图 8-9 中可以看到，这幢住宅的底层被墙体分隔成若干个储藏间，每个房间都标注了名称。每个储藏间都设置了两个门，一个连通室内，一个通往室外。该住宅楼的入口设在北面，每个门都标注了代号及编号，如 M1、M2 等。

（5）其他构配件和固定设施。除了墙、柱、门窗外，还应画出其他构配件和固定设施的图例或轮廓形状，如阳台、雨篷、楼梯、通风道、厨房和卫生间的固定设施、卫生器具等。从图 8-9 中可以看出，这幢住宅的底层平面图画出了室外散水和入口处的台阶、坡道以及楼梯间的图例。

（6）尺寸和标高。在建筑平面图中，外墙的外侧应注三道尺寸，称为外部尺寸。离外墙最近的一道尺寸表示外墙的细部尺寸，如门窗洞口及墙、柱的宽度、定位尺寸等；第二道尺寸表示轴线间的距离，它是承重构件的定位尺寸，也是各房间的开间和进深尺寸，其中横墙轴线间的尺寸称为开间尺寸，纵墙轴线间的尺寸称为进深尺寸；最外的一道尺寸表示房屋两端外墙面之间的总尺寸。室内标注的尺寸称为内部尺寸，它用于表示房间的净宽和净深尺寸、墙厚、内墙上门窗洞口的宽度和位置、固定设施的大小和位置等。

此外，在建筑平面图中还应标注室内外地面、楼面、阳台、平台等处的标高，在地面有起伏处，应用细实线画出分界线。

从图 8-9 中可以看出，这幢住宅的总长为 20 900mm，总宽为 15 620mm。外墙厚度370mm，内墙厚度 240mm。室内地面标高±0.000m，室外地面标高−0.150m。图中标注了各房间的开间和进深尺寸，例如位于横向定位轴线④～⑥之间，竖向定位轴线Ⓐ～Ⓒ之间的房间，其开间为 3600mm，进深为 6000mm，M1 门洞宽 2600mm，距两侧定位轴线均为500mm，M3 门洞宽 900mm，距④轴 240mm。

（7）有关的符号（如剖切符号、索引符号、详图符号等）。在底层平面图中，除了应画指北针外，在需要绘制建筑剖面图的部位，还需画出剖切符号，图 8-9 中画出了 1—1 剖切符号。

3. 建筑平面图的识读要点

（1）多层房屋建筑的各层平面图，一般应从底层平面图开始阅读（如有地下室时从地下室平面图开始），逐层阅读到屋顶平面图。

（2）查看图名、比例。

（3）查看定位轴网。

（4）查看空间的平面划分，查看各房间名称，确定墙、柱、门窗的平面位置和尺寸。

（5）识读其他细部构造及尺寸，如楼梯间、卫生间、阳台等处。

（6）查看各部位标高。

（7）识读图中各种符号，如剖切符号、索引符号、详图符号等。

（8）识读每一层平面图时，要对照其上、下层平面图，明确联系，识别异同。最后，将各层平面图联系起来综合考虑，想象建筑物的各层构造。

4. 其他建筑平面图的内容与识读

前面详细介绍了底层平面图的有关内容，下面简要介绍一下其他层建筑平面图的内容。它们的表达内容和阅读方法基本上与底层平面图相同。不同的是不必画指北针、剖切符号和底层平面图已表达过的室外地面上的构配件和固定设施，但需要画出该层平面图假想剖切平面以下的、而在下一层平面图中未表达的室外构配件和固定设施，如雨篷、窗顶遮阳板等。

（1）二层平面图。图 8-10 是这幢住宅的二层平面图。由定位轴线及编号可看出，横向轴线增加了两根附加轴线。由楼梯间从标高为 ±0.000m 的底层地面经一个楼梯段到达标高为 2.400m 的二层楼面，该层有两户，户型左右对称。每户的起居室和主卧室中都有矩形凸窗，书房外面连通阳台。图中还表达了室外空调板、雨水管以及一层东南角、西南角两个储藏间门洞上方和楼梯间入口上方的雨篷。

（2）标准层平面图。图 8-11 是这幢住宅的标准层平面图，表达了三、四、五层的平面布置。其内容与二层平面图基本相同，不同之处主要是楼梯图例的画法。对于常见的双跑楼梯而言，中间层楼梯应画出上行梯段的几级踏步、下行梯段的一整段、中间平台及其下面的下行梯段的几级踏步，下行梯段与上行梯段的折断处，共用一条倾斜的折断线，折断线与踢面线倾斜 30°。

（3）顶层平面图。图 8-12 是这幢住宅的顶层平面图，注意顶层楼梯的画法。

（4）屋顶平面图。屋顶平面图主要用来表示屋顶的形状和大小、屋面的排水方向和坡度、檐沟和雨水管的位置以及水箱、烟道、上人孔等的位置和大小。

图 8-13 是这幢住宅的屋顶平面图。从图中可以看出，屋顶主要由坡屋面组成，局部为平屋面，南、北两边有天沟和挑檐。坡屋面上的雨水先排到天沟，再经雨水管排到地面。平屋面上的雨水沿 2% 的屋面坡度排到天沟，也经雨水管排到地面。楼梯间顶部局部突出，为平屋面，上面设有检修孔，由索引符号可知，其详图选自标准图集 05J5-1。

8.2.4 建筑立面图

1. 建筑立面图的形成与作用

建筑立面图是在与房屋立面相平行的投影面上所作的正投影。它主要表示房屋的体型和外貌、立面装修及立面上构配件的标高和必要的尺寸，也是建筑施工图中最基本的图样之一，在施工过程中主要用于室外装修。

立面图的数量与房屋的平面形状及外墙的复杂程度有关，原则上需要画房屋每一个方向的立面图。有定位轴线的建筑物，宜根据两端定位轴线编号命名，如①～⑪立面图、Ⓐ～Ⓕ立面图等；对于那些简单的无定位轴线的建筑物，则可按房屋立面的朝向命名，如南立面图、东立面图等。

建筑立面图用于表达建筑物在室外地面以上的外貌，主要包括立面上门窗的形式和位置、屋顶构造、墙面的材料和装修做法等，在施工中是室外装修、工程预算和施工备料等的重要依据。

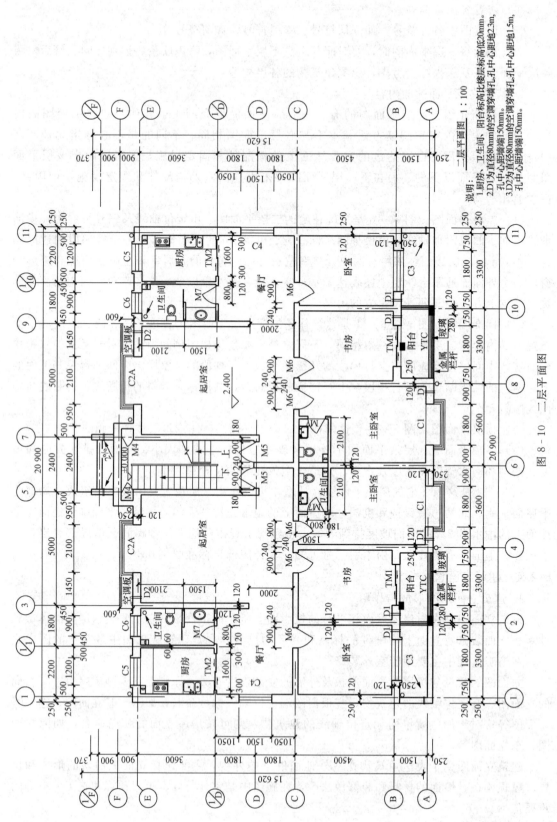

图 8 - 10　二层平面图

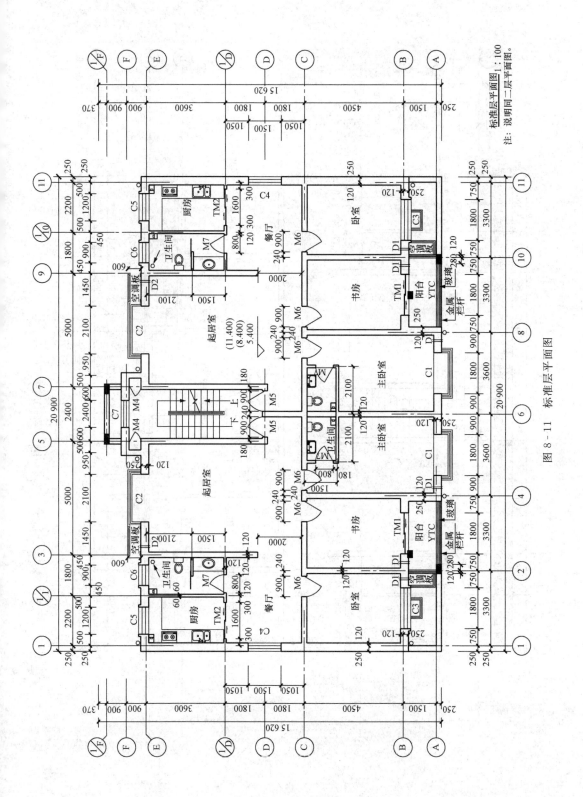

图 8 - 11 标准层平面图

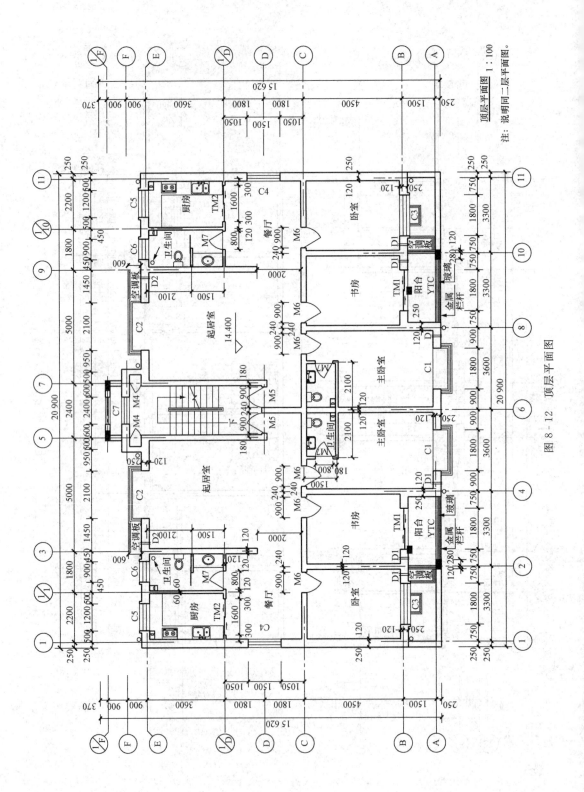

图 8-12　顶层平面图

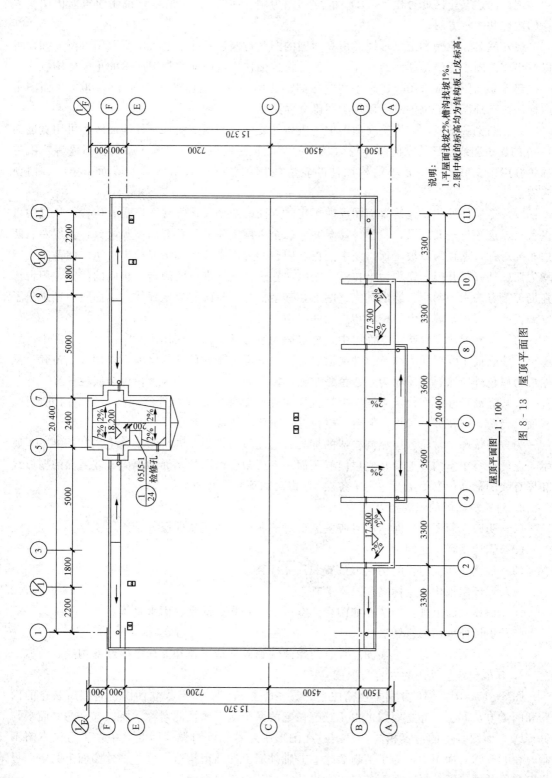

屋顶平面图　1:100

图 8 - 13　屋顶平面图

说明:
1.平屋面找坡2%,檐沟找坡1%。
2.图中板的标高均为结构板上皮标高。

2. 建筑立面图的内容与表达方法

现以前述某小区 6 号住宅楼①～⑪立面图为例，如图 8 - 14 所示，说明建筑立面图所表达的内容和图示方法。

（1）图名、比例和定位轴线。由立面图的图名对照这幢住宅的底层平面图（图 8 - 9）可以看出，该图表达的是朝南的立面，也就是将这幢住宅由南向北投射所得的正投影图。

建筑立面图通常采用与建筑平面图相同的比例，该立面图的比例为 1∶100。立面图中应标注两端外墙的定位轴线，以便于明确立面图与平面图的联系。

（2）图例和图线。在建筑立面图中，主体外轮廓线用粗实线，室外地面线也可用宽度为 1.4b 的加粗实线，建筑立面图外轮廓之内的墙面轮廓线以及门窗洞、阳台、雨篷等构配件的轮廓用中实线，一些较小的构配件的轮廓线用细实线，如雨水管、墙面引条线、门窗扇等。

（3）房屋的外貌。建筑立面图反映了房屋立面的造型及构配件的形式、位置。从图中可以看出，这幢住宅共六层，底层是储藏间，二至六层是住宅，且有凸窗和阳台，各层左右两边布局对称，屋顶为双坡屋顶。图中门窗、阳台的立面均按实际情况绘出，底层储藏间大门均为双扇外开平开门，窗均为推拉窗。按照《建筑制图标准》的规定，相同的门窗、阳台可在局部重点表示一两个，绘出其完整图形，其余部分可只画洞口轮廓线。立面图中还画出了空调板的位置以及墙面上与檐沟相连的四根雨水管。

（4）室外装修。在建筑立面图中，外墙面的装修常用指引线作出文字说明。从图中可以看出，该立面主要墙面为浅黄色外墙涂料，阳台立面为砖红色外墙涂料，空调板、窗套、挑檐板为白色外墙涂料，屋面为灰蓝色黏土瓦，阳台和凸窗外栏杆为银白色金属栏杆等。

（5）标高尺寸。在建筑立面图上，宜标注外墙上各主要构配件的标高，如室内外地坪、楼面、台阶、门窗洞、雨篷、阳台、檐口等，也可注相应的高度尺寸。

为方便读图，常将各层相同构造的标高一起注写，排列在同一铅垂线上。如图 8 - 14 所示，左侧注写了室内外地面、底层门洞顶面、各层阳台窗洞的底面和顶面、坡屋面的檐口线和屋脊线的标高；右侧主要注写了各层 C3 窗洞的顶面和底面的标高。

3. 建筑立面图的识读要点

（1）明确立面图与平面图的对应关系，对照各层平面图从底层开始逐层识读。

（2）识读图名、比例。

（3）识读立面上门窗的构造、位置和尺寸标高。

（4）识读屋顶构造及标高。

（5）识读立面上其他构造，如阳台、空调板、勒脚、散水、雨水管等。

（6）识读外墙面装修做法。

（7）立面图结合各层平面图，综合想象建筑物外部造型及外立面上各细部构造。

4. 其他建筑立面图的内容与识读

图 8 - 15、图 8 - 16 分别是这幢住宅的⑪～①立面图、⑥～Ⓐ立面图，它们所表达的内容和阅读方法同①～⑪立面图。由于这幢住宅的两个侧立面彼此对称，所以Ⓐ～⑥立面图与⑥～Ⓐ立面图表达的内容相同，只不过在图形中左右相互对调，因此其中一个可以省略不画。在⑥～Ⓐ立面图中，为了清晰表达Ⓔ①轴外墙上的凸窗构造，Ⓔ①轴外墙面上的空调板只有二层的画出了护栏，上面各层未画出护栏。请读者自行阅读。

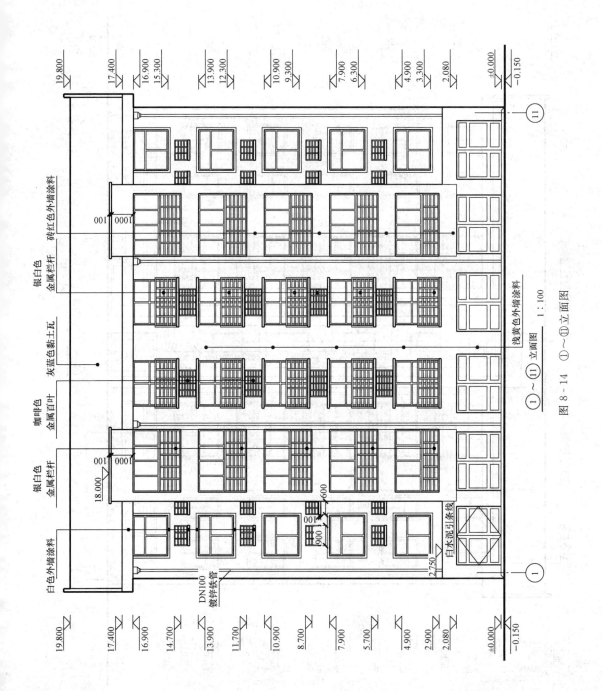

①～⑪立面图　1：100

图 8-14　①～⑪立面图

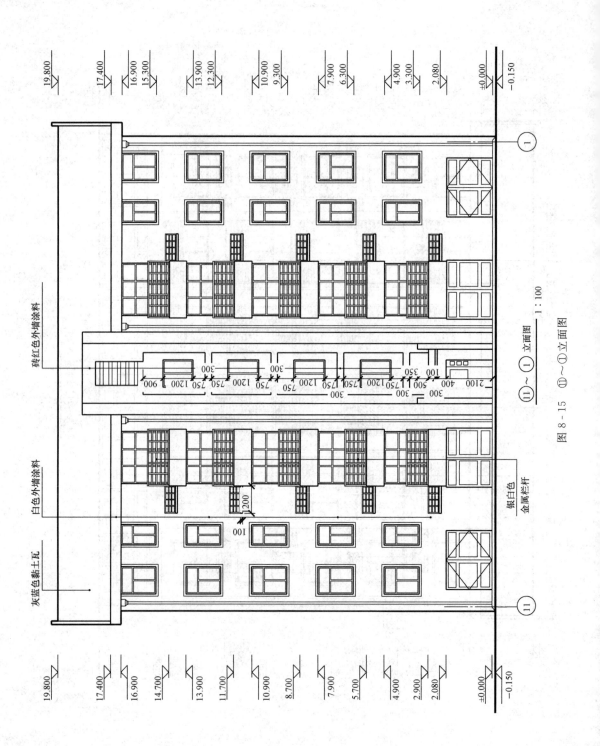

图 8-15 ①~⑪立面图

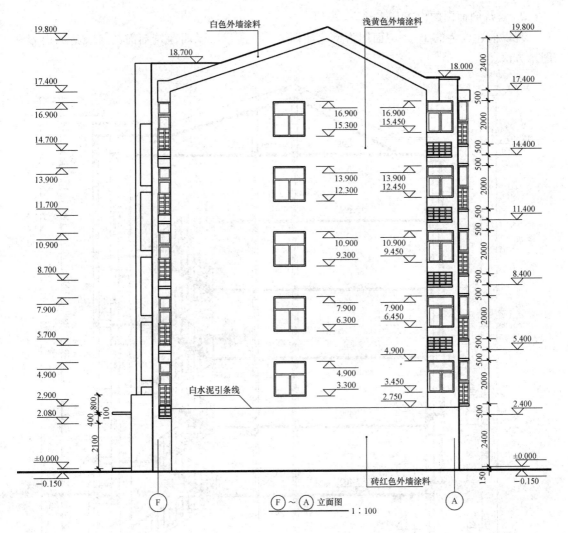

图 8 - 16　Ⓕ～Ⓐ立面图

8.2.5 建筑剖面图

1. 建筑剖面图的形成与作用

建筑剖面图是房屋的垂直剖面图,也就是用假想的平行于房屋立面的竖直剖切平面剖开房屋,移去剖切平面与观察者之间的部分,将留下的部分按剖视方向向投影面作正投影所得到的图样。建筑剖面图也是建筑施工图中最基本的图样之一,它与建筑平面图、建筑立面图相互配合,表示房屋的全局。

建筑剖面图用于表示建筑物内部竖直方向的结构构造,如竖向分层情况、各层楼地面与墙体的联系、楼梯间的构造、屋顶的构造以及相关的尺寸标高等,在施工中是进行分层、砌筑墙体和楼梯、铺设楼板、编制概预算和备料的重要依据。

建筑剖面图的数量应按房屋的复杂程度和施工中的实际需要确定。剖切的位置应选在房屋内部结构比较复杂或典型的部位,并经常通过门窗洞和楼梯的位置剖切。建筑剖面图以剖切符号的编号命名,剖切符号绘注在底层平面图中。

2. 建筑剖面图的内容与表达方法

现以前述住宅的 1—1 剖面图为例，如图 8‑17 所示，说明建筑剖面图所表达的内容和图示方法。

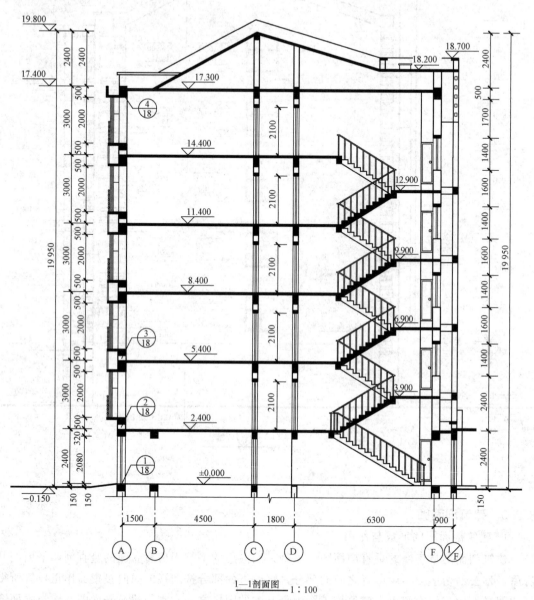

1—1剖面图 1：100

图 8‑17　1—1 剖面图

（1）图名、比例和定位轴线。图名是 1—1 剖面图，由此编号可在这幢住宅的底层平面图（图 8‑9）中找到对应的编号为 1 的剖切符号，可知 1—1 剖面图为阶梯剖面图，剖切位置通过楼梯间门洞，在走廊处转折后再通过定位轴线⑥、⑧之间储藏间的门洞，投射方向向左。对照这幢住宅的其他层平面图可以看出，通过楼梯间的剖切平面都是剖切各层东侧的楼梯段，另一个剖切平面都是剖切东边住户的主卧室，并通过该房间的门和窗。

1—1剖面图的比例是1:100。在建筑剖面图中，凡是被剖切到的墙、柱都要画出定位轴线并标注定位轴线间的距离，以便与建筑平面图对照阅读。

（2）剖切到的建筑构配件。在建筑剖面图中，应画出房屋基础以上被剖切到的建筑构配件，从而了解这些建筑构配件的位置、断面形状、材料和相互关系。从图中可以看到，被剖切到的室内外地面用一条粗实线表示，各层楼面、屋面及檐沟都是钢筋混凝土构件，均涂黑表示。剖切到的墙体有轴线编号为Ⓐ、Ⓕ的两道外墙和编号为Ⓒ、Ⓓ的内墙，在墙身的门窗洞顶面、屋面板底面的涂黑矩形断面，是钢筋混凝土的门窗过梁或圈梁。剖切到的楼梯段、楼梯梁、休息平台板都是钢筋混凝土构件，均涂黑表示。另外，还剖切到了这幢住宅入口上方的雨篷和装饰横梁。

（3）未剖切到的可见构配件。在建筑剖面图中还应画出未剖切到但按投影方向能看到的建筑构配件。图中画出了楼梯间内可见的楼梯段和栏杆、各层休息平台处的门M4、室外入口上方的装饰横梁和立柱、西山墙顶轮廓线、屋面检修孔等。

（4）尺寸和标高。在建筑剖面图中应标注房屋沿垂直方向的内外部尺寸和各部位的标高。外部通常标注三道尺寸，称为外部尺寸，从外到内依次为总高尺寸、层高尺寸和外墙细部尺寸。从图中可以看出，左边注出了三道尺寸，这幢住宅的总高度为19.950m，底层的层高为2.400m，二至六层的层高为3.000m，以及定位轴线编号为Ⓐ的外墙上窗洞的高度和洞间墙的高度。在图的右边注出了定位轴线编号为Ⓕ的外墙上门窗洞的高度和洞间墙的高度。在房屋的内部注出了Ⓒ、Ⓓ轴门洞的高度。在图中还注明了室内外地面、楼面、屋面、檐沟顶面、屋脊线、女儿墙顶面、楼梯休息平台等处的标高。

（5）索引符号。在建筑剖面图中，凡需绘制详图的部位均应画上详图索引符号。从图8-17中可以看出，在定位轴线编号为Ⓐ的墙上有四个详图索引符号，其详细构造和作法将在图8-18中表达。

3. 建筑剖面图的识读要点

（1）看图名。首先明确剖面图与平面图的联系，由剖面图的图名对照平面图中的剖切符号，确定剖面图的剖切位置和投射方向。

（2）识读各层地面、楼面、屋面及标高。

（3）识读剖到的墙体及门窗尺寸标高。

（4）识读楼梯间构造及尺寸标高。

（5）识读其他构造和符号。

（6）对照建筑平面图、立面图，综合想象建筑物整体构造。

8.2.6 建筑详图

虽然建筑平面图、建筑立面图和建筑剖面图共同配合表达了房屋的全貌，但由于所用的比例比较小，许多细部难以表达清楚，因此在建筑施工图中，常用较大的比例将细部的形状、大小、材料和作法详细地表达出来，以便施工，这种图样称为建筑详图，又称为大样图或节点图。详图的特点是比例大，尺寸标注齐全，文字说明详尽。

建筑详图的数量视房屋的复杂程度和平、立、剖面图的比例确定，一般有门窗详图、外墙剖面详图、楼梯详图、阳台详图等。建筑详图通常采用详图符号作为图名，与被索引的图样上的索引符号相对应，并在详图符号的右下侧注写绘图比例。若详图采用标准图，只需注明所选用图集的名称、标准图的图名和图号或页次，不必再画详图。

下面以前述住宅的部分建筑详图为例，说明建筑详图的内容、图示方法和读图要点。

1. 门窗详图

门窗通常都是由工厂制作，然后运往工地安装，因此，只需要在建筑平、立面图中表示门窗的外形尺寸和开启方向，其他细部构造（截面形状、用料尺寸、安装位置、门窗扇与框的连接关系等）则可查阅标准图集，而不必再画门窗详图。有关门窗的型号、尺寸、数量、选用的图集等均应在门窗表中注明，表8-3为该住宅的部分门窗表。

表8-3   6号住宅楼的部分门窗表

设计编号		洞口尺寸/(mm×mm)	数量						合计	图集名称	选用型号
			一层	二层	三层	四层	五层	六层			
窗	C1	1800×2000	0	2	2	2	2	2	10		S80KF-2TC-1820
	C2	2100×2200	0	0	2	2	2	2	8		S80KF-2TC-2122
	C2A	2100×2000	0	2	0	0	0	0	2	05J4-1	S80KF-2TC-2120
	C3	1800×1600	0	2	2	2	2	2	10		S80KF-2TC-1816
	C4	1500×1600	0	2	2	2	2	2	10		S80KF-2TC-1516

2. 外墙剖面详图

外墙剖面详图实际上是墙身的局部放大图，主要表达墙身从防潮层到屋顶各主要节点的构造和作法。画图时，常将各节点剖面图连在一起，中间用折断线断开。当多层房屋的中间各节点构造相同时，可只画出底层、顶层和一个中间层。如图8-18所示，是从1—1剖面图（图8-17）中索引过来的四个节点详图，从图中可以看出，它们是定位轴线为Ⓐ的外墙墙身节点详图。

识读外墙详图宜按照从下到上的顺序，依次识读墙脚节点、窗台节点、窗顶节点、檐口节点等处的构造。

详图1为底层节点详图，表明防潮层、坡道、底层地面等的构造和作法。从图中可以看到在墙体内距室内地面60mm处设置基础圈梁，圈梁兼作防潮层，以防止地下水对墙身的侵蚀。坡道、底层地面为多层构造，除了画出各层的材料图例外，还要采用分层说明的方法表示，具体方法是用引出线指向被说明的位置，引出线的一端通过被引出的各构造层，另一端画若干条与其垂直的横线，将文字说明注写在水平线的上方或端部，文字说明的次序应与构造的层次一致，如层次为横向排序，则由上至下的说明顺序应与由左至右的层次相互一致，如图8-18中2号详图中所示的外墙面做法。

详图2为窗台节点详图，表达凸窗窗台以及门顶、楼面、踢脚板、底层顶棚、外墙面等的做法。从图中可以看出凸窗窗台的作法是外窗台顶面和底面都用抹灰层作成一定的排水坡度，内窗台是在水平面上加白色水磨石面板。凸窗外为不锈钢管护栏。底层门洞顶部为钢筋混凝土圈梁，与钢筋混凝土楼板整体浇筑。

详图3为窗顶节点详图，表达窗顶及安放空调的百叶窗、内墙面、楼板板底粉刷等作法。通过标高标注可知三至六层的窗台、窗顶构造相同。

详图4为屋顶节点详图，它表明檐口、屋顶、顶层窗顶等的构造和作法。从图中可知屋

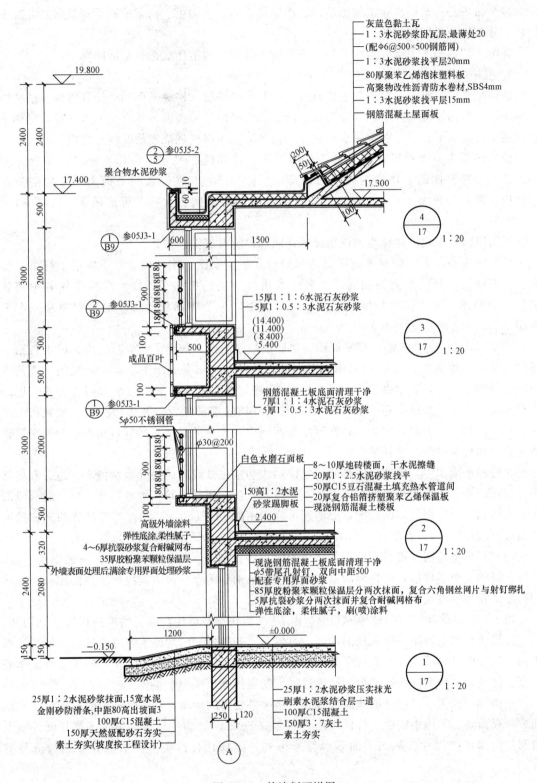

图8-18 外墙剖面详图

面为坡屋面，各构造层次作法如图所示。图中还表明了檐沟板、窗顶的圈梁都是钢筋混凝土构件，并与屋面板整体浇筑。

详图 3 和详图 4 上都有索引符号，表明索引部位的构造作法选自标准图集。

3. 楼梯详图

楼梯是多层建筑上下交通的主要设施，一般由楼梯段、楼梯平台和栏杆等组成。楼梯段简称梯段，由梯段板或梯梁和踏步构成。踏步的水平面称为踏面，垂直面称为踢面，楼梯平台包括平台板和平台梁。在房屋建筑中应用最多的是预制或现浇钢筋混凝土楼梯。

楼梯详图主要表示楼梯的类型、结构形式、各部位的尺寸及装修作法等。楼梯详图一般包括楼梯平面图、楼梯剖面图和踏步、栏杆等节点详图。楼梯平面图、楼梯剖面图比例应一致，一般为 1∶50，踏步、栏杆等节点详图比例更大些，可采用 1∶5、1∶10、1∶20 等。

下面以前述住宅的楼梯为例说明楼梯详图的内容及其图示方法。

（1）楼梯平面图。楼梯平面图是楼梯间的水平剖面图，剖切位置位于各层上行第一梯段上，其画法与建筑平面图相同。一般应画出每一层的楼梯平面图。多层房屋若中间各层楼梯的形式、构造完全相同时，可以只画底层、一个中间层（标准层）和顶层三个平面图。

图 8-19 是前述住宅的楼梯平面图。在底层平面图中，画出了到折断线为止的上行第一梯段，箭头和数字表示上 15 级可由一层到达二层；在二层平面图中，有折断线的一边是该层的上行第一梯段，表示由二层上到三层共 18 级，而折断线的另一边是未剖切到的该层的下行梯段，表示由二层下到一层共 15 级；三～五层的楼梯位置以及楼梯段数、级数和大小完全相同，共用一个平面图表示；在顶层平面图中，表达的是从顶层下行到五层的两个完整的楼梯段和楼梯段间的楼梯平台。

在楼梯平面图中，除注出楼梯间的定位轴线和定位轴线间的尺寸以及楼面、地面和楼梯平台的标高外，还要注出梯段的宽度和水平投影长度、楼梯井等各细部尺寸，标注时梯段的水平投影长度＝踏面数×踏面宽，如底层平面图中的 14×280＝3920。值得注意的是梯段的踏面数＝踢面数－1。在底层平面图中，还需标注楼梯剖面图的剖切符号。

（2）楼梯剖面图。楼梯剖面图是楼梯间的垂直剖面图。即假想用一个铅垂的剖切平面，通过各层的一个楼梯段，将楼梯间剖开，向没有被剖到的楼梯段方向投射所得的图样，其剖切符号画在楼梯底层平面图中。

图 8-20 是前述住宅的楼梯剖面图。由 1—1 剖切符号可知，底层的单跑梯段未剖切到，二至五层每层的上行第一梯段被剖切到。习惯上，若楼梯间的屋面无特殊之处，一般可折断不画。从图中可以看出，只有一层为一个梯段，其余各层每层有两个梯段，梯段是现浇钢筋混凝土楼梯，与楼面、楼梯平台的钢筋混凝土现浇板浇筑成一个整体。

在楼梯剖面图中，应注明地面、楼面、楼梯平台等的标高。标注时梯段的高度尺寸＝踢面数×踢面高，如图中底层上行梯段处的 15×160＝2400。图中还详细表示了楼梯间外墙上窗洞及窗间墙的尺寸。从图中的索引符号可知，楼梯栏杆、扶手、踏步等节点构造另有详图。

（3）楼梯节点详图。图 8-21 是前述住宅的楼梯节点详图。编号为 1 的节点详图是从 1—1 楼梯剖面图（图 8-20）索引过来的。它表明了踏步、栏杆等的细部尺寸、构造和作

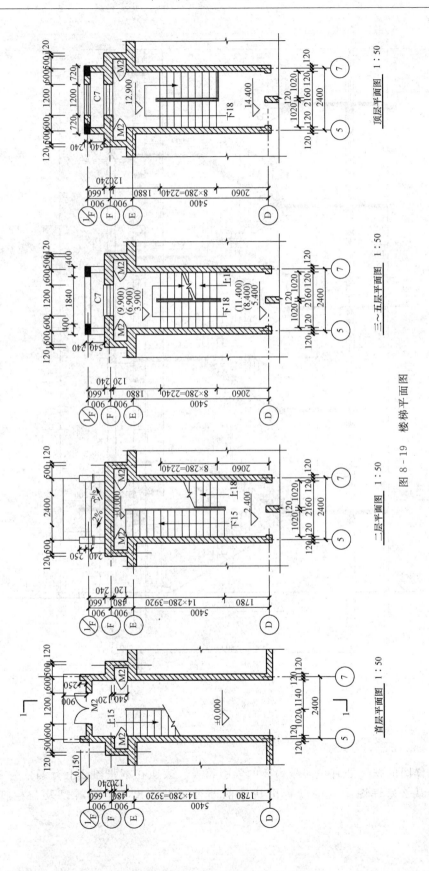

图 8 - 19　楼梯平面图

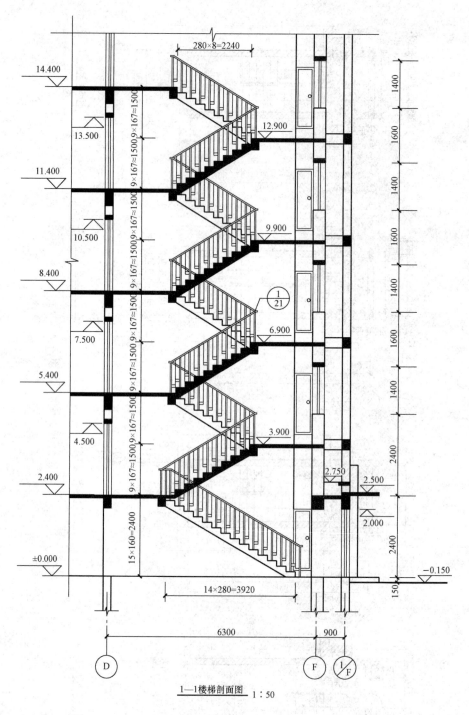

1—1楼梯剖面图　1:50

图 8-20　楼梯剖面图

法。在这个详图的扶手处有一编号为 2 的索引符号，表明在本张图纸上有编号为 2 的扶手断面详图。从 2 号详图中，可以看出扶手的断面形状、尺寸、材料以及与栏杆的连接情况。

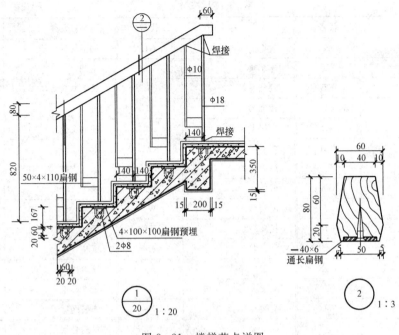

图 8 - 21　楼梯节点详图

8.3　结构施工图

8.3.1　概述

1. 结构施工图简介

根据房屋建筑的安全与经济施工的要求，首先进行结构选型和构件布置，再通过力学计算，确定建筑物各承重构件（如基础、墙、梁、板、柱等）的形状、尺寸、材料及构造等，最后将计算、选择结果绘成图样，即为结构施工图。

结构施工图主要用于基础施工、钢筋混凝土构件的制作，同时也是计算工程量、编制预算和进行施工组织设计的依据。

2. 结构施工图的内容

结构施工图包括以下三方面内容：

（1）结构设计总说明。主要包括结构设计的依据，抗震设计，地基情况，各承重构件的材料、强度等级、施工要求以及选用的标准图集等。

（2）结构平面图。主要包括基础平面图、楼层结构平面图、屋面结构平面图等。

（3）结构详图。主要包括基础详图，梁、板、柱构件详图，楼梯结构详图和屋架结构详图等。

3. 常用构件代号

在结构施工图中常用代号来表示构件的名称。构件代号采用该构件名称汉语拼音中的第一个字母表示。代号后应用阿拉伯数字标注该构件的型号或编号，也可为构件的顺序号。根据《建筑结构制图标准》（GB/T 50105—2010）规定，部分常用构件代号见表 8 - 4。当采用标准图或通用图集中的构件时，应标注相应图集中的构件代号或型号。

表 8 - 4   常 用 构 件 代 号

名称	代号	名称	代号	名称	代号
板	B	过梁	GL	构造柱	GZ
屋面板	WB	连系梁	LL	基础	J
空心板	KB	基础梁	JL	设备基础	SJ
槽形板	CB	楼梯梁	TL	桩	ZH
折板	ZB	框架梁	KL	柱间支撑	ZC
密肋板	MB	框支梁	KZL	垂直支撑	CC
楼梯板	TB	屋面框架梁	WKL	水平支撑	SC
盖板或沟盖板	GB	檩条	LT	梯	T
挡雨板或檐口板	YB	屋架	WJ	雨篷	YP
吊车安全走道板	DB	托架	TJ	阳台	YT
墙板	QB	天窗架	CJ	梁垫	LD
天沟板	TGB	框架	KJ	预埋件	M
梁	L	刚架	GJ	天窗端壁	TD
屋面梁	WL	支架	ZJ	钢筋网	W
吊车梁	DL	柱	Z	钢筋骨架	G
圈梁	QL	框架柱	KZ	暗柱	AZ

注：1. 预制混凝土构件、现浇混凝土构件、钢构件和木构件，一般可采用本附录中的构件代号。在绘图中，除混凝土构件可以不注明材料代号外，其他材料的构件可在构件代号前加注材料符号，并在图纸中加以说明。

2. 预应力混凝土构件的代号，应在构件代号前加注"Y"，如 YKB 表示预应力混凝土空心板。

8.3.2 钢筋混凝土构件详图

1. 钢筋混凝土构件

钢筋混凝土构件是由钢筋和混凝土两种材料组成的共同受力构件。钢筋混凝土构件有现浇和预制两种。现浇是指在施工现场通过支模板、绑扎钢筋、浇筑混凝土、养护等工序制作成型；预制是指在其他地方预先浇筑好，然后运到现场进行吊装。

（1）混凝土的基本知识。混凝土是由水泥、砂、石子和水按一定比例拌和，经一定时间硬化而成的一种人工石材，俗称"砼"。混凝土抗压强度高，但混凝土的抗拉强度低，一般仅为抗压强度的 1/10～1/20，受拉时容易开裂。

混凝土强度等级应按立方体抗压强度标准值确定。立方体抗压强度标准值系指按标准方法制作养护的边长为 150mm 的立方体试件，在 28d 或设计规定龄期以标准试验方法测得的具有 95％保证率的抗压强度值。混凝土的强度等级按《混凝土结构设计规范》（GB 50010—2010）规定分为 C15、C20、C25、C30、C35、C40、C45、C50、C55、C60、C65、C70、C75、C80 等十四个等级，数字越大，抗压强度越高。

钢筋具有良好的抗压、抗拉强度，而且与混凝土有良好的粘结力，其热膨胀系数与混凝土相近，两者结合在一起，可得到具有良好使用性能的钢筋混凝土构件。如图 8 - 22

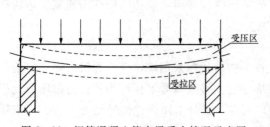

图 8 - 22 钢筋混凝土简支梁受力情况示意图

所示，支承在两端砖墙上的钢筋混凝土简支梁，在均布荷载的作用下产生弯曲变形，上部为受压区，主要由混凝土承受压力，下部为受拉区，主要由钢筋承受拉力。

（2）钢筋的基本知识。

1）钢筋的作用及分类。配置在钢筋混凝土构件中的钢筋，按其所起的作用可分为：

①受力筋。承受拉力、压力或剪力的钢筋。在梁、板、柱等各种钢筋混凝土构件中都有配置。如图 8 - 23（a）所示的梁下部的三根钢筋，8 - 23（b）所示板下部的受力筋。

②架立筋。一般只在梁中使用，与受力筋、箍筋一起形成钢筋骨架，用以固定箍筋位置。如图 8 - 23（a）中所示梁上部的两根钢筋。

③箍筋。一般用于梁、柱内，用以固定受力筋的位置，并承受一定的斜拉应力。

④分布筋。一般用于板内，与受力筋垂直，用以固定受力筋的位置，与受力筋一起构成钢筋网片，使作用力均匀分布给受力筋。

⑤构造筋。因构件在构造上的要求或根据施工安装的需要而配置的钢筋。如图 8 - 23（b）中板支座顶部的钢筋为构造筋。

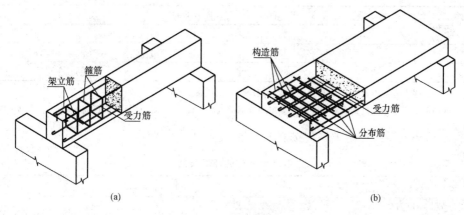

图 8 - 23　钢筋的分类
（a）钢筋混凝土梁；（b）钢筋混凝土板

2）钢筋的种类及符号。普通热轧钢筋是建筑工程中用量最大的钢筋，按其外形有光圆钢筋和带肋钢筋之分。热轧光圆钢筋的牌号为 HPB300；常用热轧带肋钢筋的牌号有 HRB335、HRB400 和 HRB500 几种，HRBF 是细晶粒热轧带肋钢筋，RRB 是余热处理带肋钢筋。钢筋经冷拉或冷拔后，也能提高强度，对于预应力构件中常用的钢绞线、钢丝等可查阅有关的资料。

《混凝土结构设计规范》（GB 50010—2010）中规定了各种钢筋的符号，以便标注和识别，常用的钢筋见表 8 - 5。

3）钢筋的保护层。构件中最外层钢筋外边缘至混凝土表面的距离称为混凝土保护层厚度，简称保护层。钢筋混凝土构件的钢筋不能外露，为了防锈、防火、防腐蚀，钢筋的外边缘到构件表面之间应留有一定厚度的保护层。保护层的厚度与结构的使用年限、环境类别、构件及钢筋种类等因素有关。

《混凝土结构设计规范》（GB 50010—2010）规定，设计使用年限为 50 年的混凝土结构，最外层钢筋的保护层厚度应符合表 8 - 6 的规定。

表 8 - 5　　　　　　　　　　　　　　　普通钢筋的牌号及符号

牌号	符号	公称直径 d/mm	强度级别/MPa	说　　　明
HPB300	ϕ	6～22	300	热轧光圆钢筋
HRB335	Φ	6～50	335	普通热轧带肋钢筋
HRBF335	Φ^F			细晶粒热轧带肋钢筋
HRB400	Φ	6～50	400	普通热轧带肋钢筋
HRBF400	Φ^F			细晶粒热轧带肋钢筋
RRB400	Φ^R			余热处理带肋钢筋
HRB500	Φ	6～50	500	普通热轧带肋钢筋
HRBF500	Φ^F			细晶粒热轧带肋钢筋

注：表中钢筋牌号的数字是钢筋的强度级别，可分别称为 HPB300 级钢筋、HRB335 级钢筋、HRB400 级钢筋、RRB400 级钢筋等。

表 8 - 6　　　　　　　　　　　混凝土保护层的最小厚度　　　　　　　　　（单位：mm）

环境类别	板、墙	梁、柱	环境类别	板、墙	梁、柱
一	15	20	三 a	30	40
二 a	20	25	三 b	40	50
二 b	25	35			

注：1. 混凝土强度等级不大于 C25 时，表中保护层厚度数值应增加 5mm。

　　2. 钢筋混凝土基础宜设置混凝土垫层，基础中钢筋的混凝土保护层厚度应从垫层顶面算起，且不应小于 40mm。

混凝土结构暴露的环境类别应按表 8 - 7 的要求划分。

表 8 - 7　　　　　　　　　　　　　　　混凝土结构的环境类别

环境类别	条　　件
一	室内干燥环境； 无侵蚀性静水浸没环境
二 a	室内潮湿环境； 非严寒和非寒冷地区的露天环境； 非严寒和非寒冷地区与无侵蚀性的水或土壤直接接触的环境； 严寒和寒冷地区的冰冻线以下与无侵蚀性的水或土壤直接接触的环境
二 b	干湿交替环境； 水位频繁变动环境； 严寒和寒冷地区的露天环境； 严寒和寒冷地区冰冻线以上与无侵蚀性的水或土壤直接接触的环境
三 a	严寒和寒冷地区冬季水位变动区环境； 受除冰盐影响环境； 海风环境
三 b	盐渍土环境； 受除冰盐作用环境； 海岸环境

注：1. 室内潮湿环境是指构件表面经常处于结露或湿润状态的环境。

　　2. 严寒和寒冷地区的划分应符合现行国家标准《民用建筑热工设计规范》（GB 50176）的有关规定。

　　3. 暴露的环境是指混凝土结构表面所处的环境。

4）钢筋的锚固和弯钩。锚固是为防止钢筋滑移或者被拔出，钢筋混凝土结构中钢筋能够受力，主要是依靠钢筋和混凝土之间的粘结锚固作用，因此锚固是混凝土结构受力的基础，如果钢筋的锚固失效，则结构可能丧失承载能力并由此引发结构破坏。钢筋的锚固长度一般指梁、板、柱等构件的受力钢筋伸入支座或基础中的长度，可以直线锚固和弯折锚固，锚固长度用 l_a 表示。

为了使钢筋和混凝土之间具有良好的粘结力，钢筋的端部常需做出弯钩。《混凝土结构设计规范》（GB 50010—2010）中规定，HPB300级钢筋末端应做180°弯钩，其弯弧内直径不应小于钢筋直径的2.5倍，弯钩的弯后平直部分长度不应小于钢筋直径的3倍，但做受压钢筋时可不做弯钩，如图8-24（a）所示；带肋钢筋端部一般不需做弯钩，当纵向受拉普通钢筋末端采用弯钩时，弯钩的形式和技术要求如图8-24（b）、（c）所示；箍筋在交接处常做出斜弯钩，弯钩的形式如图8-24（d）所示。

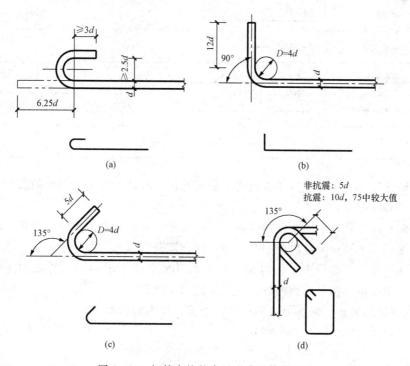

图8-24　钢筋弯钩的常见形式和简化画法
（a）HPB300级钢筋的180°弯钩；（b）末端带90°弯钩；（c）末端带135°弯钩；（d）封闭箍筋的弯钩

5）钢筋的弯起。根据构件受力需要，常需在构件中设置弯起钢筋，即将构件下部的纵向受力钢筋在靠近支座附近弯起，弯起钢筋的弯起角一般为45°或60°。如图8-23（a）所示，梁底部中间有一根钢筋在端部向上弯起。

2. 钢筋混凝土构件的图示方法与标注

用来表示钢筋混凝土构件的形状尺寸和构件中的钢筋配置情况的图样称为钢筋混凝土构件详图，又称为配筋图，其图示重点是钢筋及其配置。

（1）图示方法。假想混凝土是透明体，构件内的钢筋是可见的。构件外形轮廓线采用细实线，钢筋用粗实线画出。断面图中被截断的钢筋用黑圆点画出，断面图上不画混凝土的材料图例。

配筋图上各类钢筋的交叉重叠很多，为了清楚地表示出有无弯钩及它们相互搭接情况，《建筑结构制图标准》（GB/T 50105—2010）中规定普通钢筋的一般表示方法见表 8-8。

表 8-8 普通钢筋的表示方法

名　　称	图　　例	说　　明
钢筋横断面	●	
无弯钩的钢筋端部		下图表示长、短钢筋投影重叠时，短钢筋的端部用 45° 斜短线表示
带半圆形弯钩的钢筋端部		
带直钩的钢筋端部		
带丝扣的钢筋端部		
无弯钩的钢筋搭接		
带半圆弯钩的钢筋搭接		
带直钩的钢筋搭接		

（2）钢筋的标注。构件中的各种钢筋应进行标注，标注内容包括钢筋的编号、数量、强度等级、直径和间距等。

构件中对不同形状、不同规格的钢筋应进行编号。其中规格、直径、形状、尺寸完全相同的钢筋，编同一个号；上述各项中有一项不同则需分别编号。构件中的所有钢筋宜按先主后次的顺序逐一编号，编号应采用阿拉伯数字，写在直径为 5～6mm 的细实线圆圈内。对于简单构件，钢筋可不编号。钢筋标注一般采用以下两种形式：

1）标注钢筋的数量、强度等级和直径，如梁、柱内的纵筋。

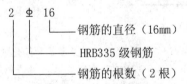

2）标注钢筋的强度等级、直径和相邻钢筋的中心间距，如梁、柱内箍筋和板内钢筋。

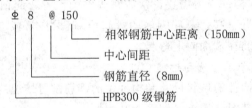

3. 钢筋混凝土梁、板、柱

（1）钢筋混凝土梁。如图 8-25 所示为钢筋混凝土梁的配筋图，包括配筋立面图、配筋断面图、钢筋大样图和钢筋表。

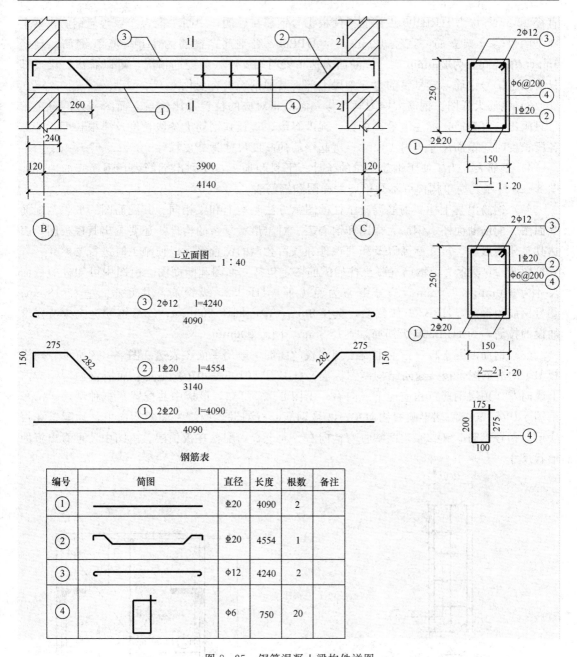

图8-25 钢筋混凝土梁构件详图

1）配筋立面图。由立面图可知梁的外形尺寸，梁的两端搁置在砖墙上，该梁共配置四种钢筋：①、②号钢筋为受力筋，位于梁下部，通长配置，其中②号钢筋为弯起钢筋，其中间段位于梁下部，在两端支座处弯起到梁上部，图中注出了弯起点的位置；③号钢筋为架立筋，位于梁上部，通长配置；④号钢筋为箍筋，沿梁全长均匀布置，在立面图中箍筋采用了简化画法，在适当位置画出三至四根即可。

2）配筋断面图。断面图表达了梁的断面形状尺寸，注明了各种钢筋的编号、根数、强度等级、直径、间距等。1—1断面表达了梁跨中的配筋情况，该处梁下部有三根受力筋，直径 20mm，均为 HRB400 级钢筋，两根①号钢筋在外侧，中间一根为②号弯起钢筋；梁上部是两根③号架立筋，直径 12mm，为 HPB300 级钢筋；箍筋为 HPB300 级钢筋，直径 6mm，中心间距为 200mm。2—2 断面表达了梁两端支座处的配筋情况，可以看出，梁下部只有两根①号钢筋，②号钢筋弯起到梁上部，其他钢筋没有变化。

3）钢筋大样图。钢筋大样图画在与立面图相对应的位置，比例与立面图一致。每个编号只画出一根钢筋，标注编号、根数、强度等级、直径和钢筋上各段长度及单根长度。计算各段长度时，箍筋尺寸为内皮尺寸，弯起钢筋的高度尺寸为外皮尺寸。

4）钢筋表。为了便于钢筋用量的统计、下料和加工，要列出钢筋表，钢筋表的内容如图 8-25 所示。简单构件可不画钢筋大样图和钢筋表。

（2）钢筋混凝土柱。钢筋混凝土柱的图示方法基本上和梁相同。其配筋图一般包括配筋立面图、配筋断面图、钢筋大样图和钢筋表。对于形状复杂的构件，还要画出其模板图，表达其具体的形状、尺寸标高以及预埋铁件和预留孔洞的位置等，以便施工时进行支模。

图 8-26 所示为某钢筋混凝土柱的配筋图，包括立面图和断面图。由图中可知柱的截面尺寸为 370mm×370mm；①号钢筋为受力筋，HRB335 级钢筋，共 8 根，直径 18mm；②号钢筋为箍筋，HPB300 级钢筋，直径 8mm，中心间距 200mm；③号钢筋为按构造要求加设的拉筋，为 HPB300 级钢筋，直径 8mm，间距 200mm。

（3）钢筋混凝土板。钢筋混凝土现浇板的配筋一般用平面图表达。图 8-27 所示为现浇板 B-1 的配筋图。按《建筑结构制图标准》（GB/T 50105—2010）规定：底层钢筋弯钩应向上或向左，顶层钢筋弯钩应向下或向右。由图 8-27 可知，该板中共配置了三种钢筋：①号钢筋 φ 10@150，两端半圆弯钩向左；②号钢筋 φ 8@150，两端半圆弯钩向上，均配置在板底层；③号钢筋 φ 6@200，两端直弯钩向右、向下，均配置在板顶层。由图中还可看出板的形状尺寸。

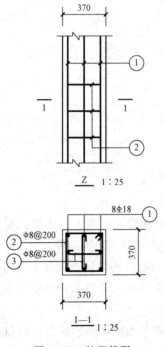

图 8-26 柱配筋图

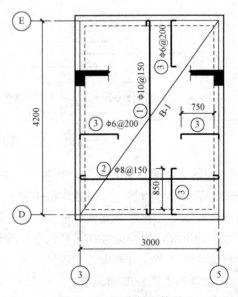

图 8-27 现浇板配筋图

4. 钢筋混凝土构件详图的识读要点

(1) 识读构件的代号和编号,明确构件在整个结构中的位置。

(2) 识读构件的形状和各部位的尺寸、标高。

(3) 识读构件的配筋。重点识读构件中不同位置配置钢筋的形状、数量、强度等级、直径、长度等。

8.3.3 基础图

基础是位于建筑物室内地面以下的承重构件,它把房屋的各种荷载传递给地基,起到了承上启下的作用。常用的形式有条形基础和独立基础。图 8 - 28 (a) 所示为条形基础,条形基础一般为砖墙的基础;图 8 - 28 (b) 所示为条形基础的构造组成:地基是基础下面的土层,承受由基础传递的建筑物的全部荷载;垫层位于基础与地基之间,将基础传来的荷载均匀地传递给地基;基础底部一阶一阶扩大的部分称为大放脚,大放脚可以增加基础底部与垫层的接触面积,减少垫层上单位面积的压力;为了防止墙身受潮,通常在室内地面以下设置防潮层。图 8 - 29 所示为独立基础,柱下常采用独立基础,独立基础通常有阶梯形和坡形(锥形)两种形式,如图 8 - 29 (a)、(b) 所示。

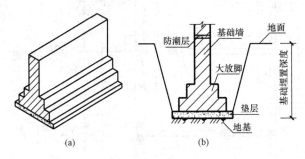

(a)　　　　　　　(b)

图 8 - 28　条形基础及构造组成

(a) 条形基础;(b) 构造组成

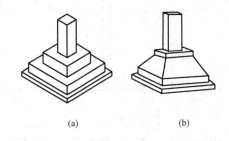

(a)　　　　　　　(b)

图 8 - 29　独立基础

(a) 阶梯形独立基础;(b) 坡形独立基础

基础图包括基础平面图和基础详图。基础图是表示建筑物室内地面以下基础部分的平面布置和详细构造的图样,它是施工时放灰线、开挖基坑和砌筑基础的依据。下面以前述住宅楼的条形基础为例,说明基础平面图和基础详图的图示内容和表达方法。

1. 基础平面图

(1) 形成与作用。基础平面图是假想用一个水平剖切平面在房屋底层地面以下适当位置剖切,移去上部房屋和回填土后,所作出的水平投影图。基础平面图主要表达基础的平面布置,是施工时放灰线、挖基坑的主要依据。

(2) 内容与表达方法。图 8 - 30 是前述住宅的基础平面图,它与建筑施工图中的底层平面图关系密切,应配合起来阅读。

1) 绘图比例。基础平面图的比例一般采用 1:100 或 1:50、1:200,基础平面图的比例与建筑施工图中建筑平面图的比例应相同,本例采用 1:100。

2) 定位轴线。轴线的编号必须和建筑施工图中平面图的轴线编号完全一致,它是放线的依据。图中标注了定位轴线间距。

3) 基础的平面布置。从图 8 - 30 中可以看出,该房屋基础为条形基础。轴线两侧中粗实线表示基础墙,细实线表示基础底边线,图中标注了基础宽度。以①轴线为例,墙厚 370mm,

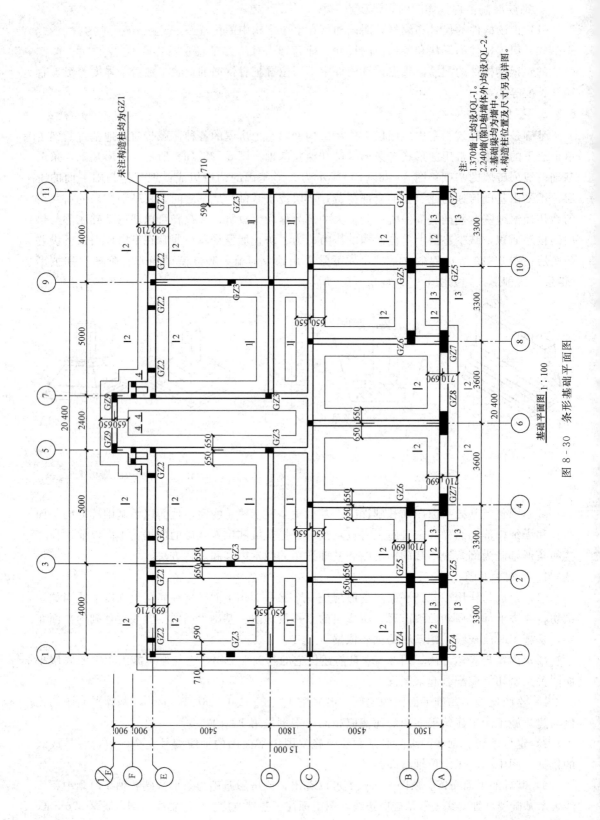

基础平面图 1：100

图 8 - 30 条形基础平面图

注：
1. 370墙上均设JQL-1。
2. 240墙(除D轴墙体外)均设JQL-2。
3. 基础梁均为墙中。
4. 构造柱位置及尺寸另见详图。

基础底面宽度尺寸 1300mm，基底左右边线到轴线的定位尺寸为 710mm 和 590mm。

4）构造柱。由砖墙承重的混合结构，常在砖墙内设置一定数量的钢筋混凝土构造柱，使其和砖墙紧固在一起以增加建筑物的整体性。构造柱涂黑表示，其编号已在图中注明。构造柱的定形、定位尺寸及配筋情况另有详图表示。图 8 - 31 中给出了 GZ1、GZ2 的配筋断面图。

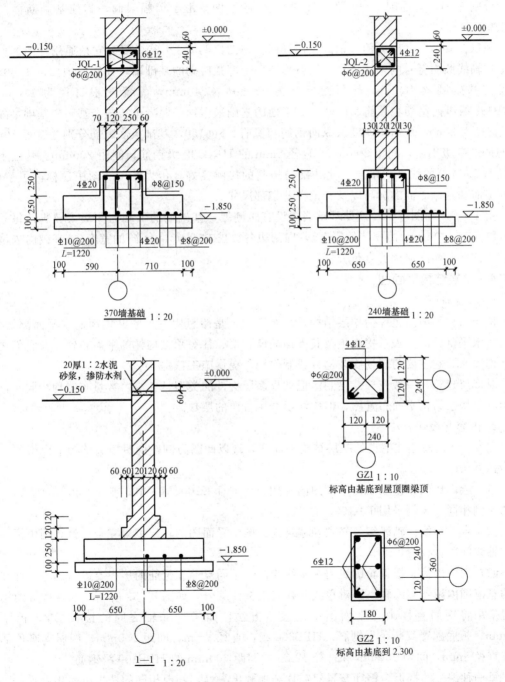

图 8 - 31　基础详图

5）剖切符号。凡构造、尺寸、配筋不同的基础，都要画出它的断面图，即基础详图，并在基础平面图上用剖切符号表示断面图的剖切位置，如1—1、2—2断面等。

2. 基础详图

基础详图是垂直剖切的断面图。基础断面图表达了基础的形状、大小、构造、材料及埋置深度，并以此作为砌筑基础的依据。常用较大比例画出。图8-31给出了三个基础断面图，分别是370墙基础、240墙基础和1—1断面图。由于篇幅限制，其他基础断面图未给出。

现以370墙断面图为例，识读基础详图。该图比例为1：20，因为它是通用详图，所以在定位轴线圆圈符号内未注编号。该条形基础上部是砖砌的基础墙，在底层地面以下60mm处设有基础圈梁JQL-1，其断面尺寸为370mm×240mm，配置6根直径为12mm的HRB335级纵向钢筋和箍筋φ6@200。下面的基础采用钢筋混凝土结构，基础中基础梁配置8根直径为20mm的HRB400级纵向钢筋和箍筋φ8@150，基础板底配筋分别是直径10mm的HRB335级钢筋，间距200mm；直径8mm的HRB335级钢筋，间距200mm。基础下面设置100mm厚的混凝土垫层，使基础与地基的接触良好，传力均匀。图中还标注了室内、室外地面和基础底面的标高以及其他一些细部尺寸。

由1—1断面图可见，该处基础墙内设有防潮层，基础墙的下端为两级大放脚，每一层大放脚高为120mm（两皮砖的厚度），向两边各放出60mm（1/4砖的宽度），基础内未设基础梁。其他断面图请读者自行分析。

8.3.4 楼层结构平面图

1. 形成与作用

楼层结构平面图也称为楼层结构平面布置图，是假想用一个紧贴楼面的水平面剖切后，所得的水平剖面图。表示楼面板及其下面的墙、梁、柱等承重构件的平面布置以及它们之间的结构关系。它主要为现场安装构件或制作构件提供施工依据。

对多层建筑，一般应分层绘制。但如果多层构件的类型、大小、数量布置均相同时，可共用一个楼层结构平面布置图，但应注明合用各层的层数。

2. 内容与表达方法

图8-32是前述住宅楼的二层结构平面图。现以此图为例，说明楼层结构平面图的内容及表达方法。

（1）绘图比例。楼层结构平面图的常用比例是1：200、1：100或1：50，与基础平面图的比例相同。本例采用1：100。

（2）定位轴线。轴线编号必须和建筑施工图中平面图的轴线编号完全一致，图中标注了定位轴线间距。

（3）现浇楼板。楼板轮廓线用细实线绘制，不同尺寸和配筋的楼板要进行编号，即在楼板的总范围内用细实线画一条对角线并在其上标注编号，如图8-32所示。现浇楼板的钢筋配置采用将钢筋直接画在平面图中的表示方法，如④～⑥轴之间的楼板B-8，板厚为110mm，板底配置双向受力钢筋，HPB300级，直径8mm，间距150mm，四周支座顶部配置有直径8mm，间距200mm和直径12mm，间距200mm的HPB300级钢筋。

每一种编号的楼板，钢筋布置只需详细地画出一处，其他相同的楼板可简化表示，仅标注编号即可。从图8-32中可看出，该层结构平面布置左右对称，因此，左半部分楼板表达

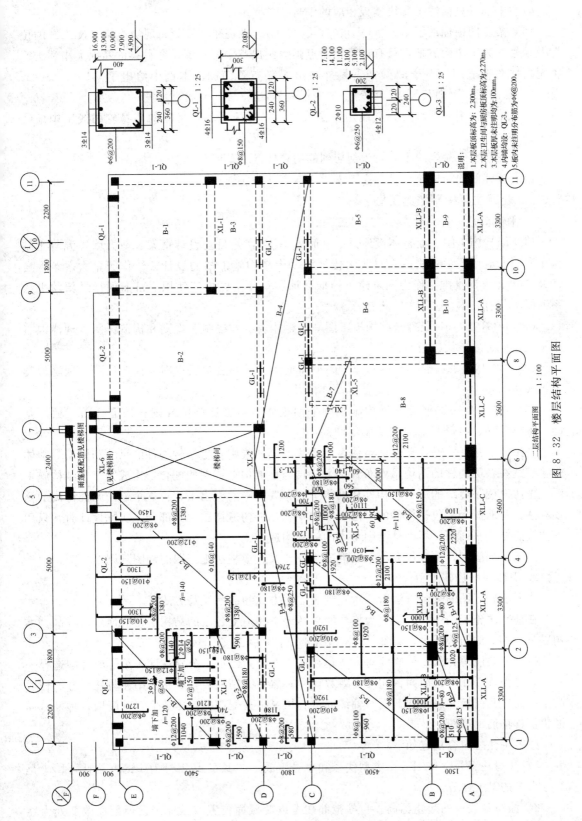

图 8-32 楼层结构平面图

详尽，右半部分只标注了每块楼板相应的编号。

（4）梁。图中标注了圈梁（QL）、过梁（GL）、现浇梁（XL）、现浇连梁（XLL）的位置及编号。为了图面清晰，只有过梁用粗点画线画出其中心位置。各种梁的断面大小和配筋情况由详图来表明，对于圈梁常需另外画出圈梁布置简图，本例中给出了 QL-1、QL-2、QL-3 的断面图，可知其尺寸、配筋、梁底标高等。

（5）墙体。剖切到墙身轮廓线用中实线表示，楼板下面不可见的墙身轮廓线用中虚线表示。

（6）柱。图中涂黑的小方块为剖切到的构造柱。

（7）楼梯间的结构布置另有详图表示，本书从略。

8.3.5 混凝土结构平法施工图

1. 平法概述

建筑结构施工图平面整体设计方法（简称平法），是目前设计框架、剪力墙等混凝土结构施工图的通用图示方法，它对我国传统混凝土结构施工图的设计方法作了重大改革，自1996 年经建设部批准，作为国家建筑标准设计图集在全国推广使用。目前现行最新的平法系列图集共有三本，这三本图集包括：

（1）11G101—1《混凝土结构施工图平面整体表示方法制图规则和构造详图（现浇混凝土框架、剪力墙、梁、板)》。

（2）11G101—2《混凝土结构施工图平面整体表示方法制图规则和构造详图（现浇混凝土板式楼梯)》。

（3）11G101—3《混凝土结构施工图平面整体表示方法制图规则和构造详图（独立基础、条形基础、筏形基础及桩基承台)》。

平法的表达形式是按照平面整体表示方法的制图规则，把结构构件的尺寸和配筋等整体直接表达在各类构件的结构平面布置图上，再与标准构造详图相配合，构成完整的结构施工图。平法改变了传统的那种将构件从结构平面布置图中索引出来，再逐个绘制配筋详图的繁琐方法。每册图集都包括构件的平法制图规则和标准构造详图两大部分。实际设计时，只用平法绘制结构平面图，不必抄绘图集中的标准构造详图。

限于篇幅限制，本节仅介绍钢筋混凝土柱、梁、板平法施工图的制图规则。

2. 识读柱平法施工图

柱平法施工图的表示方法有两种：列表注写方式和截面注写方式。

在柱平法施工图中，应当用表格注明包括地下和地上各层的结构层楼（地）面标高、结构层高及相应的结构层号，如图 8-33 和图 8-34 所示。

（1）列表注写方式。列表注写方式是在柱平面布置图上，分别在同一编号的柱中选择一个（有时需选择几个）截面标注几何参数代号；然后绘制柱表，在柱表中注写柱编号、柱段起止标高、几何尺寸（含柱截面对轴线的偏心情况）与配筋的具体数值，并配以各种柱截面形状及其箍筋类型图。

柱表中注写内容规定如下：

1）注写柱编号。柱编号由类型代号和序号组成，如 KZ1 是编号为 1 的框架柱，LZ1 是编号为 1 的梁上柱等。

2）注写各段柱的起止标高。自柱根部往上以变截面位置或截面未变但配筋改变处为界

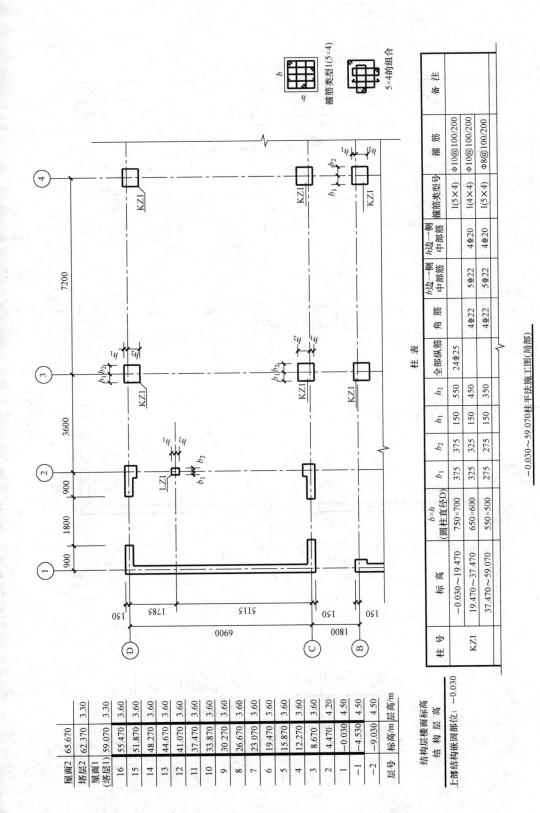

图 8-33 柱列表注写方式实例

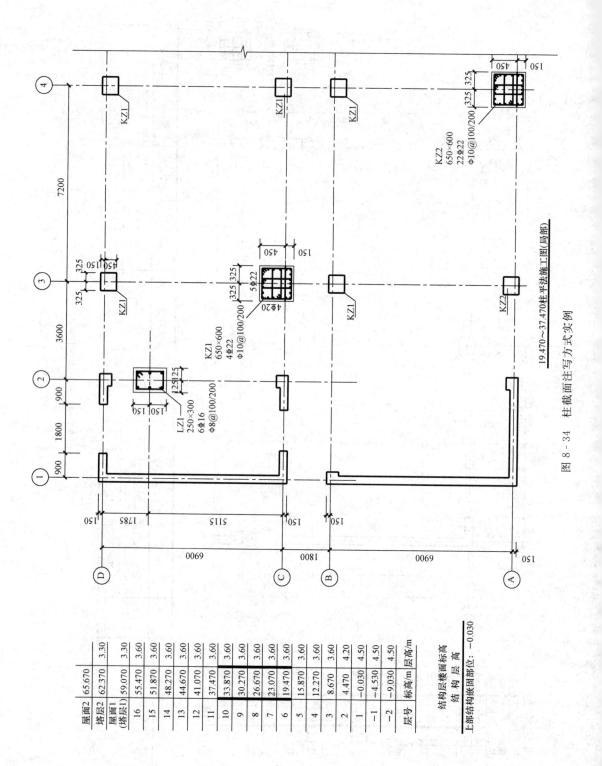

19.470～37.470柱平法施工图(局部)

图 8 - 34 柱截面注写方式实例

层号	标高/m	层高/m
屋面2	65.670	3.30
塔层2	62.370	3.30
屋面1 (塔层1)	59.070	3.60
16	55.470	3.60
15	51.870	3.60
14	48.270	3.60
13	44.670	3.60
12	41.070	3.60
11	37.470	3.60
10	33.870	3.60
9	30.270	3.60
8	26.670	3.60
7	23.070	3.60
6	19.470	3.60
5	15.870	3.60
4	12.270	3.60
3	8.670	3.60
2	4.470	4.20
1	-0.030	4.50
-1	-4.530	4.50
-2	-9.030	4.50
层号	标高/m	层高/m

结构层楼面标高
结 构 层 高

上部结构嵌固部位：-0.030

180

分段注写。框架柱的根部标高为基础顶面标高。

3）注写柱截面尺寸。对于矩形柱，注写 $b \times h$ 及与轴线关系的几何参数代号 b_1、b_2 和 h_1、h_2 的具体数值，需对应于各段柱分别注写，其中 $b = b_1 + b_2$，$h = h_1 + h_2$，b_1、b_2、h_1、h_2 可为零或负值；对于圆柱，$b \times h$ 改用直径数值前加 d 表示，圆柱截面与轴线的关系也用 b_1、b_2 和 h_1、h_2 表示，并使 $d = b_1 + b_2 = h_1 + h_2$。

4）注写柱纵筋。当柱纵筋直径相同，各边根数也相同时，将纵筋注写在"全部纵筋"一栏中；大多数情况下，柱纵筋分角筋、截面 b 边中部筋和 h 边中部筋三项分别注写，对于采用对称配筋的矩形截面柱，可仅注写一侧中部筋，对称边省略不注；如采用非对称配筋，需在柱表中增加相应栏目分别表示各边的中部筋。

5）注写箍筋类型号及箍筋肢数。在箍筋类型栏中注写箍筋类型号与肢数，同时在表的上部或图中的适当位置绘出柱截面形状及各种箍筋类型图，并在其上标注与表中相对应的 b、h 和类型号，各种箍筋类型可查阅标准。

6）注写柱箍筋，包括钢筋级别、直径与间距。"/"用来区分柱端箍筋加密区与柱身非加密区长度范围内箍筋的不同间距。加密区范围按标准构造详图取值。例如"φ 10@100/250"，表示柱中箍筋为 HPB300 级钢筋，直径为 10mm，加密区间距为 100mm，非加密区间距为 250mm。当箍筋沿柱全高均匀等间距配置时，则不使用"/"线，例如"φ 10@100"，表示沿柱全高范围内箍筋均为 HPB300 级钢筋，直径为 10mm，间距为 100mm。

图 8 - 33 为应用列表注写方式表达的柱平法施工图实例。由图中可看到，在柱平面布置图中给出了 KZ1、LZ1 的编号，标注了确定柱子位置的几何参数代号。在柱表中，列出了 KZ1 的相关信息。框架柱 KZ1 分三段，在标高 −0.030～19.470 段，截面尺寸为 750mm×700mm，共配置 24 根直径 25mm 的 HRB400 级钢筋，箍筋为直径 10mm 的 HPB300 级钢筋，加密区间距 100mm，非加密区间距 200mm；在标高 19.470～37.470 段，截面尺寸为 650mm×600mm，配置 4 根直径 22mm 的 HRB400 级角部钢筋，b 边每边配制 5 根直径 22mm 的 HRB400 级中部筋，h 边每边配制 4 根直径 20mm 的 HRB400 级中部筋，箍筋为直径 10mm 的 HPB300 级钢筋，加密区间距 100mm，非加密区间距 200mm；表上方给出了箍筋类型 1 型（5×4）及箍筋复合的具体方式。第三段请读者自行分析。

图 8 - 33 中左侧用表格给出了有关各层的结构层楼（地）面标高、结构层高及相应的结构层号。上部结构嵌固部位是指上部结构在基础中生根部位，常取基础顶面、地下室顶板等处，本例取地下一层结构顶部结构标高为 −0.030 处。

（2）截面注写方式。截面注写方式是在柱平面布置图上，从相同编号的柱中选择一个截面（不同编号中各选择一个截面），按另一种比例原位放大绘制柱截面配筋图，并在各配筋图上注写截面尺寸和配筋数值。具体注写内容如下：

1）柱编号。

2）截面尺寸 $b \times h$（矩形）及其与轴线关系 b_1、b_2、h_1、h_2 的具体数值。

3）角筋、截面各边中部筋或全部纵筋（纵筋采用一种直径时）。

4）箍筋的等级、直径和间距的具体数值。

图 8 - 34 为采用截面注写方式表达的柱平法施工图实例，为标高 19.470～37.470 段。其中柱 LZ1 截面尺寸为 250mm×300mm，共配置 6 根直径 16mm 的 HRB400 级纵筋，箍筋采用 HPB300 级钢筋，直径为 8mm，加密区间距 100mm，非加密区间距 200mm。柱 KZ1

截面尺寸 650mm×600mm，角筋为 4 根直径 22mm 的 HRB400 级钢筋，b 边每侧中部筋为 5 根直径 22mm 的 HRB400 级钢筋，h 边每侧中部筋为 4 根直径 20mm 的 HRB400 级钢筋，b、h 边另一侧中部筋均对称配置，箍筋为 HPB300 级钢筋，直径为 10mm，加密区间距为 100mm，非加密区间距为 200mm。柱 KZ2 截面尺寸 650mm×600mm，共配置 22 根直径 22mm 的 HRB400 级纵筋，箍筋为 HPB300 级钢筋，直径为 10mm，加密区间距为 100mm，非加密区间距为 200mm。

3. 识读梁平法施工图

梁平法施工图的表示方法有两种：平面注写方式和截面注写方式。在梁平法施工图中，应当用表格注明包括地下和地上各层的结构层楼（地）面标高、结构层高及相应的结构层号，如图 8-36 所示。

（1）梁编号。采用平法表示梁的施工图时，需要对梁进行分类与编号，其编号由梁类型代号、序号、跨数及有无悬挑代号几项组成，见表 8-9。

表 8-9　　梁　编　号

梁类型	代号	序号	跨数及是否带有悬挑
楼层框架梁	KL	××	（××）、（××A）或（××B）
屋面框架梁	WKL	××	（××）、（××A）或（××B）
框支梁	KZL	××	（××）、（××A）或（××B）
非框架梁	L	××	（××）、（××A）或（××B）
悬挑梁	XL	××	
井字梁	JZL	××	（××）、（××A）或（××B）

注：（××A）为一端有悬挑，（××B）为二端有悬挑，悬挑不计入跨数。如 KL7（5A）表示 7 号框架梁，5 跨，一端有悬挑；L9（7B）表示第 9 号非框架梁，7 跨，两端有悬挑。

（2）平面注写方式。平面注写方式，就是在梁的平面布置图上，分别在不同编号的梁中各选一根，直接在其上注写截面尺寸和配筋具体数值。

平面注写方式包括集中标注与原位标注两部分。集中标注表达梁的通用数值，原位标注表达梁的特殊数值。当集中标注中的某项数值不适用于梁的某部位时，则将该项数值进行原位标注，施工时，原位标注取值优先。

图 8-35 为梁平面注写方式示例，图样下面的四个梁的配筋断面图系采用传统表示方法绘制，用于对比按平面注写方式表达的同样内容。实际采用平面注写方式表达时，不需绘制梁断面配筋图和表示断面剖切位置的相应截面号。下面以该图为例讲述平面注写方式的图示方法。

1）集中标注。集中标注的形式与内容如下：

KL2（2A）300×650——梁编号（跨数、有无悬挑）截面宽×高

φ8@100/200（2）——箍筋直径、加密区间距/非加密区间距（箍筋肢数）

2Φ25——通长筋根数、钢筋级别、直径

G4φ10——梁侧面纵向构造钢筋根数、直径

（−0.100）——梁顶标高与结构层楼面标高的差值，负号表示低于结构层标高

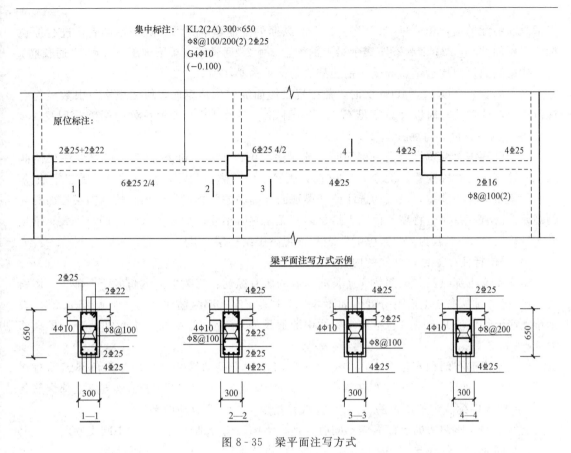

图 8-35 梁平面注写方式

集中标注可以从梁的任意一跨引出，其标注的内容有五项必注值和一项选注值，具体规定如下：

①梁编号。该项为必注值。如 KL2（2A）表示 2 号框架梁，2 跨，一端有悬挑。

②梁截面尺寸。该项为必注值。当为等截面梁时，用 $b \times h$ 表示。

③梁箍筋。该项为必注值。包括钢筋级别、直径、加密区与非加密区间距及肢数（箍筋肢数应注写在括号内）。箍筋加密区与非加密区的不同间距及肢数需用斜线"/"分隔；当梁箍筋为同一种间距及肢数时，则不需斜线；当加密区与非加密区的箍筋肢数相同时，则将肢数注写一次。

例如"φ8@100/200（2）"，表示箍筋为 HPB300 级钢筋，直径为 8mm，加密区间距为 100mm，非加密区间距为 200mm，均为两肢箍。再例如"φ10@100（4）/150（2）"，表示箍筋为 HPB300 级钢筋，直径为 10mm，加密区间距为 100mm，四肢箍；非加密区间距为 150mm，两肢箍。

④梁上部通长筋或架立筋配置。该项为必注值。当梁上部同排纵筋中既有通长筋又有架立筋时，应用加号"＋"相联标注，注写时将角部纵筋写在"＋"号前面，架立筋写在"＋"号后面并加括号。当全部采用架立筋时，则将其写入括号内。例如"2Φ25"表示上部通长筋共 2 根，位于角部；"2Φ22＋（2φ12）"表示上部通长筋共 4 根，其中 2Φ22 为角部纵筋，2φ12 为架立筋。

当梁的上部纵向钢筋和下部纵向钢筋均为全跨相同，且多数跨配筋相同时，此项可加注下部纵筋的配筋值，用分号"；"将上、下部纵筋的配筋值隔开。少数跨不同者，进行原位标注。例如"2⨍22；2⨍25"表示梁上部配置2⨍22通长筋，梁下部配置2⨍25通长筋。

⑤梁侧面纵向构造钢筋或受扭钢筋配置，该项为必注值。

当梁的腹板高度$h_w \geqslant 450mm$时，需配置梁侧面纵向构造钢筋，所注规格与根数应符合规范规定，此项注写时以大写字母G打头，例如"G4φ10"，表示在梁的两侧共配置4φ10的纵向构造钢筋，每侧各配2φ10。

当梁侧面需要配置纵向受扭钢筋时，此项注写值以大写字母N打头，接着标注梁两侧的总配筋值，且对称配置。例如N6⨍620，表示梁的两侧各配置3⨍20的纵向受扭钢筋。

⑥梁顶面标高高差，该项为选注值。梁顶面标高高差是指梁顶与相应的结构层楼面标高的高差值。有高差时，将高差值标入括号内；无高差时不注。例如"（-0.100）"表示梁顶低于结构层0.1m；若为"（0.050）"表示梁顶高于结构层0.05m。

2）原位标注。梁原位标注的内容规定如下：

①梁支座上部纵筋，该部位含通长筋在内的所有纵筋：当梁上部纵筋多于一排时，用斜线"/"将各排纵筋自上而下分开。如图8-35中梁支座上部纵筋注写为"6⨍25 4/2"，表示梁支座上部纵筋共6根（包括集中标注中的通长筋），上一排纵筋为4⨍25，下一排纵筋为2⨍25。

当同排纵筋有两种直径时，用加号"+"将两种直径的纵筋相联，并将角部纵筋写在"+"号前面。如图8-35中注写在梁支座上部的"2⨍25+2⨍22"，表示梁支座上部纵筋共4根（包括集中标注中的通长筋），2⨍25放在角部，2⨍22放在中部。

当梁中间支座两边的上部纵筋不同时，须在支座两边分别标注；当梁中间支座两边的上部纵筋相同时，可仅在支座一边标注，另一边可省略标注，如图8-35所示。

②梁下部纵筋。当梁下部纵筋多于一排时，用斜线"/"将各排纵筋自上而下分开。如图8-35中梁下部纵筋注写为"6⨍25 2/4"，表示梁下部纵向钢筋共6根，为两排，上排为2⨍25，下排为4⨍25，钢筋全部伸入支座。

③附加箍筋或吊筋。附加箍筋或吊筋直接画在平面图中的主梁上，用引线引注总配筋值（附加箍筋的肢数注在括号内），如图8-36所示，8φ10（2）为附加箍筋，2⨍18为吊筋。

（3）截面注写方式。梁的截面注写方式是在分层绘制的梁平面布置图上，分别在不同编号的梁中各选择一根梁用剖面号引出配筋图，并在其上注写截面尺寸和配筋具体数值的方式来表达梁的平法施工图。截面注写方式多适用于表达异形截面梁的尺寸与配筋或平面图上局部区域梁布置过密的情况。截面注写方式既可以单独使用，也可与平面注写方式结合使用。

截面注写方式与传统表达方法相似，注写内容规定如下：

1）在梁的平面布置图上对梁进行编号，从相同编号的梁中选择一根梁，将"单边截面号"画在该梁上，然后将截面配筋详图画在本图或其他图上。

2）在截面配筋详图上注写截面尺寸$b \times h$、上部纵筋、下纵部筋、侧面构造筋或受扭筋以及箍筋的具体数值，表达形式与平面注写方式相同。

3）当梁的顶面标高与结构层的楼面标高不同时，尚应在梁编号后注写梁顶面标高高差，注写规定与平面注写方式相同。

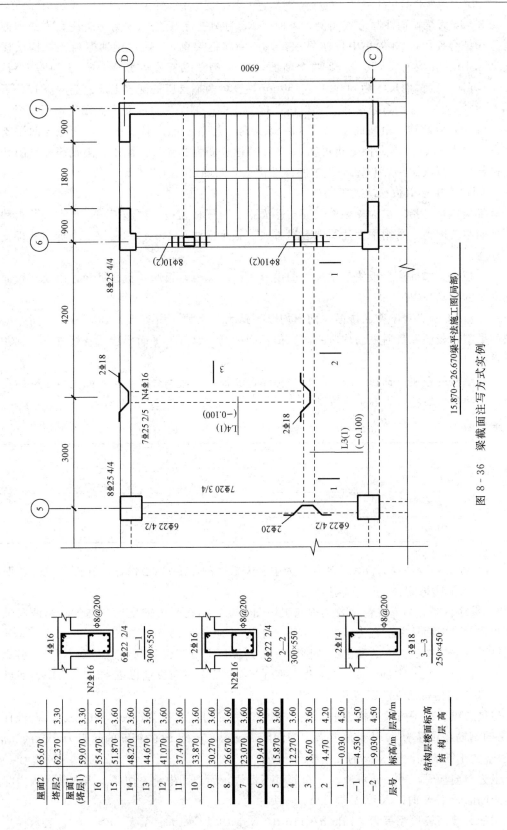

图 8 - 36　梁截面注写方式实例

图 8‑36 为梁截面注写方式实例，下面以 L3 为例进行识读。L3 为平面注写方式和截面注写方式结合使用，L3 的集中标注显示，该梁为非框架梁，1 跨，梁顶标高比结构层楼面标高低 0.1m。该梁有 1—1、2—2 两个断面，1—1 为梁端支座处断面，2—2 为跨中断面。由 1—1 可知，梁截面尺寸为 300mm×550mm，该梁两端支座处配置上部纵筋 4 ϕ 16；下部纵筋 6 ϕ 22，分上下两排，上排为 2 根，下排为 4 根；侧面受扭纵筋 2 ϕ 16，每侧 1 根；箍筋 ϕ 8@200，双肢箍。由断面 2—2 可知，该梁跨中配置上部纵筋 2 ϕ 16，其他与两端支座处相同。由 1—1、2—2 共同分析可知，L3 上部通长筋为 2 ϕ 16。图中各类钢筋的锚固长度和搭接长度，查阅图集 11G101—1 中的标准构造详图确定。

4. 识读有梁楼盖板平法施工图

有梁楼盖板是指以梁为支座的楼面与屋面板。有梁楼盖板平法施工图，是在楼面板和屋面板平面布置图上，采用平面注写的表达方式。板平面注写主要包括板块集中标注和板支座原位标注。

（1）板块集中标注。板块集中标注的内容为板块编号，板厚，贯通纵筋，以及当板面标高不同时的标高高差。

1）板块编号。对于普通楼面，两向均以一跨为一板块。所有板块都应编号，同一编号板块的类型、板厚和贯通纵筋均应相同，但板面标高、跨度、平面形状以及板支座上部非贯通纵筋可以不同。

相同编号的板块可选择一块进行集中标注，其他仅标注编号（置于圆圈内）及标高高差即可。板块编号应符合表 8‑10 的规定。

表 8‑10 板 块 编 号

板 类 型	代 号	序 号
楼面板	LB	××
屋面板	WB	××
悬挑板	XB	××

2）板厚。板厚注写为 $h=×××$（为垂直于板面的厚度）。当设计已在图中统一注明板厚时，此项可不注。

3）贯通纵筋。为方便设计表达和施工识图，规定结构平面的坐标方向为：当两向轴网正交布置时，图面从左至右为 X 向，从下至上为 Y 向。

贯通纵筋按板块的下部和上部分别注写（当板块上部不设贯通纵筋时则不注），并以 B 代表下部，以 T 代表上部，B&T 代表下部与上部；X 向贯通纵筋以 X 打头，Y 向贯通纵筋以 Y 打头，两向贯通纵筋配置相同时则以 X&Y 打头。

当贯通纵筋采用两种规格钢筋"隔一布一"方式时，表达为 ϕ xx/yy@xxx，表示直径为 xx 的钢筋和直径为 yy 的钢筋二者之间间距为 xxx，直径 xx 的钢筋的间距为 xxx 的 2 倍，直径 yy 的钢筋的间距为 xxx 的 2 倍。

当为单向板时，另一向贯通的分布筋可不标注，而在图中统一注明。当在某些板内配置有构造筋时，则 X 向以 X_c，Y 向以 Y_c 打头注写。

例如某楼面板块注写为 "LB5 h＝110 B：X ϕ 10/12@100；Y ϕ 10@110"，表示 5 号楼

面板，板厚 110mm，板下部配置贯通纵筋，X 向为Φ10、Φ12 隔一布一，Φ10 与Φ12 之间间距为 100，Y 向为Φ10@110，板上部未配置贯通纵筋。

4）板面标高高差。板面标高高差是相对于结构层楼面标高的高差，应将其注写在括号内，有高差则注，无高差不注。

（2）板支座原位标注。板支座上部非贯通纵筋需进行原位标注。标注时，应在配置相同跨的第一跨表达。在配置相同跨的第一跨，垂直于板支座（梁或墙）绘制一段长度适当的中粗实线，以该线段代表支座上部非贯通纵筋，并在线段上方注写钢筋编号（如①、②等），配筋值，横向连续布置的跨数（注写在括号内，当为一跨时可不注）。

板支座上部非贯通筋自支座中线向跨内的伸出长度，注写在线段的下方位置。当中间支座上部非贯通纵筋向支座两侧对称伸出时，可仅在支座一侧线段下方标注伸出长度，另一侧不注；当向支座两侧非对称伸出时，应分别在支座两侧线段下方注写伸出长度。

在板平面布置图中，不同部位的板支座上部非贯通纵筋，可仅在一个部位注写，对其他相同者仅需在代表钢筋的线段上注写编号及横向连续布置的跨数即可。

此外，与板支座上部非贯通纵筋垂直且绑扎在一起的构造钢筋或分布钢筋，应在图中注明。

（3）实例识读。图 8-37 为板平法施工图实例。下面分别以 LB1、LB2、LB3 为例进行识读。

1）识读 LB1。由 LB1 的板块集中标注可知，该楼面板编号为 1，板厚 120mm，板上、下部均配置了Φ8@150 的双向贯通纵筋。该板块未配置支座上部非贯通纵筋，且该板块相对于结构层楼面无高差。

2）识读 LB2。由 LB2 的板块集中标注可知，该楼面板编号为 2，板厚 150mm，板下部配置的贯通纵筋 X 向为Φ10@150，Y 向为Φ8@150，板上部未配置贯通纵筋。该楼面板相对于结构层楼面无高差。

由 LB2 的板支座原位标注可知，板 LB2 内支座上部配置非贯通筋，①号筋为Φ8@150，自支座中线向一侧跨内伸出长度为 1000mm；②号筋为Φ10@100，自支座向两侧跨内对称伸出，长度均为 1800mm。另一块相同的板 LB2 仅标注了板编号和在代表板支座上部非贯通筋的中粗线段上标注钢筋编号。

3）识读 LB3。由板 LB3 的板块集中标注可知，该板块厚度为 100mm，板下部配置的贯通纵筋 X、Y 向均为Φ8@150，板上部 X 向配置贯通纵筋Φ8@150。

由板 LB3 的原位标注可知，板 LB3 在第一跨，支座上部配置⑧号纵筋，为Φ8@150，向两侧跨内伸出长度为 1000mm，自第二跨开始，支座上部配置⑨号纵筋，为Φ10@150，向两侧跨内伸出长度为 1800mm，横向连续布置两跨。标准中规定，当板的上部已配置有贯通纵筋，但需增配板支座上部非贯通纵筋时，应结合已配置的同向贯通纵筋的直径与间距采取"隔一布一"方式配置。"隔一布一"方式，为非贯通纵筋的标注间距与贯通纵筋相同，两者结合后的实际间距为各自标注间距的 1/2。例如，板上部已配置贯通纵筋Φ8@150，该跨同向配置的上部支座非贯通纵筋为Φ10@150，表示该跨实际设置的上部纵筋为Φ8 和Φ10 间隔布置，二者之间间距为 75mm。

其他编号的楼面板请读者自行分析。

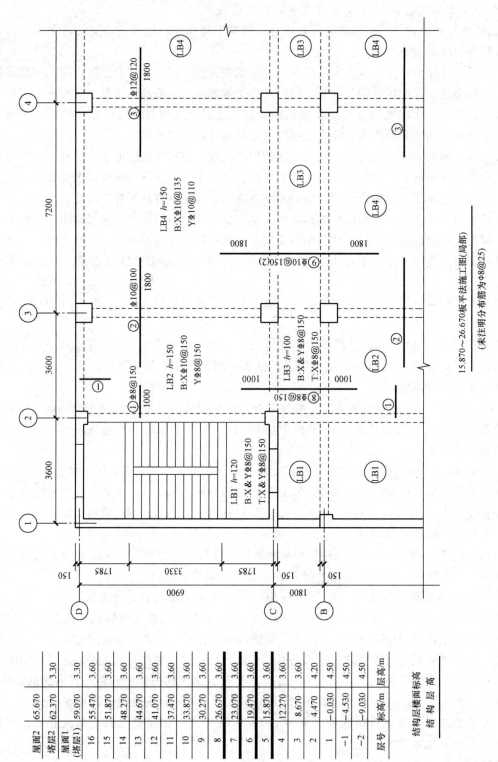

图 8-37 板平法施工图实例

思 考 题

8.1 房屋工程图分为哪几类？它们各包括哪些内容？

8.2 建筑总平面图是如何形成的？其内容包括哪些？

8.3 定位轴线的作用是什么？位置和编号顺序有哪些规定？

8.4 建筑平面图上应注哪些尺寸和标高？

8.5 建筑平面图和建筑剖面图在表达内容和表达方法上各有什么相同和不同之处？

8.6 建筑立面图的内容和作用是什么？

8.7 为什么要画建筑详图，它与平面图、立面图、剖面图有何关联？

8.8 结构施工图包含哪些内容？

8.9 分别说明钢筋混凝土梁、柱、板内钢筋的组成、作用及其配筋图的图示方法。

8.10 条形基础的图示特点和图示内容及阅读方法是什么？

8.11 楼层结构平面图表示哪些内容？

8.12 柱、梁、板平法施工图的表达方式有几种？具体规则如何？

第9章 路桥工程图

道路是一种供车辆行驶和行人步行的带状结构物。按其所在位置、交通性质和功能特点,道路可分为公路和城市道路两大类。位于城市郊区和城市以外的道路称为公路,位于城市范围以内的道路称为城市道路。

道路主要由路基和路面组成,同时还有相当数量的桥梁、涵洞、隧道等工程实体。因此道路工程图是由表达路线整体状况的路线工程图和表达各工程实体构造的桥梁、涵洞及隧道等工程图组合而成。这类工程图均符合现行的国家标准《道路工程制图标准》(GB 50162—1992)。

本章主要介绍道路路线工程图和桥梁工程图的内容、图示方法和图示特点。

9.1 公路路线工程图

道路路线是指道路沿长度方向的中心线。受地形、地物、地质等自然界条件的限制,在平面上有转折,纵面上有起伏。为了满足车辆行驶的要求,必须设计曲线连接,因此,路线在平面和纵面上都是由直线和曲线组合而成。平面上的曲线称为平曲线,纵面上的曲线称为竖曲线。道路路线是一条空间曲线。

道路工程具有长、宽、高三向尺寸相差大的特点,因此,道路工程图的图示方法与一般工程图不同。它是以地形图作为平面图,以纵向展开断面图作为立面图,以横断面图作为侧面图,利用这三种图样来表达道路的空间位置、形状和尺寸。

按照交通量和使用性质,公路分为五级:高速公路、一级公路、二级公路、三级公路和四级公路。

公路路线工程图包括路线平面图、平面总体设计图、路线纵断面图和路基横断面图。

9.1.1 路线平面图

1. 路线平面图的形成及作用

路线平面图是从上向下投影所得到的水平投影图,也就是用标高投影法所绘制的道路沿线周围地区的地形图。

路线平面图的作用是表达路线的长度、位置、走向、平面线型(直线和左、右弯道)、道路上各构造物的位置和规格以及沿线两侧一定范围内的地形、地物等情况。

2. 路线平面图的内容与图示方法

路线平面图的内容包括地形和路线两部分。图 9 - 1 为某公路 K63＋400 至 K64＋100 路段的路线平面图。

(1)地形部分。

1)比例。公路路线平面图所用比例一般较小,根据地形起伏情况的不同,地形图采用不同的比例。道路平面图所用比例一般较小,通常在城镇区为 1:500 或 1:1000,山岭区为 1:2000,丘陵区和平原区为 1:5000 或 1:10000。本图比例为 1:2000。

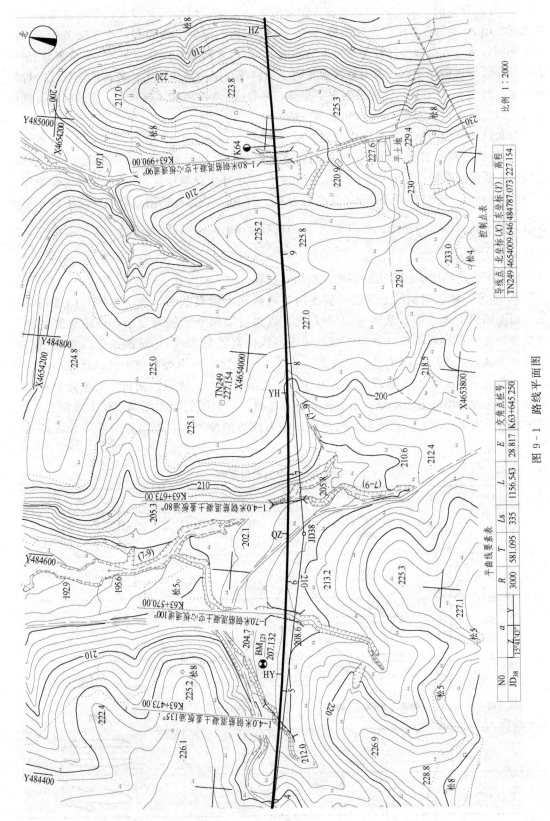

图 9 - 1 路线平面图

比例 1 : 2000

控制点表

导线点	北坐标 (X)	东坐标 (Y)	高程
TN249	4654009.646	484787.073	227.154

平曲线要素表

NO	a	Ls	L	T	R	α	Y	E	交角点桩号
JD38	乙 15°41′43″	335	1156.543	581.095	3000	28.817		K63+645.250

2）方位和走向。为了表示地区的方位和路线的走向，地形图上需要画出测量坐标网或指北针。图9-1中右上角指北针的箭头指示正北方向。图中细线绘制的十字交叉线表示测量坐标网，南北方向轴线代号为 X（X 表示北），东西方向轴线代号为 Y（Y 表示东），坐标值的标注应靠近被标注点，书写方向应平行于网格或在网格延长线上，数值前应标注坐标轴线代号。如图9-1中指北针附近的十字交叉，标有 $X4654200$ 和 $Y485000$，表示两垂直线的交点坐标为距坐标原点北 $4654200m$、东 $485000m$。

指北针和坐标网也为拼接图纸时提供核对依据。

3）导线点和水准点。为了测量地面和道路的高程，地形图上标出了导线点和水准点。导线点主要用于平面控制，图9-1中"TN249"表示导线点编号为249，其坐标为距原点北 $4654009.646m$，东 $484787.073m$，其高程为 $227.154m$。在路线的附近每隔一定距离设有水准点，用于路线的高程测量，如图9-1中的符号"$\bigotimes \dfrac{BM_{121}}{207.132}$"表示第121号水准点，其高程为 $207.132m$。

地形图中还标注了已测出的各地面控制点高程，如·213.2、·225.1等。

4）地形。路线周围的地形图一般是用等高线和图例表示的。表示地物和构造物常用的平面图图例见表9-1。从图9-1中看出，该路段周围地形较为复杂，图中等高线密集处地势较陡，等高线稀疏处地势平缓。两等高线的高差是 $2m$，每隔四条等高线画出一条粗的计曲线，计曲线上标注了相应的高程数字，高程数字的字头朝向上坡。路线中K63+500～K63+700段和K64附近有多条山谷，并有多处冲沟。按照图例可知，道路沿线多为旱地，东北方向山坡上为草地，山上多处种有松树，平面图的植物图例应朝上或向北绘制。图中还表示出了大车道、低压电力线和高压电力线等的位置。其他内容读者可参阅表9-1识读。

表9-1　　　　　　　　　　　　　　路线平面图中的常用图例

名　称	图　例	名　称	图　例
机　场		林　地	
学　校	⊗	导线点	
土　堤	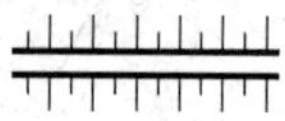	水准点	
河　流		港　口	
铁　路		交电室	
小　路	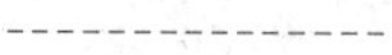	水　渠	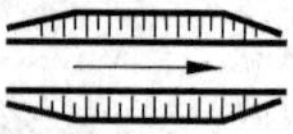
果　园		冲　沟	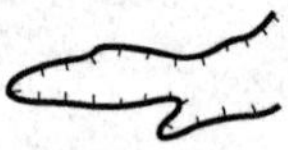

续表

名　称	图　例	名　称	图　例
公　路		烟　囱	
低压电力线 高压电力线	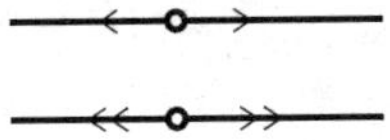	人工开挖	
旱　地	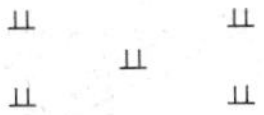	大车道	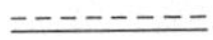
水　田		电信线	
三角点		草　地	
切线交点		菜　地	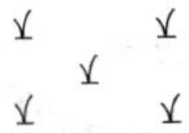
井	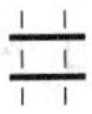	图根点	
房　屋	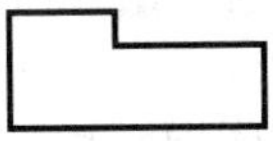	指北针	

（2）路线部分。

1）设计路线。在路线平面图中，通常沿着道路中心线画出一条粗实线来表示道路。

2）里程桩。《道路工程制图标准》（GB 50162—1992）规定，路线的长度用里程表示。里程桩号应从路线的起点至终点依顺序编号，并规定里程由左向右递增。里程桩分公里桩和百米桩两种。公里桩画在路线前进方向的左侧，用符号"φ"标记，公里数注写在符号的上方，图 9-1 中"K64"为公里桩标记，"64"为整公里数，表示离起点 64 公里。百米桩宜标注在路线前进方向的右侧，用垂直于路线的细短线"｜"标记，数字写在短细线端部，字头朝向上方。如图 9-1 所示，该路段为 K63+400 至 K64+100，例如在 K64 公里桩后方的"9"，表示桩号为 K63+900，说明该点距离路线起点为 63900m。

3）平曲线。路线的平面线型有直线和曲线，在路线的转折处应设平曲线，平曲线包括圆曲线和缓和曲线。对于曲线型路线在平面图中用交角点编号和"平曲线要素表"来表示。其基本的几何要素如图 9-2 所示，JD 为交角点，是路线的两直线段的理论交点；α 为偏角，是路线沿前进方向向左（Z）或向右（Y）偏转的角度；R 为圆曲线半径；T 为切线长，是切点与交角点之间的长度；E 为外矢距，是曲线中点到交角点的距离；L 为曲线长，是圆曲线两切点之间的弧长；L_S 为缓和曲线长。

在公路转弯处注写的交角点要依次编号，如 JD1 表示第 1 个交角点。还要在曲线内侧标出曲线的起点 ZY（直圆）、中点 QZ（曲中）、终点 YZ（圆直）的位置，如图 9-2 左侧所示。如果设置了缓和曲线，则将缓和曲线与前、后段直线的切点分别记为 ZH（直缓）和 HZ（缓直）；将圆曲线与前、后缓和曲线的切点分别记为 HY（缓圆）和 YH（圆缓），如图 9-2 右侧所示。

图 9-1 中表示了交角点 38 的位置，标出了 HY 点、QZ 点、YH 点、HZ 点，ZH 点在

前一张图纸中，并给出了平曲线要素表，可知 QZ 点的桩号为 K63+645.250。

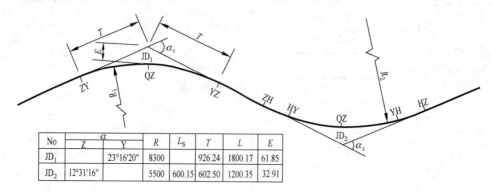

No	Z	α	Y	R	L_S	T	L	E
JD$_1$		23°16'20"		8300		926.24	1800.17	61.85
JD$_2$	12°31'16"			5500	600.15	602.50	1200.35	32.91

图 9-2　平曲线几何要素

4）其他构造物。在图 9-1 中还表示了该段里程中有两座盖板涵和两座通道，并分别标明了它们的中心里程和规格。K63+473.00 处有一座钢筋混凝土盖板涵，与路线纵方向成 135°；K63+673.00 处也有一座钢筋混凝土盖板涵，与路线纵方向成 80°。在 K63+570.00 处有一座钢筋混凝土空心板通道，与路线纵方向成 100°；在 K63+990.00 处也有一座钢筋混凝土空心板通道，与路线纵方向成 90°。

3. 平面图的拼接

一般情况下由于路线较长，无法把整条路线画于一张图纸内，这就需要把路线分段画在各张图纸上。使用时再将各张图拼接起来。平面图中路线的分段宜在整桩号处断开，断开的两端均应画出垂直于路线的点画线作为接图线，相邻图纸拼接时，路线中心对齐，接图线重合，并以正北方向为准，如图 9-3 所示。

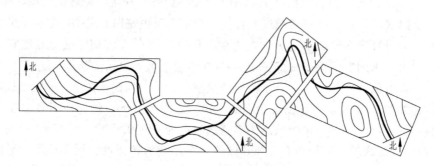

图 9-3　路线平面图拼接示意图

9.1.2　路线平面总体设计图

平面总体设计图主要用于表达路基外的排水系统的平面总体设计。它与路线平面图的不同之处仅在于道路的水平宽度也是按地形图的比例进行绘制的。

如图 9-4 所示，点画线表示道路中心线，中心线两侧的细实线表示中央分隔带，粗实线表示路基边缘线。图中在路基两侧用示坡线表示路基的填方或挖方。在 K63+420～K63+730 之间、K63+950～K64+020 之间是填方；在 K63+730～K63+950 之间、K64+020～K64+060 之间是挖方；该路段右端还有一小段半填半挖路基，并连接一座桥梁。图中路基两侧箭头表示排水设施和水流方向。

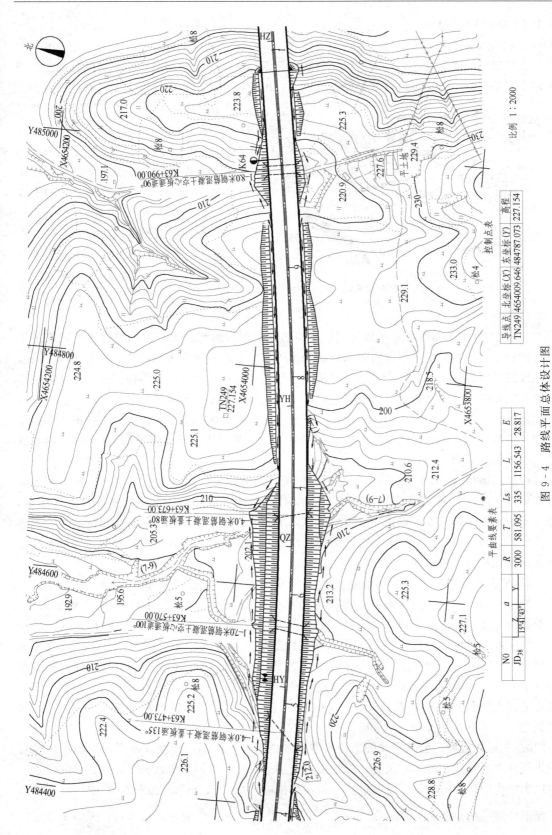

图 9 - 4 路线平面总体设计图

比例 1 : 2000

控制点表

导线点	北坐标 (X)	东坐标 (Y)	高程
TN249	465409.646	484787.073	227.154

平曲线要素表

NO	a	R	T	Ls	L	E
JD₃₈	Z	3000	581.095	335	1156.543	28.817
	15°41'43"					

9.1.3 路线纵断面图

1. 路线纵断面图的形成及作用

路线纵断面图是通过公路中心线用假想的铅垂面进行纵向剖切展平后获得的，如图 9-5 所示。由于公路中心线是由直线和曲线构成的，因此剖切的铅垂面既有平面又有柱面。为了

图 9-5 路线纵断面图形成示意图

清楚地表达路线的纵断面情况，需要采用展开的方法将纵断面图展平，然后进行投影，形成了路线纵断面图。

路线纵断面图的作用是表达路线中心纵向线型以及地面起伏、地质和沿线设置构造物等情况。

2. 路线纵断面图的内容和图示方法

路线纵断面图的内容包括图样和资料表两部分。图 9-6 为某公路 K63＋400 至 K64＋100 段的路线纵断面图。

（1）图样部分。

1）比例。由于路线纵断面图是用展开剖切方法获得的断面图，因此它的长度就表示了路线的长度。在图样中水平方向表示路线的里程长度，垂直方向表示高程。由于路线的高差比路线的长度尺寸小得多，为了能清楚地显示地面线的起伏和设计线纵向坡度的变化，制图标准规定断面图中垂直方向与水平方向宜按不同的比例绘制，垂直方向的比例应比水平方向的比例放大十倍。为了便于画图和读图，一般还应在纵断面图的左侧按垂直方向的比例画出高程的标尺。比例标注在竖向标尺处。在图 9-6 中，水平方向的比例采用 1：2000，而垂直方向的比例则采用 1：200。

2）设计线和地面线。在纵断面图中的粗实线为公路纵向设计线，它表示路基边缘的设计高程。在图 9-6 中可看出，粗实线自左向右是由低逐渐升高，说明此路段是上坡路段。图中不规则的细折线表示道路中心线处的纵向地面线，它是根据水准测量得出的原地面上一系列中心桩的高程按比例画在图纸上后连接而成。比较设计线与地面线的相对位置，可决定填、挖地段及填、挖高度。

3）竖曲线。设计线的纵向坡度变化处称变坡点，用直径为 2mm 的中粗线圆圈表示。为了便于车辆行驶，按照《公路工程技术标准》（JTG B01—2003）的规定应设置竖曲线。竖曲线分为凸形和凹形两种，符号"⌐⌐"表示凸曲线，符号"⌐⌐"表示凹曲线。该符号用细实线绘制在设计线上方，其中水平细线长度等于竖曲线长，在细线上标注曲线要素（半径 R、切线长 T、外矢距 E）的数值；两端竖直细实线长 3mm，并对准竖曲线的起点和终点桩号；符号的中部竖线应对准变坡点，竖线的左侧标注变坡点的里程桩号，右侧标注变坡点的高程。图 9-6 中，在 K63＋640.00 处设有一个凸形竖曲线，其半径为 100000m，切线长为 245.54m，外矢距为 0.30m，变坡点的高程为 218.00m。

4）工程构造物。公路沿线的工程构造物如桥梁、涵洞等，应在纵断面图中标出。竖直引出线应对准构造物的中心位置，标注出构造物的名称、规格和里程桩号，并在对应位置下方画出相应构造物的图例，纵断面图中常用构造物图例见表 9-2。在图 9-6 中，分别标出了涵洞、通道的位置和规格。如 $\dfrac{1-4.0\text{ 米钢筋混凝土盖板涵}}{K63＋473.00}$ 表示在里程桩号 K63＋473.00

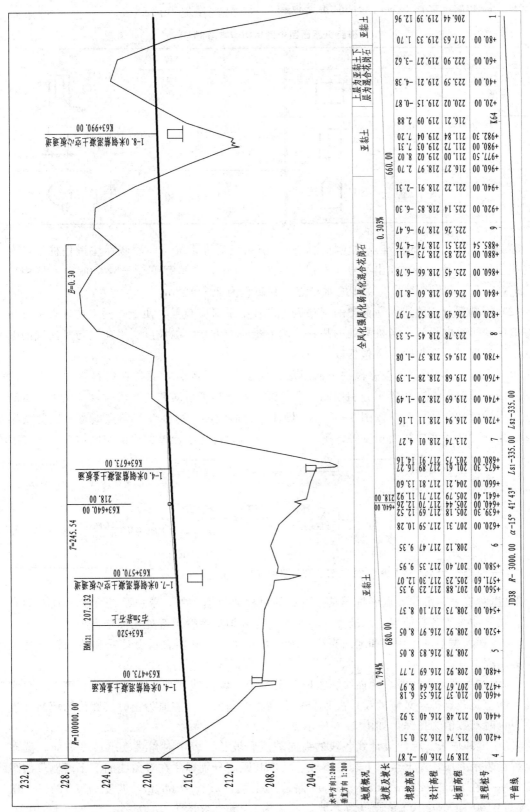

图 9 - 6 路线纵断面图

处设有一座涵洞，该涵洞为钢筋混凝土盖板涵，共一孔，宽 4.0m。

表 9 - 2 道路纵断面图中常用构造物图例

序　号	名　　称	图　例	序　号	名　　称	图　例
1	箱　涵	▭	4	桥　梁	
2	盖板涵		5	箱形通道	
3	拱　涵		6	管　涵	◯

5）水准点。沿线的水准点也应标出，竖直引出线对准水准点，左侧标注里程桩号，右侧写明位置，水平线上上注出编号和高程。在图 9 - 6 中，在里程 K63＋520.00 处右侧距离为 5m 的岩石上有一个编号为 121 的水准点，其高程为 207.132m。

（2）资料部分。路线纵断面图的资料表与图样上下对应布置，便于阅读。这种表示方法较好地反映了纵向设计在各桩号处的高程、填方量、挖方量、纵坡度、平曲线与竖曲线的配合、地质概况等。资料表主要包括以下内容：

1）平曲线。为了表示该路段的平面线形，便于平、纵配合，通常在资料表中画出平曲线示意图。道路左、右转弯应分别用凹、凸折线表示。当不设缓和曲线段时，按图 9 - 7（a）标注；当设缓和曲线段时，按图 9 - 7（b）标注。在曲线的一侧标注交角点编号、圆曲线半径、偏角角度和缓和曲线的长度等。平、竖曲线结合，可想象出该路段的空间情况。

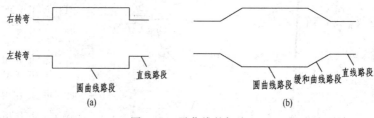

图 9 - 7　平曲线的标注

2）里程桩号。沿线各点的桩号是按测量的里程数值填入的，单位是 m，桩号从左向右排列。在平曲线的各特征点、水准点、桥涵中心点和地形突变点等处还需增设桩号。

3）高程。表中设计高程和地面高程与图样相互对应，分别表示设计线和地面线上各点桩号的高程。

4）填挖高度。设计线在地面线下方时需要挖土，设计线在地面上方时需要填土。填或挖的高度值是各点桩号对应的设计高程与地面高程的差值。当差值为正时其数值为填高，当差值为负时其数值为挖深，如图 9 - 6 所示。

5）坡度和坡长。标注设计线各段的纵向坡度和坡长。表中对角线表示坡度方向，从左下至右上表示上坡，左上至右下表示下坡，坡度和距离分别标注在对角线的上下两侧。如图 9 - 6 所示，在 K63＋400～K63＋640.00 路段为上坡，坡长为 680m，坡度为 0.794％，在 K63＋640.00～K64＋100 路段也为上坡，坡长为 660m，坡度为 0.303％。在 K63＋640.00

处虽然前后路段都为上坡，但因为坡度数值不同（由大坡转为小坡）且坡度差超过了技术标准的规定，因此设置了一个凸形竖曲线。

6）地质情况。根据实际测设资料，在表中标出沿线各段的地质情况。

9.1.4 路基横断面图

1. 路基横断面图的形成及作用

路基横断面图是在路线中心桩处，用假想的垂直于路线中心线的铅垂面横向剖切得到的断面图形。

路基横断面图的作用是表达各中心桩处路基横断面的形状、尺寸和地面横向的起伏情况。工程上要求在每一个中心桩处，根据测量资料和设计要求顺次画出每一个路基横断面图，作为路基施工放样和计算土石方数量的依据。

2. 路基横断面图的内容和图示方法

（1）路基横断面图的基本形式有三种，如图 9-8 所示。

1）填方路基。填方路基叫路堤，整个路基全部为填土区，填土高度等于设计高程减去地面高程，填方边坡的坡度视土质而定。在图下标注有该断面的里程桩号、中心线处的填方高度 H_T(m) 以及该断面的填方面积 A_T(m^2)，如图 9-8（a）所示。

2）挖方路基。挖方路基叫路堑，整个路基全部为挖土区，挖土深度等于地面高程减去设计高程，挖方边坡的坡度视土质而定。在图下标注有该断面的里程桩号、中心线处的挖方深度 H_W(m) 以及该断面的挖方面积 A_W(m^2)，如图 9-8（b）所示。

3）半填半挖路基。这种断面是前两种断面的综合，路基断面一部分为填土区，一部分为挖土区。在图下标有该断面的里程桩号、中心线处的填（或挖）方高度以及该断面的填（或挖）方面积，如图 9-8（c）所示。

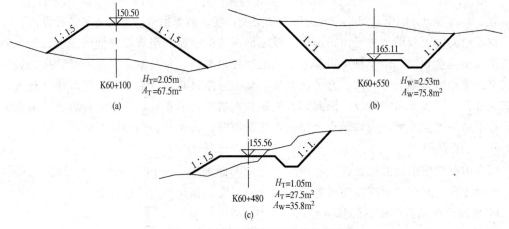

图 9-8　路基横断面图的基本形式

(a) 填方路基；(b) 挖方路基；(c) 半填半挖路基

（2）路基横断面图的图示方法。在路基横断面图中，路基轮廓线用粗实线表示，原地面线用细实线表示，路中心线用细点画线表示。路基横断面图的比例，一般为 1∶200、1∶100 或 1∶50。

在同一张图纸上，路基横断面图按照桩号的顺序，从图纸的左下方开始，先从下向上，再从左向右排列。每个路基横断面图的下方应注有该断面的里程桩号、中心线处的填（或挖）方高度以及该断面的填（或挖）方面积等。在每张路基横断面图的右上角的角标中注明图纸序号和总张数，如图 9-9 所示。

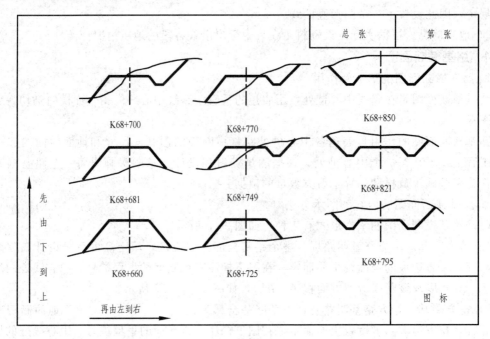

图 9-9　路基横断面图

9.2　城市道路路线工程图

按照所在位置和交通功能等，城市道路分为四类：快速路、主干路、次干路和支路。在城市里，沿街两侧建筑红线之间的空间范围为城市道路用地。城市道路一般包括机动车道、非机动车道、人行道、分隔带、绿化带、交叉口和交通广场、地下通道、高架桥等各种设施。

城市道路的工程图纸也是由平面图、纵断面图和横断面图组成，它们的图示方法与公路路线工程图完全相同。由于城市道路所处的地形比较平坦，并且城市道路的设计是在城市规划和交通规划的基础上实施的，与公路相比，城市道路具有组成复杂、功能多样、行人、车辆交通量大、交叉点多等特点，因此，首先需要在横断面的布置设计中综合解决。横断面图设计是矛盾的主要方面，所以城市道路先做横断面图，再做平面图和纵断面图。

9.2.1　横断面图

城市道路的横断面图是道路中心线法线方向的断面图。它由车行道、人行道、分隔带、绿化带等组成。其作用是表达路线各组成部分的宽度、相互之间的位置和高差。

1. 城市道路横断面布置的基本形式

根据机动车道和非机动车道不同的布置形式，道路横断面的布置有以下四种基本形式：

（1）"一块板"断面。把所有车辆都组织在同一车行道上行驶，规定机动车在中间，非机动车在两侧，以路面画线组织交通，如图 9-10（a）所示。

（2）"二块板"断面。用一条分隔带从道路中央分开，使往返交通分离，分向行驶，但同向交通仍在一起混合行驶，如图 9-10（b）所示。

（3）"三块板"断面。用两条分隔带把机动车和非机动车分离，把车行道分为三块：中间为双向行驶的机动车道，两侧为单向行驶的非机动车道，如图 9-10（c）所示。

（4）"四块板"断面。在"三块板"断面的基础上，将机动车道中间再增设一条分隔带，使机动车也分向行驶，如图 9-10（d）所示。

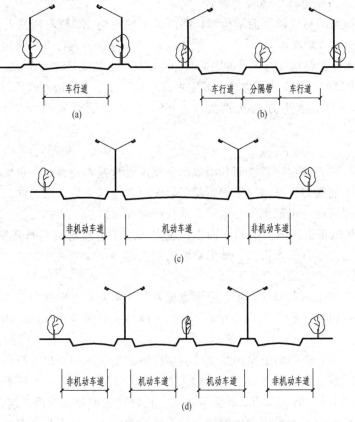

图 9-10 城市道路横断面布置的基本形式

（a）"一块板"断面；（b）"两块板"断面；（c）"三块板"断面；（d）"四块板"断面

2. 横断面图的内容

横断面设计的最后结果用标准横断面图表示。表示道路全线（或某一路段）一般情况的横断面图称为标准横断面图。图中要表示出横断面的形式、各组成部分的尺寸及其相互关系。图 9-11 为某城市道路清河街的标准横断面图，该路段采用了"一块板"断面形式，道

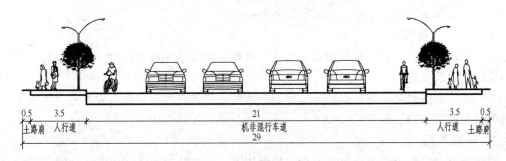

道路横断面图　　1:200　注:本图尺寸均以米为单位。

图 9-11 道路标准横断面图

路总宽为 29m，机动车和非机动车混合行驶的路面宽度为 21m，两侧人行道的宽度为 3.5m，最外两侧还有 0.5m 宽的土路肩。路肩是指道路两侧由路面边缘到路基边缘的部分，分土路肩和硬路肩，硬路肩是进行了铺装的路肩。

图 9-12 为该路的标准横断面结构图，路面排水坡度为 1.5%，两侧人行道路面排水坡度为 2%，路基两侧边坡坡度为 1:1.5。图中表示了车行道、人行道和路边石的具体做法。

为了利于排水保护路基，行车道的路面向外侧倾斜一定坡度，称为路拱。该路路拱为抛物线形，图 9-12 中绘制了路拱曲线大样，规定垂直和水平方向上应按不同比例绘制，本例中垂直方向比例为 1:10，水平方向比例为 1:100，由大样图可知路面中线到边缘的高差为 15.75cm。

9.2.2 平面图

在道路中心线位置确定、横断面各组成部分宽度设计基本完成时，再来绘制平面图。

城市道路的平面图与公路路线平面图相似，主要表示城市道路的走向、平面线形和车行道布置以及沿路线两侧一定范围内的地形、地物等情况。

图 9-13 为某城市道路清河街的平面图，主要表示了清河街及其与开发路的交叉情况。城市道路平面图的内容可分为道路、地形地物情况两部分。

1. 道路情况

(1) 道路中心线用细点画线表示，路面宽度及路面断面布置形式用粗实线表示。为了表示道路的长度，在道路中心线上标有里程。图 9-13 表示的是 K0+500～K0+799.98 路段的平面图，K0+799.98 处为工程终点。

(2) 道路的走向。道路的走向用指北针或坐标网表示。图中画出了指北针，同时清河街与开发路交叉口中心点坐标为 $X=17661.376$，$Y=17194.588$；工程终点坐标为 $X=17700.239$，$Y=17175.861$。从指北针方向可知，道路的走向是北偏西走向。

(3) 城市道路平面图所采用的比例较公路路线平面图大，本图比例是 1:1000。因此车行道、人行道的分布和宽度可按比例画出。由图 9-13 中看出：机动车、非机动混合车道宽 21m，人行道宽 3.5m，无分隔，为"一块板"断面布置形式。

(4) 图中与清河街交叉的开发路是计划扩建的道路，用中粗的虚线表示，可看出也是"一块板"断面布置形式，路口处设置圆曲线，以保证车辆平顺地改变行车方向。

(5) 在与开发路交叉的路口还设置了平曲线，图 9-13 中表示了交角点 1 的位置，标出了 ZY 点、QZ 点、YZ 点，并给出了平曲线要素。

(6) 平面图中还画出了用于排水的雨水井的位置。

2. 地形、地物情况

(1) 通常用等高线表示地形的起伏变化。本例中城市道路所在的地势比较平坦，只用了一些地形点表示高程。

(2) 本段道路是某市新区新建的一段城市道路，沿线许多建筑物需要拆除。图中的其他图例可以查阅表 9-1。

9.2.3 纵断面图

城市道路的纵断面图也是沿道路中心线的展开断面图，作用与公路路线纵断面图相同，主要表达路线线型、地面起伏、地质情况等。其内容也是由图样和资料表两部分组成，如图 9-14 所示。

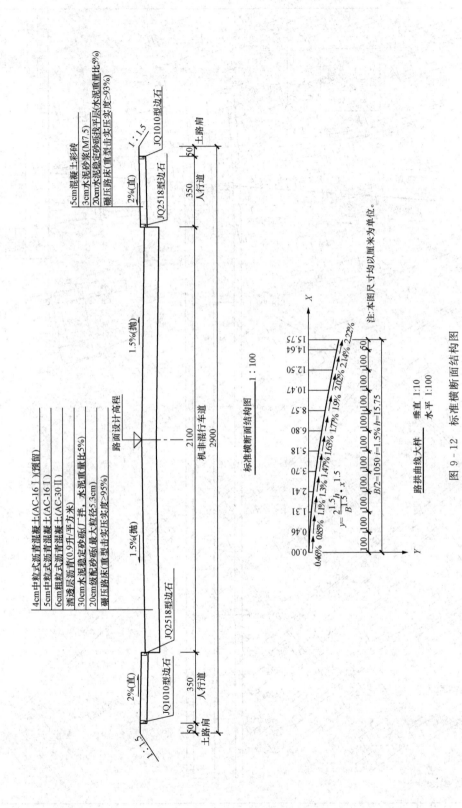

标准横断面结构图 —— 1 : 100

4cm中粒式沥青混凝土(AC-16 I)(预留)
5cm中粒式沥青混凝土(AC-16 I)
6cm粗粒式沥青混凝土(AC-30 II)
酒透层沥青(0.9升/平方米)
30cm水泥稳定砂砾(厂拌，水泥重量比5%)
20cm级配砂砾(最大粒径≤5.3cm)
碾压路床(重型击实压实度≥95%)

5cm混凝土彩砖
3cm水泥砂浆(M7.5)
20cm水泥稳定砂砾找平层(水泥重量比5%)
碾压路床(重型击实压实度≥93%)

路面设计高程

JQ1010型边石
JQ2518型边石

2%(直)

人行道
350
50
土路肩

1.5%(抛)

2100

1.5%(抛)

机非混行车道
2900

路拱曲线大样 —— 垂直 1:10 水平 1:100

$$y = \frac{2 \times 1.5}{B^{1.5}} \cdot x^{1.5}$$

$B/2 = 1050$ $i = 1.5\%$ $h = 15.75$

100 100 100 100 100 100 100 100 100 100 100 100 100 100 50

0.00 0.46 1.31 2.41 3.70 5.18 6.80 8.57 10.47 12.50 14.64 15.75

0.46% 0.85% 1.1% 1.3% 1.47% 1.63% 1.7% 1.9% 2.02% 2.14% 2.22%

注:本图尺寸均以厘米为单位。

图 9 - 12　标准横断面结构图

203

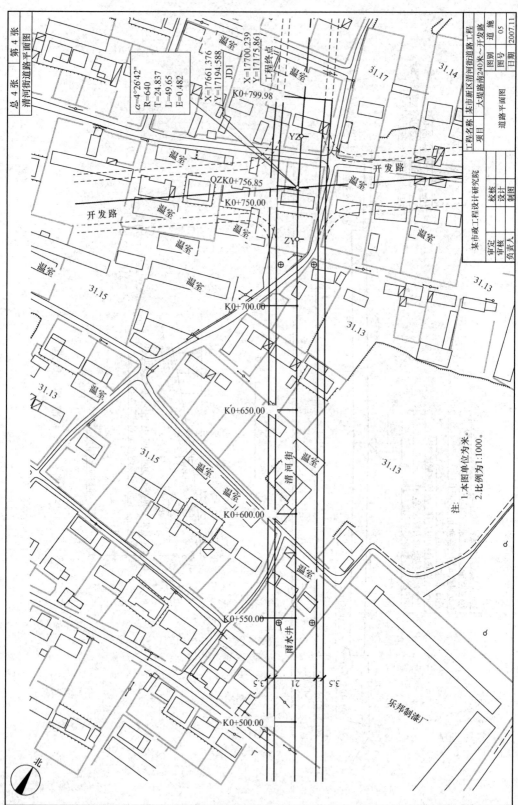

图 9 – 13　道路平面图

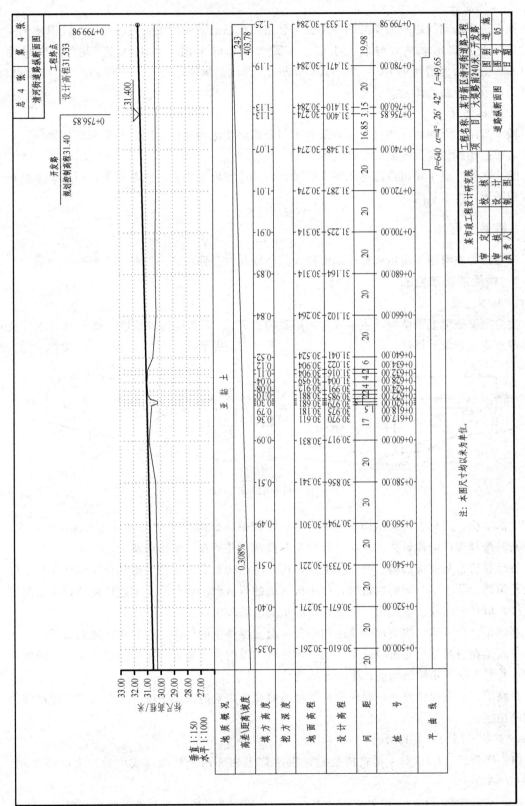

图 9 - 14　道路纵断面图

1. 图样部分

城市道路的路线纵断面图的图样部分与公路路线纵断面图的图示方法相同。绘图比例一般也是竖直方向比水平方向放大十倍，本图水平方向采用 1：1000，竖直方向则采用 1：150。图9-14 为清河街 K0＋500～K0＋799.98 路段的纵断面图。由于该路所占地形面相对平缓，因此纵断面图竖向变化甚小。

2. 资料部分

城市道路的纵断面图的资料部分基本上与公路路线纵断面图相同，不仅与图样部分上下对应，而且还标注有关方面的设计内容。

除此之外，对于城市道路排水系统的设计，还应作出排水系统纵断面图、雨水口和检查井构造图等，本书从略。

9.3 桥梁工程图

当道路跨越河流、山川或低洼地带以及其他路线（公路或铁路）时，需要修筑桥梁。

9.3.1 桥梁的基本组成

1. 基本组成

桥梁主要是由上部结构（主梁或主拱圈和桥面系）、下部结构（桥墩、桥台和基础）及附属构造物（护岸、栏杆、灯柱等）组成，如图 9-15 所示。

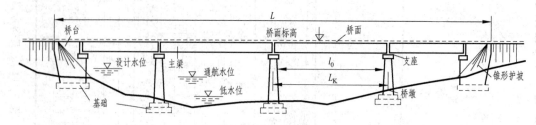

图 9-15　桥梁的基本组成

上部结构，又称为桥跨结构，包括主梁和桥面系，是路线遇到障碍（如河流、山谷等）而中断时跨越障碍的建筑物。作用是承受车辆荷载，并通过支座传给墩台。

桥墩和桥台是下部结构，是支撑上部结构并将结构重力和车辆等荷载作用传到地基土层中的建筑物。位于桥中间的叫桥墩，位于桥两端的叫桥台。桥台除了上述作用外，还与路堤相衔接，以抵御路堤土侧压力，防止路堤填土的滑坡和坍塌。

基础是桥梁下部结构与地基接触的部分，起支撑桥梁的作用，一般埋在地面以下。

支座是在桥跨结构与桥墩或桥台的支撑处所设置的传力装置。它不仅要传递很大的作用效应，并且要保证桥跨结构能产生一定的变位。

在路堤与桥台衔接处，一般还要在桥台两侧设置砌筑的锥形护坡，来保证路堤迎水部分边坡的稳定。

2. 与桥梁结构有关的术语

（1）净跨径（l_0）。对于梁式桥是设计洪水位上相邻两个桥墩（或桥台）之间的净距，如图 9-15 所示。

（2）标准跨径（L_K）。相邻两桥墩中心线之间的距离或桥墩中心线与桥台台背前缘线之间的长度，如图 9-15 所示。

（3）总跨径（$\sum l_0$）。多孔桥梁中各孔净跨径的总和，反映了桥下宣泄洪水的能力。

（4）桥梁全长（L）。简称桥长，它是划分大、中、小桥梁的重要指标之一，是桥梁两端两个桥台的侧墙或八字墙后端点之间的距离，如图 9-15 所示。

（5）桥梁高度。简称桥高，是指桥面与低水位之间的高差，或为桥面与桥下线路路面之间的距离。

（6）桥下净空高度（H）。是指设计水位或通航水位至桥跨结构最下缘之间的距离。

（7）设计水位。桥梁设计中按规定的设计洪水频率计算所得的高水位称为设计水位。

（8）通航水位。是指在各级航道中，能保持船舶（队）正常航行时的最高和最低水位，并据以确定桥梁的桥下净空高度。

（9）低水位和高水位。在枯水季节的最低水位称为低水位。洪峰季节河流中的最高水位称为高水位。

3. 桥梁的分类

桥梁的形式有很多种，常见的分类形式有：

（1）按结构形式分为梁式桥、拱桥、悬索桥、刚架桥、斜拉桥和组合体系桥等。

（2）按主要承重结构所用的材料分为木桥、圬工桥（包括砖、石、混凝土桥）、钢筋混凝土桥、预应力混凝土桥和钢桥等。

（3）按跨越障碍物的性质分为跨河桥、跨谷桥、跨线桥和高架线路桥等。

（4）按桥长和跨径不同分为特大桥、大桥、中桥、小桥和涵洞。《公路工程技术标准》（JTG B01—2003）规定的划分标准见表 9-3。

表 9-3 桥 梁 涵 洞 分 类

桥涵分类	多孔跨径总长 L/m	单孔跨径 L_K/m	桥涵分类	多孔跨径总长 L/m	单孔跨径 L_K/m
特大桥	$L>1000$	$L_K>150$	小 桥	$8\leqslant L\leqslant30$	$5\leqslant L_K<20$
大 桥	$100\leqslant L\leqslant1000$	$40\leqslant L_K<150$	涵 洞	—	$L_K<5$
中 桥	$30<L<100$	$20\leqslant L_K<40$			

本节着重介绍钢筋混凝土梁桥工程图的图示内容和图示方法。

9.3.2 钢筋混凝土梁桥工程图的识读

桥梁的结构形式和建筑材料不同，但图示方法基本上是相同的。表示桥梁工程的图样一般可分为桥位平面图、桥位地质断面图、桥梁总体布置图、构件图等。

1. 桥位平面图

桥位平面图主要是表示桥梁的平面位置，与路线的连接情况，以及周围地形、地物等情况。桥位平面图常用的比例有 1：500、1：1000 或 1：2000 等。通过地形测量绘出桥位处的道路、河流、水准点、钻孔及附近的地形和地物，作为设计桥梁、施工定位的依据。

如图 9-16 所示，为××大桥桥位平面图，该桥梁与本章第一节中所述某公路 K63+400 至 K64+100 路段相连接。可以看出，桥位平面图与路线工程图中的"平面总体设计图"基本相同，不同的是突出了桥梁，把桥墩和桥台的位置明确地表示了出来。

该图比例为 1：2000，表示了桥位与路线的连接情况，桥位周围的地形和地物等情况。桥位平面图中有关地形部分的植被、水准符号、测点高程及地物等均应朝正北方向标注，而

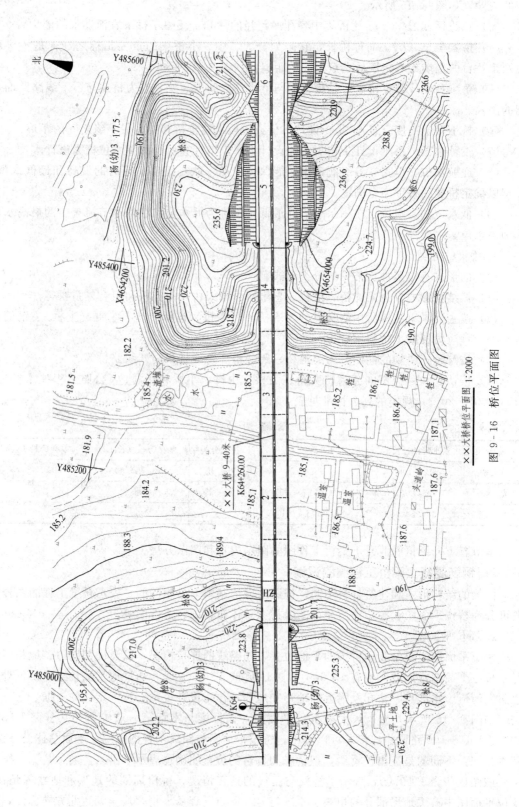

××大桥桥位平面图 1:2000

图 9 - 16　桥位平面图

路线、桥位文字方向则可按路线要求以及总图标方向来决定。桥梁中心里程桩号为 K64＋260.000，为 9 孔 40m 预应力混凝土梁桥。

2. 桥梁总体布置图

桥梁总体布置图是指导桥梁施工的主要图样，它表明了桥梁的形式、跨径、孔数、总体尺寸、桥梁标高、各主要构件的相互位置关系、材料数量以及总的技术说明等，是施工时确定墩台位置、安装构件和控制高程的依据。桥梁总体布置图包括立面图、平面图、资料表和横剖面图等。

图 9-17 和图 9-18 为××大桥桥梁总体布置图，为 9 孔 40m 预应力混凝土简支变连续 T 梁桥。由于本座桥较大，桥梁总体布置图在一张图样中无法表达，因此由两张图纸构成。立面图、平面图和资料表对应布置在同一张图样中，比例为 1：1000，如图 9-17 所示。为了清晰表达上、下部结构的形状和尺寸，横剖面图的比例较立面图、平面图更大，为 1：100，布置在另一张图样上，如图 9-18 所示。

(1) 立面图。如图 9-17 所示，立面图比例为 1：1000，可以看出桥梁的特征和桥型。桥梁全长 367.04m，中心里程桩号为 K64＋260.000，起点桩号 K64＋076.480，终点桩号 K64＋443.520。全桥共有九孔，分为 (2×40＋40.01)m＋(40.01＋40＋40.01)m＋(40.01＋2×40)m 三联。

上部结构采用 40m 预应力混凝土简支变连续 T 形梁。下部结构桥墩采用柱式桥墩，桩基础；两端桥台采用重力式桥台和埋置式桥台，扩大基础。图 9-17 中 0 号～9 号为桥梁墩台的编号，0 号和 9 号为桥台，其余为桥墩编号。

立面图中梁底至桥面之间画了三条线，表示梁高和桥中心线处的桥面厚度。桥墩直径为 1.8m，其基础圆桩直径为 2.0m。图中标注了各桩基顶面和底面的高程，由此可知每根圆桩的长度。图中还标注了两端桥台基础的埋置深度。

在工程图中，人们习惯假设没有填土或填土为透明体，因此埋在土里的基础和桥台部分仍用实线表示。

(2) 平面图。如图 9-17 所示，平面图比例为 1：1000。

左半部分为平面图，主要表达与路基的连接情况、锥形护坡、车行道、安全栏和中央分隔带的布置等。从图中尺寸标注看出：路基宽 26m，桥梁全宽 25.5m，两侧车行道各宽 11.25m，中央分隔带宽 2.0m，两侧安全栏各宽 0.5m。

右半部分是假想把上部结构移去，表达了 5 号、6 号、7 号、8 号桥墩及 9 号桥台的平面形状和位置。图中画出了墩帽和圆柱墩的投影，并给出了双柱式墩之间的中心距离及墩帽的尺寸。画右端桥台平面图时，通常将桥台背后的路堤填土掀开，两边的锥形护坡也省略不画，目的使桥台平面图更为清晰。按施工时挖基坑的需要，只标出桥台基础的平面尺寸。

顺便指出，根据《道路工程制图标准》的规定，尺寸标注中的尺寸起止符号宜采用箭头，如图 9-17 所示。尺寸起止符号也可画成 45°短斜线。

(3) 资料表。在平面图的下方对应有资料表，资料表的内容包括：

1) 地面线桩号：桩距 20m 一个桩，表示出各个桩及其加桩。

2) 中线地面高程：是指桥面中心线处对应桩号的地面高程。

3) 坡度和坡长：桥上设有一个变坡点，在桩号 K64＋300 处，是凸形竖曲线。

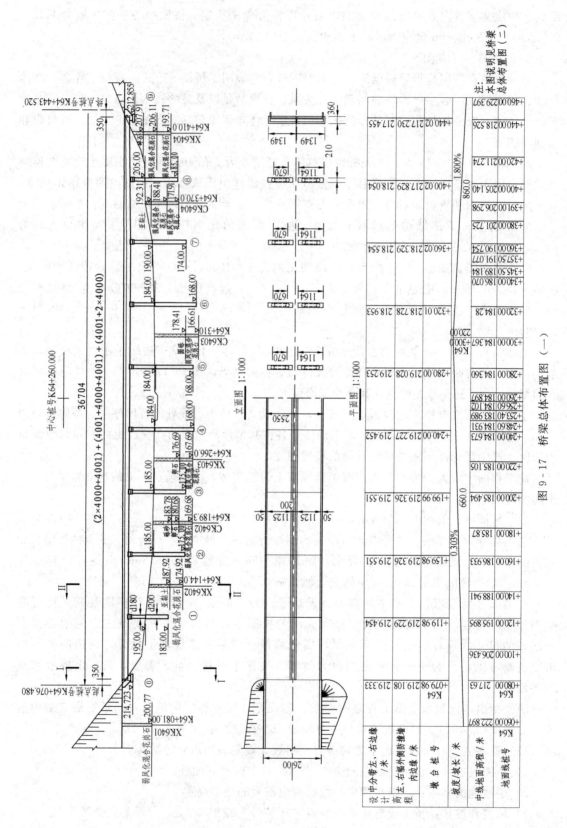

图 9-17 桥梁总体布置图（一）

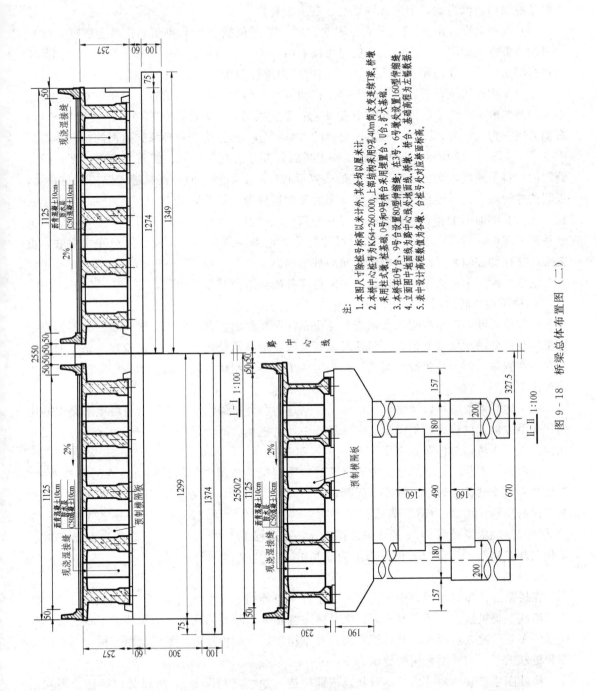

注:
1. 本图尺寸除桩号标高以米计外, 其余均以厘米计。
2. 本桥中心桩号为 K64+260.000, 上部结构采用 9 孔 40m 简支专连续梁, 桥墩采用桩式桥墩, 桩基础。0 号和 9 号桥台采用埋置式台, U 台, 扩大基础。
3. 本桥在 0 号台, 9 号台设置 80 型伸缩缝, 在 3 号, 6 号墩处设置 160 型伸缩缝。
4. 立面图中地面线为墩中心线处地面线, 桥墩, 桥台。
5. 表中设计高程值为各墩, 台桩号处对应桥面面标高。

II—II 1:100

图 9-18 桥梁总体布置图 (二)

4）墩台桩号：表示 0 号～9 号各墩、台的里程。

5）设计高程：桥梁两侧设有防撞墙，中间设有中央分隔带。对应着每一个桥墩、桥台，表中给出左幅（位于前进方向左侧的是左幅，右侧的是右幅）外侧防撞墙内边缘高程、右幅外侧防撞墙内边缘高程、中央分隔带左、右边缘高程。

（4）横剖面图。图 9-18 所示为横剖面图，该图包括 I—I 和 II—II 两个图样，比例 1∶100。根据立面图中标注的剖切位置可以看出，I—I 是在 0 号桥台和 1 号桥墩之间的跨端进行剖切；II—II 是在 1、2 号桥墩之间的跨中进行剖切。

I—I 剖面图主要表达桥梁的上部结构和桥台，因为 0 号桥台的左、右幅不对称，所以用全剖面图表示。桥梁的上部结构共由 10 片 T 型梁组成，0 号桥台左幅采用埋置式桥台，右幅采用重力式桥台，图中只画出了桥台的可见部分，具体构造和尺寸如后面的桥台构造图图 9-20 和图 9-21 所示。图中清晰反映出桥面各部分的宽度尺寸、桥面的横向坡度和桥面铺装的材料及厚度。图中还画出了 T 形梁翼板和预制横隔板之间的湿接缝，湿接缝是在梁、板间通过钢筋、钢板连接后再浇筑混凝土而使梁板成为一体共同受力。

II—II 剖面图主要表达桥梁的上部结构和桥墩，因为对称，剖面图只画了左半边。由于是在跨中剖切，可看出 T 形梁的截面尺寸与 I—I 剖面图中不同。桥墩为双柱式桥墩，由盖梁、立柱和柱间系梁组成，桥墩下面为桩基础。

结合立面图和平面图，可以知道桥梁各部分的构造及其布置情况。

3. 桥位地质断面图

桥位地质断面图是根据水文调查和地质钻探所探得的资料绘制的河床地质断面图，表示桥梁所在位置的地质水文情况，包括河床断面线、最高水位线、各钻井位置以及钻探的地质情况和高程等，作为桥梁设计的依据。小型桥梁可不绘制桥位地质断面图，但应该写出地质情况说明。

桥位地质断面图可以单独画出，为了显示地质和河床深度变化情况，可将地形高度的比例较水平方向比例放大数倍画出。实际设计中，常把地质断面图按竖直方向和水平方向同样比例直接画入桥梁总体布置图中。

在图 9-17 中，立面图上反映了河床的地质情况。该图中的不规则折线为河床断面线。该桥共有七个钻孔，表示了河床不同部位、不同深度的地质情况，分别用地质图例表示并标明它们的高程。图中 "CK" 表示初步勘探，"XK" 表示详细勘探，其后数字为编号。如 "XK6402" 表示编号为 6402 的详细勘探钻孔，在高程 174.92～187.92m 之间为 13m 厚的弱风化混合花岗石，高程 187.92m 以上为亚黏土。

4. 构件图

在桥梁总体布置图中，由于比例的关系，不可能将桥梁各构件详细、完整地表达出来。为了给施工提供依据，还需要根据桥梁总体布置图采用较大的比例，把构件的形状、大小和钢筋的布置情况表达出来，这种图称为构件结构图，简称构件图，如桥墩图、桥台图、主梁图和桩基图等。构件图常用的比例为 1∶10～1∶50。

构件图主要表明构件的外部形状及内部构造（如配筋情况等），所以又包括构造图和结构图两种。只画构件形状、不表示内部钢筋布置的称为构造图，当外形简单时该图可省略。主要表示钢筋布置情况的称为结构图，结构图一般应包括钢筋布置情况、钢筋编号及尺寸、钢筋详图（即钢筋成型图）、钢筋表等内容，其图示方法与第 8 章 8.3.2 中所述钢筋混凝土构件详图的画法完全相同。

（1）桥墩图。桥墩是桥梁的下部结构，支撑着桥梁上部结构所传来的作用效应，并将作用效应传递给基础。桥墩的类型较多，按其构造可分为实体墩、空心墩、柱式墩、排架墩等类型。其中柱式墩是目前公路桥梁中广泛采用的桥墩形式，它主要由盖梁（墩帽）、柱式墩身和桩基础组成。一般可分为单柱、双柱和多柱等形式。

图 9-19 为××大桥钻孔灌注桩双柱式桥墩的一般构造图，由立面图、平面图和侧面图表达。从图中看出，桥墩采用双圆柱式桥墩、钻孔灌注桩基础，柱与桩直接相连，桥墩墩柱直径为 180cm，桩基础直径为 200cm。盖梁采用钢筋混凝土盖梁，长度为 1164cm，高度 190cm，宽度 210cm。柱间系梁高度 160cm，宽度 140cm。为了架梁的需要，盖梁上设有支座垫石，盖梁两侧设有防震挡块，其目的是防止主梁在横桥向发生落梁现象。

（2）桥台图。桥台和桥墩一样同属于桥梁的下部结构，位于桥梁的两端，它起着支撑上部结构和连接两岸道路的作用，同时还承受桥头路基填土的压力。桥台通常按其形式分为重力式桥台、埋置式桥台、轻型桥台、框架式桥台和组合式桥台等。

重力式桥台主要由砌石、片石混凝土或混凝土等圬工材料就地砌筑或浇筑而成，圬工体积大，自重大，一般在填土高度不大时采用；当路堤填土高度超过 6～8m 时可采用埋置式桥台。

图 9-17 所示大桥的 0 号桥台分别采用埋置式桥台（左幅）和重力式桥台（右幅），扩大基础；9 号桥台采用埋置式桥台，扩大基础。现以 0 号桥台为例，介绍这两种桥台的构造图。

1）重力式桥台。图 9-20 为 0 号桥台右幅重力式桥台一般构造图。该桥台由台身、台帽和基础组成，其平面形状呈 U 字形，所以常称为 U 形桥台。台身包括前墙和侧墙，前墙顶部设置台帽，以便放置支座来支承上部结构；侧墙是用来连接路堤并抵挡路堤填土向两侧的压力。

桥台构造图用立面图、平面图、侧面图和Ⅰ—Ⅰ断面图表示，比例均为 1∶100。立面图采用半幅桥台的台前来表示，主要表达桥台正立面的形状和尺寸。台前是指观察者站在桥下沿着路线纵向观看桥台前面所得到的投影图，台后是指观察者站在堤岸一侧观看桥台背后所得到的投影图。平面图主要表达桥台各部分的平面形状和尺寸。侧面图主要表达桥台侧面的形状和尺寸。Ⅰ—Ⅰ断面图表达了侧墙及基础的断面形状和尺寸。

由该桥台一般构造图可知，桥台基础采用扩大基础，基础厚度为 100cm。桥台前墙顶部设置台帽，台帽上设有五块支座垫石，两侧设有防震挡块，前墙背面设有牛腿，用于放置桥头搭板，使桥梁与路面衔接平顺，以防桥头跳车。桥台顶面位于中分带处的防撞搭板采用C30 混凝土，与台帽一起现场浇注。桥台两侧设有锥形护坡，该侧锥坡的坡度为 1∶1。另外，图中标注了多处高程，如基础外侧边缘点前趾 A 点的高程等。

图中用更大比例绘制了侧墙顶的钢筋图，内容包括配筋立面图、Ⅱ—Ⅱ配筋断面图和①、②号钢筋的钢筋详图。

图中还列出了该桥台的工程数量表。可知基础、前墙和侧墙墙身均采用 C20 片石混凝土，侧墙顶采用 C25 混凝土，桥台前墙、侧墙等外露部分均采用块石镶面。

2）埋置式桥台。图 9-21 所示为 0 号桥台的左幅埋置式桥台一般构造图，用立面图、平面图和侧面图表示，比例均为 1∶100。该桥台台身顶部设置台帽，以便放置支座来支承上部结构，台顶部分用防护墙将台帽与填土隔开；台身不需另设侧墙，仅附有短小的钢筋混凝土耳墙，它与路堤衔接。

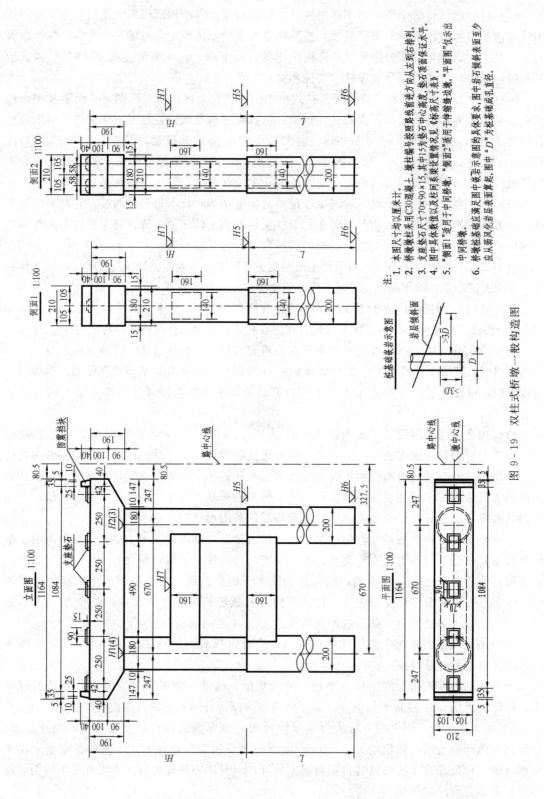

图 9 - 19　双柱式桥墩一般构造图

注：
1. 本图尺寸均以厘米计。
2. 桥墩墩柱采用C30混凝土。墩柱编号按照线路前进方向从左到右排列。
3. 支座垫石尺寸70×90×15，其中15为垫石中心高度，垫石顶面保证水平。
4. 图中具体数值以及设置关系同系见《标高尺寸表》。
5. "侧面1"至用于中间桥线，"侧面2"适用于伸缩缝边线，"平面图"仅示出中间桥线。
6. 桥梁桩基础应满足图中数据示意图要求，图中岩石倾斜表面及图中算数是，图中"D"为桩基础成孔直径。应从弱风化岩层表面表面至少。

桩基础截岩层示意图

岩层倾斜面

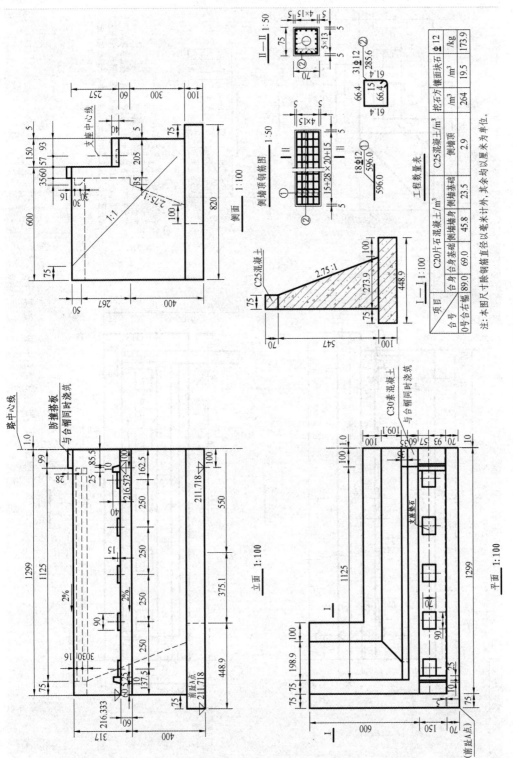

工程数量表

项 目	挖石方 /m³	镶面块石 Φ12					
台号	台身合台帽 C20片石混凝土 /m³	C25混凝土/m³		/m³	/kg
	台身合台帽	侧墙基础侧墙身	侧墙顶	侧墙基础	侧墙顶		
0号台右幅	89.0	69.0	45.8	23.5	2.9	264	19.5	173.9

注：本图尺寸除钢筋直径以毫米计外，其余均以厘米为单位。

图 9 - 20 重力式桥台一般构造图

215

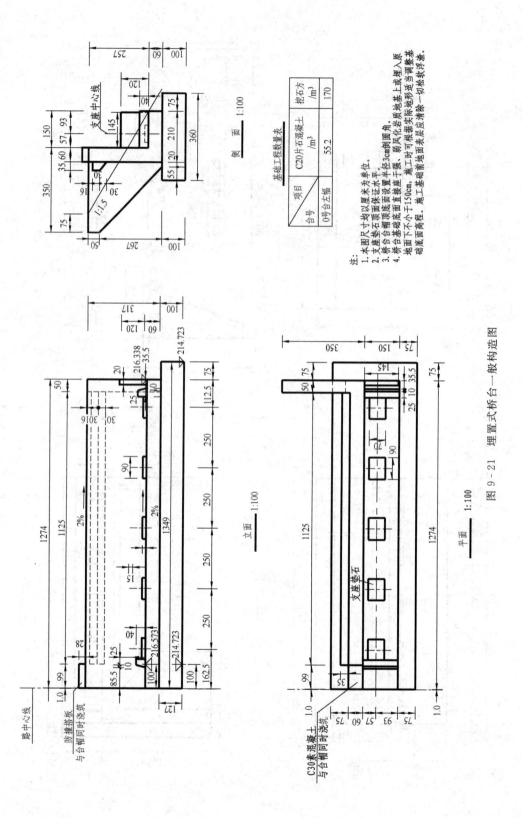

图 9－21　埋置式桥台一般构造图

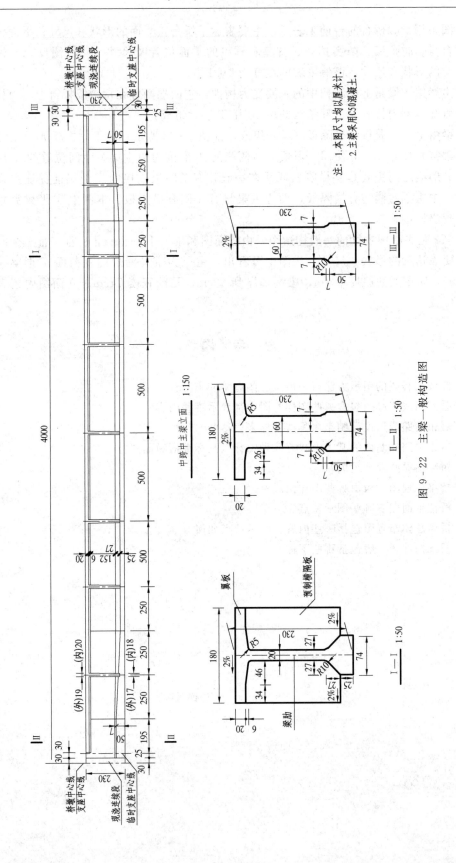

图 9 - 22 主梁一般构造图

立面图采用半幅桥台的台前来表示，主要表达了桥台正立面的形状和尺寸；平面图清楚地表达了台身、防护墙、防震挡块、支座和耳墙的平面位置及尺寸。侧面图反映台帽、耳墙、牛腿等的形状和尺寸，该侧锥坡的坡度为 1：1.5。

（3）主梁图。梁是上部结构中的主要受力构件，它两端搁置在桥墩或桥台上。由桥梁总体布置图可知本例中桥梁的上部结构共由 10 片 T 形梁组成。

T 形梁由梁肋、翼板和横隔板（梁）组成，如图 9-22 所示。由于每根 T 形梁的宽度较小，所以常常几片并在一起使用，习惯上称两侧的 T 形梁为边主梁，中间位置的 T 形梁为中主梁。T 形梁之间主要是靠横隔板联系在一起，有横隔板连接的 T 形梁能保证主梁的整体稳定性，中主梁两侧均有横隔板，而边主梁只有一侧有横隔板。本例中 T 形梁翼板、横隔板采用现浇连接。

图 9-22 是中跨中主梁的一般构造图，由立面图和 Ⅰ—Ⅰ、Ⅱ—Ⅱ、Ⅲ—Ⅲ 三个断面图构成，主要表达梁的形状和尺寸。从图中可看出，主梁为带马蹄形的变截面 T 形梁，中心梁高 230cm，跨中梁肋厚度 20cm，梁端加厚到 60cm，马蹄宽度 74cm。立面图中还表示了横隔板的位置。

思 考 题

9.1　路线工程图的图示方法与一般工程图有哪些不同？

9.2　公路路线工程图包含哪些图样？图中都表示哪些内容？

9.3　城市道路线形设计结果由哪些图样来表达？

9.4　城市道路横断面的基本形式有几种？什么是标准横断面图？

9.5　桥梁由哪些部分组成？

9.6　桥梁工程图一般由哪些图样组成？

9.7　桥位平面图有哪些图示特点？

9.8　桥梁总体布置图包括哪些内容？图示特点如何？

9.9　桥梁构件图一般包括哪些图样？

第10章 水利工程图

一个水利工程往往由若干个水工建筑物所组成，这些水工建筑群体称为水利枢纽。用来表达水工建筑物设计、施工和管理的图样称为水利工程图，简称水工图。本章将着重介绍水工图的图示方法、尺寸注法以及读图方法与步骤，为工程技术人员识读水工图打下基础。

10.1 概述

10.1.1 水工建筑中的常见曲面

为了使水流平顺，改善建筑物的受力条件，水工建筑物的某些表面往往做成规则曲面，如溢流坝坝面、水闸闸墩前后端面、水闸两岸翼墙等。下面介绍两种水工建筑中常见曲面的形成和表示方法。

1. 柱面

一直母线沿着一曲导线并平行于一直导线运动而形成的曲面，称为柱面。柱面的特征是所有素线互相平行。如图 10-1（a）所示，水利工程中的溢流坝坝面为柱面，由直母线 AB 沿着曲导线 T 并始终平行于直导线 L 运动而形成。图 10-1（b）为其投影图，必要时可画出若干条疏密不等的素线表示曲面。

垂直于柱面素线的截面称正截面。当正截面为圆时，称圆柱面；当正截面为椭圆时，称椭圆柱面。圆柱面与椭圆柱面都有轴线，当轴线为投影面垂直线时，称正圆（或正椭圆）柱面；否则称斜圆（或斜椭圆）柱面。

图 10-2（a）所示是斜椭圆柱面的投影图。若用垂直于该柱面素线的平面截切，则所得截交线为椭

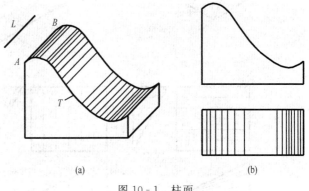

图 10-1 柱面

圆。从图中可看出，正平位置的柱面轴线为直导线，水平圆为曲导线，斜椭圆柱面的素线都是正平线。画图时，应画出形成曲面的各个元素（如直导线、曲导线等）的投影，以及各投影图的外形轮廓线。图 10-2（b）所示为斜椭圆柱面在工程中的应用实例，闸墩的左端面为斜椭圆柱面。

2. 扭平面

一直母线沿着两条交叉的直导线并始终平行于一导平面运动而形成的曲面，称为双曲抛物面，在水利水电工程中称为扭平面。图 10-3（a）所示为一河岸边坡，侧垂面 Q 与正平面 P 之间用一个扭平面过渡。

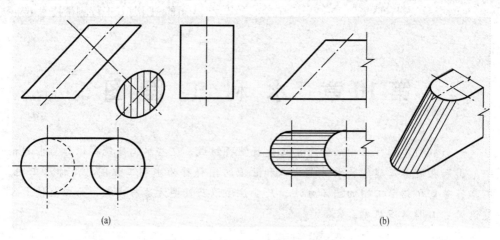

图 10 - 2　斜椭圆柱面和工程实例

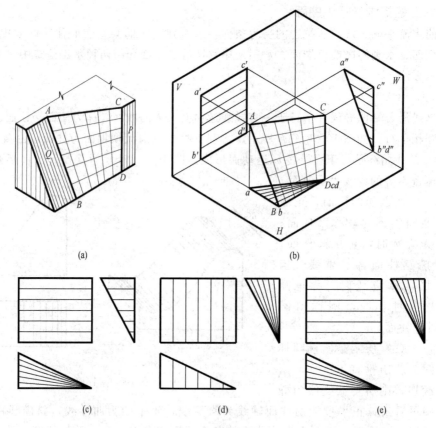

图 10 - 3　扭平面的形成及画法

　　现将扭平面 ABDC 拿出来放在三投影面体系中，如图 10 - 3（b）所示，该面可看成直母线 AC 沿着交叉两直导线 AB、CD 运动，运动中始终平行于水平面，这时扭平面上的素线都是水平线。该面还可看成直母线 AB 沿着交叉两直导线 AC、BD 运动，运动中始终平行于侧平面，这时扭平面上的素线都是侧平线。即扭平面可由两组素线形成。施工时就是根据这个特点立模放样的。

画扭平面投影时，除了画出扭平面的四条外形轮廓线（两条直导线和两条边界素线）的投影，还要画上直素线的投影。图 10 - 3（c）为素线是一组水平线时的三面投影图，图 10 - 3（d）为素线是一组侧平线时的三面投影图。

按《水利水电工程制图标准》规定，在工程图上，常在扭平面的 V、H 面投影上画出水平素线的投影，而在 W 面投影上画出侧平素线的投影，即 H、W 面投影都画成放射线束，规定画法如图 10 - 3（e）所示。

10.1.2　水工建筑物中的常见结构及其作用

水利工程中的建筑物称为水利工程建筑物，简称水工建筑物。按照建筑物的用途，可分为一般建筑物（如挡水、泄水、输水等）和专用建筑物（如发电、水运、灌溉等）。常见的建筑物有各种堤坝、水闸、渠道等。下面简单介绍这些建筑物中常见的结构及作用。

1. 大坝中的常见结构及其作用（图 10 - 4）

（1）廊道及排水结构。廊道是在混凝土坝内，为了灌浆、排水、输水、观测、检查及交通等要求而设置的结构，廊道断面形式多为城门洞形。坝体排水一般是在上游防渗层之后，沿坝轴线方向布置竖向排水管。大部分渗水通过排水管汇集于设在廊道内的排水沟（管），再经横向排水沟（管）排出坝体。

（2）分缝及止水结构。对于较长的或较大体积的混凝土建筑物，为防止因温度变化或地基不均匀沉陷而引起的断裂现象，要人为地设置结构分缝（伸缩缝或沉陷缝）。为防止水流的渗漏，在水工建筑物的分缝中应设置止水结构，其材料一般为金属止水片、油毛毡、沥青、麻丝等。图 10 - 4 中可见坝体上的伸缩缝及止水做法。

（3）其他结构。坝基和两岸的防渗措施，主要是设置灌浆帷幕。防渗灌浆帷幕一般沿坝轴线设置，由数排灌浆孔组成。在坝顶常设置防浪墙用于挡水、防浪。

2. 水闸中的常见结构及其作用（图 10 - 5）

（1）上、下游翼墙。上游翼墙的作用是引导水流平顺地进入闸室；下游翼墙的作用是将出闸水流均匀地扩散，使水流平稳，减少冲刷。常见的有八字形翼墙（见图 10 - 5 中的上游翼墙）、扭平面翼墙（见图 10 - 5 中的下游翼墙）及圆柱面翼墙等。

（2）铺盖。铺盖是铺设在上游河床之上的一层保护层，紧靠闸室。其作用是减少渗透，保护上游河床，提高闸室的稳定性。

（3）消力池及海漫。经闸室流下的水具有很大的冲击力，为防止下游河床受冲刷，在紧接闸室的下游部分常用钢筋混凝土做成消力池，水流到池中产生翻滚，消耗大量能量。在消

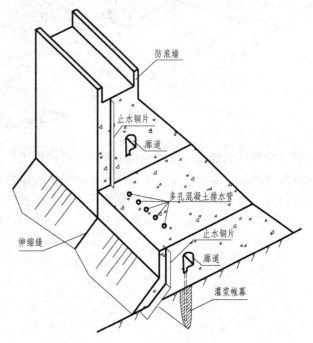

图 10 - 4　大坝中的常见结构

防浪墙
止水铜片
廊道
多孔混凝土排水管
止水铜片
廊道
伸缩缝
灌浆帷幕

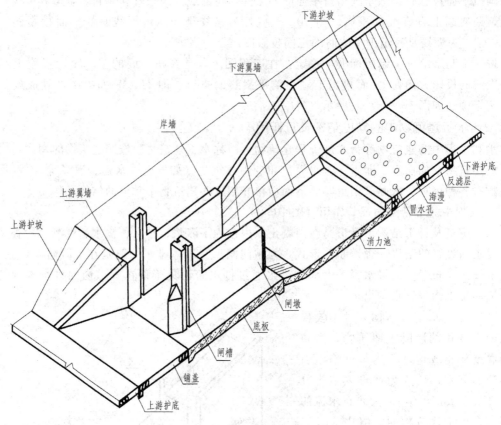

图 10-5 水闸轴测图

力池后的河床上铺设一段护底称海漫，海漫的作用是继续消除余能，使水流均匀扩散，保护河床免受冲刷。通常在海漫上设排水孔，用以排出闸基的渗透水，降低底板所承受的渗透压力。海漫下设反滤层，反滤层的作用是滤土、排水。

（4）其他结构。为了保证河床和河岸不受冲刷，还需作上、下游护底和护坡，常用块石作护面。

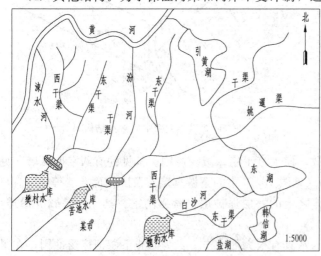

图 10-6 某灌区规划图

10.1.3 水工图的分类

水利工程的兴建一般需要经过勘测、规划、设计、施工和验收等五个阶段。各个阶段都要绘制相应的图样，不同阶段对图样有不同的要求。下面介绍几种主要的水工图样。

1. 规划图

规划图是表达对水资源综合开发中计划兴建各类建筑物及位置的示意性图样。如流域规划图、灌区规划图等，图 10-6 所示为某灌区规划图。

从图 10-6 中可看出，该灌区有 3 座水库作为取水渠首，总干渠和分干渠总长为 50 多千米，灌溉面积 100 多万亩，灌区内水库、总干渠及分干渠的位置均以图例进行示意性表达。

规划图的主要特点如下：

(1) 规划图表达的地域较大，仅反映整个工程的概貌，因此画图需采用小比例尺，一般采用 1∶5000～1∶10000 甚至更小。

(2) 规划图为平面图，通常绘制在地形图上，采用制图标准规定的"水工建筑物平面图例"绘制，无需表达建筑物的结构形状。水工建筑物平面图例见表 10-1。

表 10-1　　　　　　　　　　常用的水工建筑物平面图例

序　号	名　　称		图　例	序　号	名　　称	图　例
1	水库	大　型		10	水位站	
		小　型		11	隧　洞	
2	混凝土坝			12	渡　槽	
3	土 石 坝			13	虹　吸	(大) (小)
4	溢 洪 道			14	涵洞（管）	(大) (小)
5	水　闸			15	跌　水	
6	水电站	大比例尺		16	斗　门	
		小比例尺		17	灌　区	
7	船　闸			18	分（蓄）洪区	
8	泵　站			19	护　岸	
9	水 文 站			20	堤	
				21	渠	

2. 枢纽布置图

在水利工程中，由几个水工建筑物有机组合的综合体称为水利枢纽。常见的水利枢纽如水库枢纽（包括挡水坝、输水涵洞、溢洪道等）、泵站枢纽（包括泵站、进水闸等）。

将水利枢纽中各主要建筑物的平面形状和位置画在地形图上，这样的工程图样称为枢纽布置图。枢纽布置图是枢纽中各建筑物定位、施工放线、土石方施工及绘制施工总平面图的依据。枢纽布置图所用比例一般为 1∶500～1∶2000。

枢纽布置图一般包括以下主要内容：

（1）枢纽所在地区的地形、河流名称及流向、地理方位等。

（2）枢纽中各建筑物的平面形状及其相互位置关系。

（3）建筑物与地面相交情况及填挖方坡边线。

（4）建筑物的主要高程、主要尺寸和填挖方坡度。

有关枢纽布置图的识图详见后面 10.4.2 节中的例 10-1。

3. 建筑物结构图

用来表达水利枢纽中某一建筑物的工程图样称为建筑物结构图。结构图要详细地表达该建筑物的整体和各组成部分的形状、大小、构造和材料，所以选用较大比例绘制，一般为 1∶50～1∶200，某些细部构造可采用更大比例表达。

建筑物结构图一般包括下列主要内容：

（1）建筑物的结构、形状、尺寸及材料。

（2）建筑物的细部构造。

（3）工程地质情况及建筑物与地基的连接方式。

（4）建筑物的工作条件，如上、下游设计水位、水面曲线等。

（5）相邻建筑物之间的连接方式。

（6）附属设备的位置。

4. 施工图

按照设计要求绘制的指导施工的图样称为施工图，它主要表达施工程序、施工组织和施工方法等内容。常见施工图如施工场地布置图、基础开挖图、施工导流图、混凝土分期分块浇筑图、钢筋图等。

5. 竣工图

工程施工过程中，难免对建筑物的结构作局部改动。因此，应按竣工后建筑物的实际结构绘制竣工图，供存档和工程管理用。

10.2 水工图的表达方法

前面第 5 章和第 7 章分别介绍了有关工程物体的表达方法、《技术制图》等国家标准中的基本规定，在此基础上，本节将结合水工建筑物的结构特点和现行的《水利水电工程制图标准》（SL 73.1—1995～SL 73.5—1995）来进一步阐述水工图的图示方法和特点。

10.2.1 常用符号及图例

1. 水工图中的常用符号

（1）图样中表示水流方向的箭头符号，根据需要可按图 10-7 所示的样式选用。图 10-7（a）为标准样式，图 10-7（b）、（c）为简化样式。

（2）平面图中指北针有图 10-8（a）、（b）、（c）三种式样供选用，其位置一般在图的左上角，必要时也可放在其他适当位置。

此外，水利水电工程制图标准中，还规定了原型观测中常用的仪器设备图形符号和文字代号，需要应用时可查阅《水利水电工程制图标准 水工建筑图》（SL 73.2—1995）。

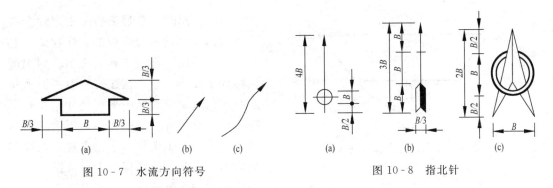

図 10-7　水流方向符号　　　　　　　　　　図 10-8　指北针

2. 水工图中的常用图例

水工建筑物的平面图例主要用于规划图、施工总平面布置图，枢纽总布置图中非主要建筑物也可用图例表示，见表 10-1。

图样中的建筑材料也用图例表示，表 10-2 为水工图中部分常用的建筑材料图例。土木建筑图中的建筑材料图例，水工图也采用，可参见第 7 章表 7-4。特别值得提及的是，水工图中金属和砖的材料图例相同，均使用平行等间距的 45° 细斜线。其他可查阅《水利水电工程制图标准　水工建筑图》（SL 73.2—1995）。

表 10-2　　　　　　　　　　　　水工图中部分常用的建筑材料图例

序号	名称	图　　例	序号	名称	图　　例	序号	名称	图　　例
1	岩石		6	干砌条石		11	回填土	
2	碎石		7	浆砌条石		12	黏土	
3	卵石		8	干砌块石		13	二期混凝土	
4	砂卵石		9	浆砌块石		14	沥青混凝土	
5	水、液体		10	灌浆帷幕		15	埋石混凝土	

10.2.2　基本表达方法

1. 视图的名称及作用

水利水电工程图中规定：河流以挡水建筑物为界，逆水流方向在挡水建筑物上方的河流段称为上游，在挡水建筑物下方的河流段称为下游；并规定视向顺水流方向时，左边为左岸，右边为右岸。布置视图时，习惯将河流的流向布置成自上而下或自左而右，并画水流方向符号，以便区分河流的左右岸，如图 10-9 中平面图所示。

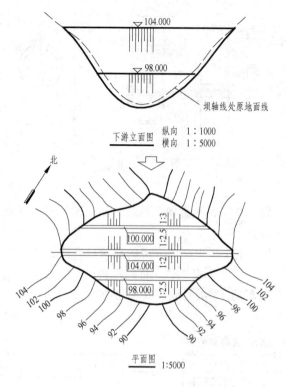

图 10-9 土坝的平面图和下游立面图

（1）平面图。水利工程图中，六个基本视图的名称规定为主视图、俯视图、左视图、右视图、仰视图和后视图。俯视图也称为平面图。它表达建筑物的平面形状及布置，表明建筑物的平面尺寸、主要高程、相对位置等。如图 10-9 所示，土坝的平面图表达了土坝的平面布置、坝顶和马道的位置及顶面高程、上、下游坡面的坡度及坡脚线等。

（2）立面图。六个基本视图中的主视图、左视图、右视图、后视图可称为立面图（或立视图）。当视图与水流方向有关时，视向顺水流方向所得立面图，称为上游立面图（或立视图）；视向逆水流方向时，称为下游立面图（或立视图）。图 10-9 所示为土坝的下游立面图，主要表达土坝的立面外形。

（3）剖视图。在水工图中，剖面图称为剖视图。当剖切面平行于建筑物轴线或顺河流流向时，称为纵剖视图，图 10-2 所示为纵向剖切水闸；当剖切面垂直于建筑物轴线或河流流向时，称为横剖视图。剖视图表达建筑物的内部结构形状、主要尺寸和高程以及竖向位置关系。

（4）详图。将建筑物的部分结构用大于原图形所采用的比例画出的图形称为详图。其标注形式为：在被放大部分处用细实线画小圆圈，并标注字母。相应的详图用相同的字母标注其图名，并注写比例。如图 10-10 所示。

2. 视图的配置及标注

为便于读图，各视图应尽可能按投影关系配置。但由于建筑物的规模不同，为了合理利用图纸，允许将某些视图配置在图内其他适当地方。对大型且较复杂的建筑物，往往一张图纸上只画一个视图。

每个视图均应标注图名，将图名注写在视图的上方，并在图名下方画一粗横线，长度以图名长度为准。绘图比例注写在图名后面。当一个视图中的铅垂和水平两个方向采用不同比例时，应分别标注纵、横向比例，如图 10-9 下游立面图所示。

10.2.3 规定画法和习惯画法

1. 展开画法

当构件或建筑物的轴线（或中心线）为曲线时，可将曲线展开成直线后，绘制成视图、剖视图和断面图。这时，应在图名后注写"展开"二字。如图 10-11 所示的灌溉渠道，其 A—A 剖视图是采用与渠道中心线重合的柱状剖切面剖切后展开而得的。展开的方法是：剖切面上的断面部分直接展开，剖切面以外的剩余部分按法线方向投射到剖切面上后再展开。在图 10-11 中，点 A、F 位于剖切面上，直接展开得 a'、f'；支渠闸墩中心线上的点 B，投

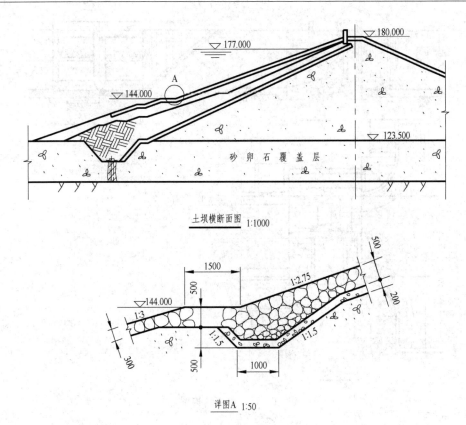

图 10 - 10　详图的画法

射到剖切面上 b_1 位置后展开得 b'，同理得岸墙上的点 C、D、E 的投影 c'、d'、e'。为了方便读图和画图，支渠闸墩和闸孔的宽度按实际尺寸画出。

2. 合成视图

对称或基本对称的图形，可将两个视向相反的视图或剖视图、断面图各画一半，并以对称线为界，合成一个图形，称为合成视图。图 10 - 12 中水闸的左视图为合成剖视图，$B—B$ 由上游方向投射，$C—C$ 由下游方向投射。

3. 拆卸画法

当视图、剖视图中所要表达的结构被另外的结构或填土遮挡时，可假想将其拆掉或

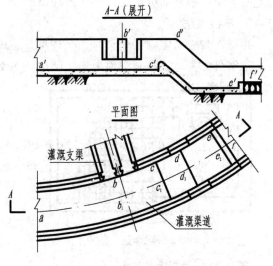

图 10 - 11　灌溉渠道展开画法

掀掉，然后再进行投影。这种画法在水工图中较常用。图 10 - 12 所示平面图中，对称线上半部的一部分桥面板及胸墙被假想拆卸，填土被假想掀掉。

4. 分层画法

当结构有层次时，可按其构造层次分层绘制，相邻层用波浪线分界，并可用文字注写各

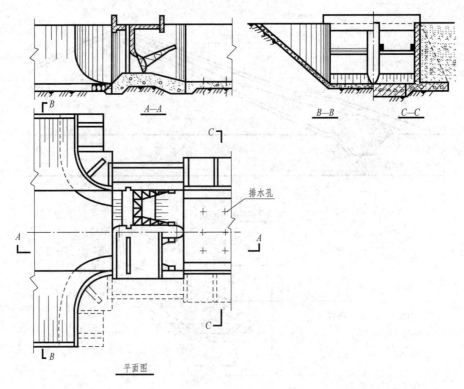

图 10 - 12　水闸结构图

层结构的名称。图 10 - 13 为混凝土坝施工中常用的真空模板，采用了分层画法。分层画法即是第 5 章中所述的分层局部剖切的局部剖视图。

5. 连接画法

当图形较长又需画出全长时，允许将其分成两部分绘制，用连接符号表示相连，并用大写拉丁字母编号，这种画法称为连接画法。图 10 - 14 所示为土坝立面图的连接画法。

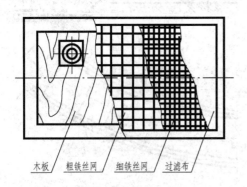

图 10 - 13　混凝土真空模板的分层画法

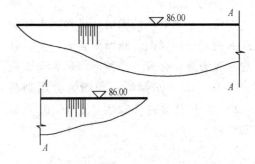

图 10 - 14　土坝立面图的连接画法

6. 断开画法

对于较长的构件或建筑物，当沿长度方向的形状不变或按一定的规律变化时，可以断开绘制，这种画法称为断开画法。图 10 - 15 所示为渠道断开画法。

注意：对原来倾斜的直线当采用断开画法后仍要相互平行，且按全长标注尺寸。

7. 结构分缝的画法

在绘制水工图时，为了清晰地表达建筑物中的各种缝线，如伸缩缝、沉陷缝、施工缝和材料分界线等，无论缝的两边是否在同一平面内，这些缝线都要用粗实线绘制，如图 10 - 16 所示。

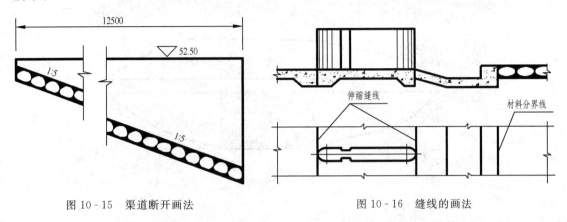

图 10 - 15　渠道断开画法　　　　　　　　　　　图 10 - 16　缝线的画法

10.3　水工图的尺寸注法

根据水工图的特点及施工测量的要求，本节在前面有关章节介绍的尺寸标注的基础上，进一步介绍水工图尺寸标注的特点与方法。

10.3.1　一般规定

（1）水工图中标注尺寸的单位，除高程、桩号、总布置图以米为单位，规划图以千米为单位外，其余尺寸以毫米为单位，且图中不必标注。若采用其他尺寸单位（如厘米）时，则必须在图纸中加以说明。

（2）水工图中尺寸起止符号采用箭头表示，也可以使用 45°短斜线。

10.3.2　平面尺寸的注法

这里重点讨论平面尺寸的基准问题。水工建筑物在地面上的位置通常根据测量坐标系来确定，是以选定的基准点或基准线进行放样定位。基准点的平面位置由测量坐标确定，两个基准点相连即确定了基准线的平面位置。图 10 - 17 所示为枢纽平面图，A、B 两基准点的坐标已知，坝轴线的位置就是 A、B 两个基准点的连线，坝轴线是枢纽的基准线。

当建筑物在长度或宽度方向对称时，应以对称轴线为基准，图 10 - 25 中进水闸的宽度方向即以对称轴线作为尺寸基准。当建筑物的某一方向无对称轴线时，则以建筑物主要结构的端面为基准，图 10 - 25 中进水闸长度方向即以闸室底板上游端面为基准之一。

10.3.3　里程桩号的标注

对于坝、渠道及隧洞等较长的水工建筑物，沿轴线的长度尺寸通常采用里程桩号的注写方法。

（1）桩号的标注形式。标注形式为 $K±M$，K 为公里数，M 为米数，起点桩号注成 $0+000$，起点桩号之前注成 $K-M$，起点桩号之后注成 $K+M$。如图 10 - 17 中"$0+060.0$"表示该桩号距起点桩号为 60m，"$0+210.0$"表示该桩号距起点桩号为 210m，两桩号之间相

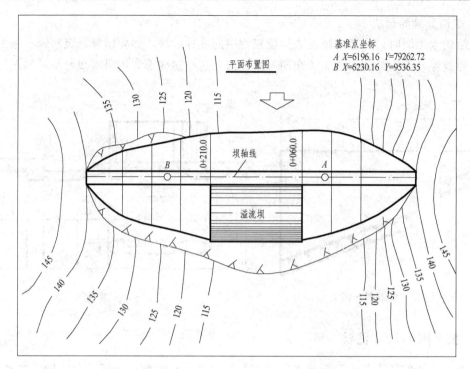

图 10 - 17　平面尺寸的注法

距 150m。

（2）桩号的数字注写。桩号数字一般垂直于轴线注写，且标注在同一侧，如图 10 - 18 所示。当建筑物的轴线为曲线时，桩号沿径向设置，桩号的距离数字应按弧长计算。当同一图中多种建筑物均采用"桩号"标注时，可在桩号数字前加注文字以示区别。图 10 - 18 中的"支 0＋018.320"表示支线上该桩号距支线起点桩号为 18.32m，且为弯曲轴线的弧长；"支 0＋028.320"，表示支线上该桩号距起点桩号为 28.32m（包含弧长）。

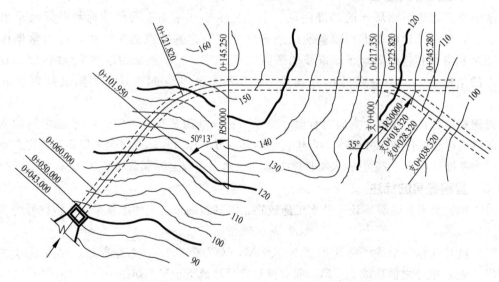

图 10 - 18　桩号的标注

10.3.4 高度尺寸的注法

由于水工建筑物的高度尺寸与水位、地面高程密切相关，多采用水准仪测量，因此，常以高程来标注其主要尺寸。高程由高程符号和高程数字两部分组成，如图 10-19 所示。

（1）高程符号。高程符号一般采用等腰直角三角形，用细实线绘制，高度 h 约为数字高度的 2/3，如图 10-19（a）所示。高程符号的尖端可向下指，也可向上指，但尖端必须指在被标注高度的轮廓线或引出线上。

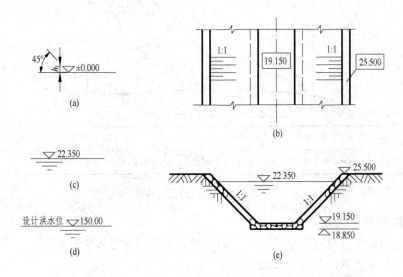

图 10-19　高程的注法

在平面图中，高程符号采用细实线绘制的矩形线框，矩形线框的长、宽比约为 2∶1，高程数字注写在其中。当图形较小时，可将符号引出绘制，如图 10-19（b）所示。

水面高程（简称水位）的注法如图 10-19（c）所示，需在水面线以下绘三条渐短的细实线。特征水位应在标注水位的基础上加注特征水位名称，如图 10-19（d）中的"设计洪水位"。

（2）高程数字。水工图中的高程通常选取我国青岛附近的黄海平均海平面作为基准。高程数字以米为单位，注写到小数点以后第三位，在总布置图中，可注写到小数点以后第二位。零点高程注成±0.000，如图 10-19（a）所示；正数高程数字前一律不加"＋"号，如图 10-19（e）中的 22.350、25.500 等；负数高程数字前必须加注"－"号，如－5.980 等。高程数字一律注写在高程符号的右边。

10.3.5 曲线的尺寸注法

（1）连接圆弧的尺寸注法。连接圆弧需标出圆心、半径、圆心角，根据施工放样的需要，对于圆心、切点、端点还应注上高程和长度方向的尺寸。在图 10-20 中溢流坝右端圆弧曲线上的圆心 O、切点 T、S 和端点 A 都注出了高程和里程桩号。

（2）非圆曲线的尺寸注法。非圆曲线的标注方法是：在视图上列出曲线的数学表达式，标出其坐标系；在视图旁边列表标注曲线上若干控制点的坐标值，如图 10-20 所示溢流坝坝面非圆曲线部分的标注。

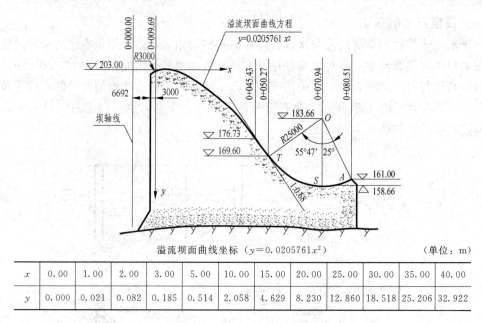

溢流坝面曲线坐标（$y=0.0205761x^2$）　　　　　　　　（单位：m）

x	0.00	1.00	2.00	3.00	5.00	10.00	15.00	20.00	25.00	30.00	35.00	40.00
y	0.000	0.021	0.082	0.185	0.514	2.058	4.629	8.230	12.860	18.518	25.206	32.922

图 10 - 20　曲线的尺寸注法

10.3.6　多层构造的注法

注多层结构的尺寸时可用引线引出，引出线必须垂直通过被引的各层，文字说明和尺寸数字应按结构的层次依次注写，如图 10 - 21 所示。

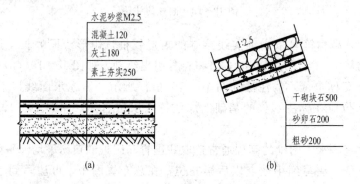

图 10 - 21　多层构造的注法

10.3.7　简化注法

均匀分布的相同构件或构造，其尺寸可简化标注。如图 10 - 25 所示，平面图中尺寸"7×800"，表示排水孔横向间距有 7 个，间距值均为 800mm。

10.4　水工图的识读

10.4.1　读图的方法和步骤

表达一个水利工程的图样往往数量很多，视图一般也比较分散，因此熟练掌握读图的方法与步骤是迅速识图，减少盲目性的关键。识读水工图一般是由枢纽布置图到建筑物结构图；由主要结构到次要结构；由整体结构到局部构造，应是"总体→局部→总体"的反复循环过程。具体步骤如下：

（1）概括了解。通过图纸目录、说明和标题栏，对图样进行粗略阅读，了解水利枢纽各组成部分的名称及其作用，了解表达各水工建筑物都有哪些图纸。

（2）深入读图。首先分析视图，明确各视图之间的关系。从视图表达方法入手，分析采用了哪些视图、剖视图、断面图和详图，明确剖视图、断面图的剖切位置及投射方向，明确详图表达的部位。

然后分析形体，用形体分析法和线面分析法读图。读图时经常将建筑物分解为几个主要部分来逐一识读。分解时应考虑建筑物的结构特点，有些建筑物可沿水流方向分段（如涵洞、水闸、水坝等），有些可沿高度分层（如水电站），读图时须灵活运用。

读图过程中应注意将相关图纸联系起来同时阅读。

（3）综合整理。最后，在清楚各个建筑物的结构形状、尺寸高程和施工做法后，根据枢纽布置将各个建筑物联系起来，想象出枢纽的整体概貌。

10.4.2 读图实例

【例 10-1】 阅读水库枢纽设计图，该设计图包括水库枢纽布置图和土坝结构图两部分，如图 10-22～图 10-24 所示。

（1）水库枢纽布置图。

1）概括了解。如图 10-22 所示，该水库枢纽工程包括三个基本组成部分，即挡水坝、输水涵洞、溢洪道等建筑物。其中，土坝是挡水建筑物，其作用是拦断水流，抬高水位以形成水库。涵洞是引水建筑物，它的作用是根据下游需水情况引水库水供灌溉、发电及其他目的之用。溢洪道是泄水建筑物，当上游来水过多时，它可以防止洪水从坝顶漫溢而引起溃坝事故。

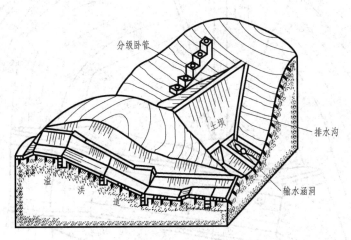

图 10-22 水库枢纽立体示意图

2）深入读图。图 10-23 所示水库枢纽布置图是将组成水库枢纽的土坝、溢洪道和输水涵洞等几个主要建筑物画在地形图上，以表示其平面形状、位置及相互关系。比例为1：1000。

从枢纽布置图上可以看出枢纽所在地区的地形、水流方向及地理方位等。在河道的两边有两座小山，土坝就布置在两座小山之间。输水涵洞在河道的左岸穿过土坝的坝体并与坝轴

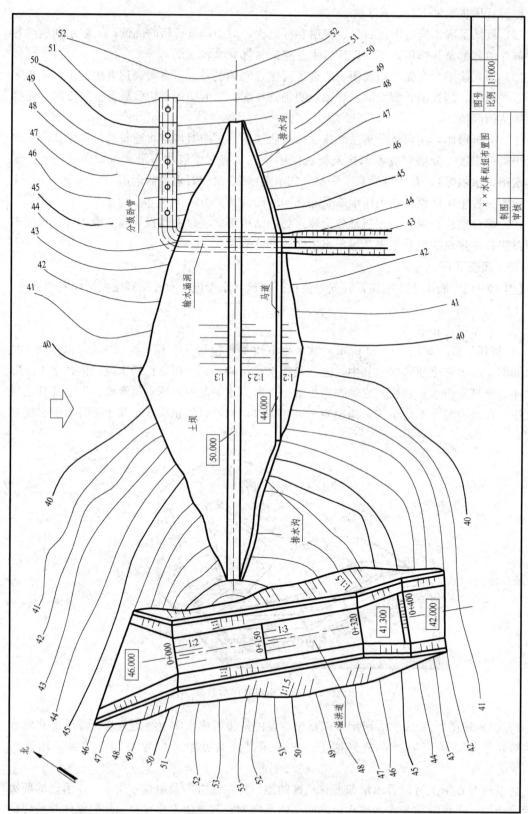

图 10 - 23　水库枢纽布置图

线垂直通向下游；在上游左岸山坡上筑有分级卧管，它是涵洞的进口建筑物，其下端与输水涵洞相连。分级卧管是一种简易的取水建筑物，在卧管上面的不同高程处设置了一系列的小进水孔，取水时总是开启靠近水面的进水孔，具有取用水库表层清水的优点。在河道右岸山坡上筑有溢洪道，溢洪道的各段底板上都注有高程，两侧坡面上都画有示坡线并注有坡度。

（2）土坝结构图。

1）概括了解。如图 10 - 24 所示，土坝由坝身、截水槽、排水体和护坡四部分组成，主要用于挡水。土坝结构图中包括土坝最大横断面图和上游坝脚详图 A。土坝最大横断面图是在河床底部垂直于坝轴线剖切而得的。

2）深入读图。土坝最大横断面图的比例为 1：500。由土坝最大横断面图可知，坝身为梯形断面，最大横断面宽度为 70m，土坝坝体全部采用壤土堆筑而成，是均质土坝。坝顶高程为 50.00m，坝顶宽为 4m。上游边坡为 1：3，用干砌块石护坡，下游边坡为 1：2.5，用草皮护坡。下游边坡在高程 44m 处设有 2m 宽的马道，并筑有堆石棱体排水。从图中还可以看出上、下游的最高水位和坝体底部清基后挖出截水槽的断面形状。

上游坝脚详图 A 是将该部分结构用放大的比例 1：100 画出，详尽地表达了坝脚的构造、尺寸和上游边坡的做法。上游边坡的做法是，先在其底层铺 200mm 厚的粗砂，再铺 200mm 厚的卵石，表层再砌 400mm 厚的干砌块石。

【例 10 - 2】 阅读进水闸结构图，如图 10 - 25 所示。

（1）概括了解。该水闸立体示意图如图 10 - 25 所示。读图时通常将水闸分为上游连接段、闸室、下游连接段三部分。各部分的结构及作用如下：

1）上游连接段。闸室以左的部分为上游连接段。上游连接段由护底、护坡、铺盖和上游翼墙等组成。它的作用主要是引导水流平顺进入闸室，防止水流冲刷河床，并降低渗透水流在闸底和两侧对水闸的影响。

2）闸室。闸室是水闸的主体，起控制水位、调节流量的作用。它由闸底板、闸墩、边墩（或称岸墙）、闸门、交通桥及工作桥等组成。底板是闸室的基础，闸室上部的全部重量通过底板传给地基。闸墩起支撑作用，边墩还有护岸挡土的作用。交通桥供行人和车辆通行，工作桥供安置闸门的启闭设备及人员操作之用。

3）下游连接段。闸室以右的部分称为下游连接段。这一段由消力池、海漫、扭平面翼墙及护底、护坡等组成。下游连接段的主要作用是消除出闸水流的能量，防止其对下游渠底（或河床）的冲刷，即防冲消能。为了降低渗透水压力，在海漫部分留有冒水孔，下设反滤层，反滤层一般由 2～3 层不同粒径的砂石料组成。

如图 10 - 25 所示，阅读标题栏，可知建筑物名称为"进水闸"，是渠道建筑物，作用是调节进入渠道的灌溉水流量。水闸一般由平面图、纵剖视图、上、下游立面图和若干断面图表达。本例选用了平面图、纵剖视图、上、下游立面图和 A—A、B—B、C—C 三个断面图。

（2）深入读图。首先分析视图：

1）平面图。水闸各组成部分的平面布置情况在图中反映得比较清楚，如翼墙的布置形式、闸墩的数量和形状等。闸室段采用了拆卸画法，冒水孔的分布情况采用了简化画法。图中注出了 A—A、B—B、C—C 断面图的剖切符号。平面图中的虚线为埋入土里的下部结构轮廓线。

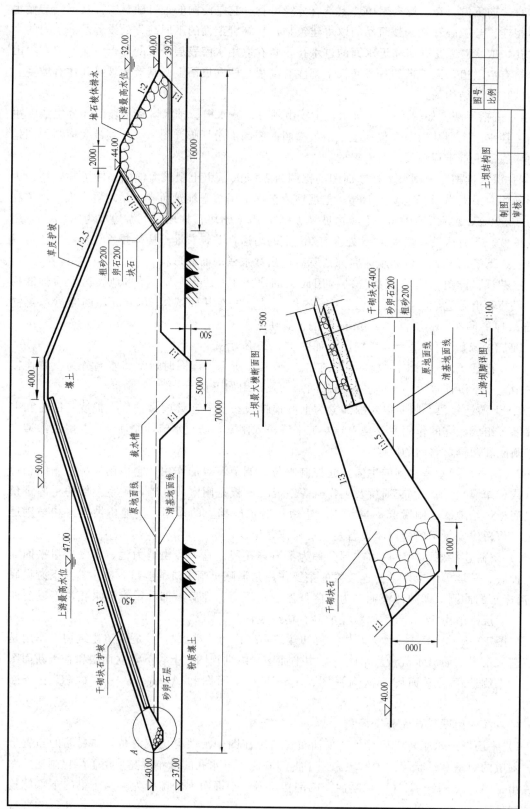

图 10 - 24　土坝结构图

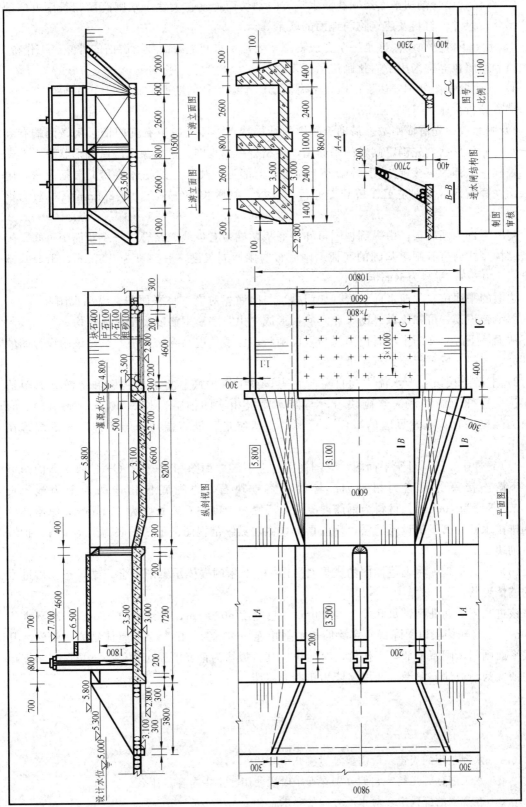

图 10 - 25 进水闸结构图

2）纵剖视图。剖切平面经闸孔顺水流方向剖切而得，它表达了水闸高度与长度方向的结构形状、尺寸、材料及建筑物与地面的联系等。

3）上、下游立面图。这是一个合成视图，表达了水闸上游面和下游面的外貌。工作桥、交通桥和启闭机等均采用了简化画法示意表达。

4）三个断面图分别表达了闸墩、下游翼墙、下游护坡的断面形状、尺寸和材料。

然后分析形体：

1）闸室段：先看懂闸墩。借助于闸墩的结构特点，即闸墩上有闸门槽、闸墩两端有利于分水的柱面形状，先确定闸墩的平面图，再结合纵剖视图，可想象出闸墩的形状是上游端为三棱柱（上部为三棱锥），下游端为半圆柱（上部为半圆锥）的柱体，其上有闸门槽，闸墩顶面左高右低，分别是工作桥和交通桥的支撑，闸墩长 7200mm，宽 800mm，材料为钢筋混凝土。

闸墩下部为闸底板，由纵剖视图可知闸底板两端带有齿墙。结合 A—A 断面图可知，闸底板结构型式为带有闸墩基础的底板。闸底板与闸墩同长度，其厚度为 500mm，闸墩基础厚度为 700mm，材料为钢筋混凝土。

边墩的平面位置、迎水面结构（如门槽）与闸墩相对应。将平面图、纵剖视图和 A—A 断面图结合识读，可知边墩、闸墩和闸底板形成"山"字形钢筋混凝土整体结构。

从上、下游立面图中可看出闸门为平面闸门，由于"进水闸结构图"只是该闸设计图的一部分，闸门、桥等部分另有图纸表达。

2）上游连接段：顺水流方向自左向右先识读上游护底。将纵剖视图和上游立面图结合识读，可知上游护底为浆砌块石。与闸室底板相连的铺盖，长 3800mm，厚 400mm，材料为浆砌块石；上游翼墙的平面布置形式为八字形，最高端与岸墙相连，最低端落在铺盖上。

3）下游连接段：对照平面图、纵剖视图、上下游立面图和 B—B、C—C 两个断面图可知，下游连接段的翼墙为扭平面，材料为浆砌块石。与闸底板相连的为消力池，长 8200mm，深为 400mm，材料为钢筋混凝土。海漫为干砌块石，长度为 4600mm，海漫部分设四排排水孔，其下铺设反滤层，反滤层具体做法见纵剖视图。下游护底为干砌块石，护坡为浆砌块石。

（3）综合整理。将上述读图的成果对照图 10-2 水闸立体示意图综合归纳，想象出进水闸的整体形状。

该进水闸为两孔闸，每孔净宽 2600mm，总宽度 6000mm，设计水位 5.00m，灌溉水位 4.80m。上游连接段以斜降式八字翼墙与闸室相连。闸室为"山"字形整体结构，闸门为升降式平面闸门，闸室上部有工作桥、交通桥，其盖板均为钢筋混凝土构件。下游段与闸室相连的依次为消力池、海漫，两岸翼墙为扭曲面翼墙。

思 考 题

10.1　水利工程的兴建一般需要经过哪几个阶段？

10.2　水工图分哪几类？它们分别在哪个阶段使用？主要内容是什么？

10.3　在视图的配置中，对水流方向的要求是什么？

10.4 水闸一半画上游立面图，一半画下游立面图的视图是什么视图？

10.5 连接画法和断开画法有什么区别？分别在什么情况下使用？

10.6 高程的注法有哪些要求？

10.7 桩号的标注应注意哪些问题？

10.8 简述水工图的识读步骤和方法。

10.9 表达大坝的工程图样通常有哪些？如何识读？

10.10 表达水闸的工程图样通常有哪些？如何识读？

参 考 文 献

［1］ 朱育万，卢传贤. 画法几何及土木工程制图 ［M］. 3 版. 北京：高等教育出版社，2005.

［2］ 何铭新，郎宝敏，陈星铭. 建筑工程制图 ［M］. 3 版. 北京：高等教育出版社，2004.

［3］ 丁宇明，黄水生. 土建工程制图 ［M］. 北京：高等教育出版社，2004.

［4］ 李国生，黄水生. 土建工程制图 ［M］. 广州：华南理工大学出版社，2005.

［5］ 郑国权. 道路工程制图 ［M］. 3 版. 北京：人民交通出版社，2004.

［6］ 孙世青，曾令宜. 水利工程制图 ［M］. 北京：高等教育出版社，2001.

［7］ 胡伍生，潘庆林. 土木工程测量 ［M］. 3 版. 南京：东南大学出版社，2007.

［8］ 中国建筑标准设计研究院. 11G101—1 国家建筑标准设计图集 ［S］. 北京：中国计划出版社，2011.